西部文化系列

老子的心事

雪煮《道德经》

第壹辑

雪漠 作品

TAO TE CHING

中国大百科全书出版社

图书在版编目（CIP）数据

老子的心事：雪煮《道德经》. 第一辑 / 雪漠著 . —北京：
中国大百科全书出版社，2017.2

ISBN 978-7-5202-0011-0

Ⅰ . ①老… Ⅱ . ①雪… Ⅲ . ①《道德经》—研究
Ⅳ . ① B223.15

中国版本图书馆 CIP 数据核字（2016）第 322017 号

出 版 人　刘国辉
责任编辑　李默耘
责任印制　李　鹏
装帧设计　U-BOOK
出版发行　中国大百科全书出版社
地　　址　北京阜成门北大街 17 号
邮　　编　100037
网　　址　http://www.ecph.com.cn
电　　话　010-68341984
印　　刷　文畅阁印刷有限公司
开　　本　880 毫米 × 1230 毫米　1/32
字　　数　260 千字
印　　张　15.5
版　　次　2017 年 2 月第 1 版
印　　次　2023 年 6 月第14次印刷
定　　价　48.00 元

代序 为往圣继绝学 雪漠

壹

2016年春天，我开始讲《道德经》，跟之前解读《金刚经》一样，这是我多年的心愿。很久之前，我就想开一个国学讲堂，办一些公益讲座，让大家从另一个角度了解中国的传统文化。

我看过很多解读国学的书，虽然很好，但大多缺少了一种真正的、东方哲学的角度。就是将道理融入生命，将哲学化为生活，提升自己的精神境界。这跟西方哲学是很不一样的。

存在主义哲学创始人海德格尔，是一位非常伟大的哲学家，但生活中的他有很多不完美的地方，比如和女学生爱得死去活来，比如对恩师胡塞尔忘恩负义，又在希特勒统治时期当了大学校长，因为诸如此类的行为，一些人非议他，觉得他的行为和哲学不一致，思想上很伟大，有些行为反而不如一般人。这就是西方哲学的特点，西方哲学不要求哲学家言行一致，但东方哲学有这种要求。东方哲学认为，你认可什么哲学、推行什么思想，就需要像你认可的那样活着，用你的行为来表达你的思想。比如，老子既然写了《道德经》，就必须骑青牛出关，如果他在官场或党校讲坛上讲《道德经》，人们就会觉得他很滑稽；庄子既然写了《逍遥游》，他就必须卖草鞋，他如果不卖草鞋，跑去当宰相，大摇大摆，装腔作势，别人也会笑话他；孔子推行“仁”，推行天下为公，就必须像丧家之犬那样，到处推行他的哲学。换句话说，你的生命必须和你的哲学融为一体。东方哲学关心的是人该怎么活，人为什么而活，人活着时应该在乎什么等问题。但是，很多讲国学经典的人，在这一点上，没有讲明白。

讲《道德经》的人数以千计，虽然都讲得很好，各有所长，但大多把《道德经》作为学问进行注解和讲解，我不想这么讲，我想讲的是传统智慧如何用，也就是如何解决心灵问题，如何改善生命质量，如何改变命运。有很多朋友对我说，雪漠老师，您讲讲《道德经》吧，您的《道德经》，肯定跟别人讲的不一样。我问他为什么？他说，《道德经》是老子的境界呈现，是证量的东西，不是学问，也不是知识，您从修道的角度去讲，或许更能讲出老子的本意。当然，这只是他的看法。不管怎么样，我会讲出我独有的东西。在深解《金刚经》的时候，我称之为“为世界留下另一种解读”，对《道德经》的解读，其实也是这样。

贰

《道德经》只有五千二百五十四个字，很精炼，多一个字嫌多，少一个字不足，诸子百家的很多著作都是这样。那时写书要刻在竹子上，刻五千言就需要很长时间了，当时的学者作家们就没办法把文章写长，一般都写得非常精炼。你可以想象一下，如果有人写得像《大漠祭》《猎原》《白虎关》那么长，上百万字，他得刻上多久才刻得完啊？所以，当时的学富五车，听起来虽然很多，但事实上，一车书也就一百来卷，不会太多的。这么小的篇幅之中，却涵括了那个时代人类智慧的精髓，这不能不让人敬畏。

《道德经》影响了诸多西方作家、政治家和哲学家，如尼采、黑格尔、甘地和托尔斯泰等。托尔斯泰曾在很多作品中介绍过老子，尼采和黑格尔们对老子也非常敬仰和熟悉。海德格尔的哲学中也有《道德经》的很多痕迹，可见，他的思想与老子有着千丝万缕的关系。据说，《道德经》是世界上发行量仅次于《圣经》的文化典籍，德国每四个家庭就有一本《道德经》，奥地利、瑞士等国有很多人还把《道德经》送给女儿，作为结婚贺礼。

叁

关于老子，有很多谜团，他的姓氏就是其中的一个谜团。有人说他姓李，叫李耳，但这更像是代号，因为老子的耳朵很大，两耳垂肩，就像人们叫我大胡子一样；有人说他不姓李，姓老，叫老聃，因为那个时代没有姓李的人；还有人说老子也不姓老，因为那个时代同样没有姓老的人，但《二十四孝》中就有个老莱子，他就是春秋时代的楚国人，他就姓老，有人认为，老莱子与老子就是同一人；甚至有人认为，老子不是一个人，而是好几个人的“集合体”，《道德经》也不是一个人写的，而是几代人的思想结晶。答案到底是哪一个？说不清，没有人能证明，毕竟那已经是两千多年前的事情了。但我更倾向于有老子这个人，世界也更倾向于有老子这个人……总之，他的存在就像是一个谜团，充满了神秘的色彩。

不过，我觉得这一切都不重要，他姓老还是姓李，并不重要，关于他的很多讨论到底答案如何，都不重要。真也罢，假也罢，都过去了。留下的只是他的著作，影响世界的，也是这些著作。如果没有这些著作，他姓什么叫什么，没有人会关心；有了这些著作，他姓什么叫什么，都没关系。因为，他的作品已经构成了他，《道德经》那短短的五千言，已经为他赢得了整个世界的敬仰，让他成了一个任何时代都忽略不了的伟人。

我常对学生们说，读好书，首先就要读老庄。为啥？因为你登上山顶，才能窥得万象。如果始终在山脚下转来转去，你一辈子都不会知道高境界是什么样的境界，什么书才是好书。我从小就读老庄，十八岁起，把《道德经》和《逍遥游》录在录音机里，当成我每日背诵的功课。每天早上起床，我首先会打开录音机，一边洗漱扫地，一边跟着录音背老庄。我当然没有想到几十年后的一切，更不知道有一天我会坐在这里，为大家解读《道德经》。

命运中有一些很奇怪的事情，你说不清。一个果子成熟之前，有很多小小的细节，都在促成它最后的结果。我的很多书都是这样出来的。一个因缘推动另一个因缘，最后就出了一本书。当然，出现这本书最早的缘起，定然是老子与尹喜——也叫关尹子——在函谷关的相遇。因为，如果没有关尹子的求道，就不会有《道德经》；有了《道德经》，但没有关尹子的传播，它也不会广传于世；没有《道德经》的广传于世，我就不会在十八岁的时候背诵《道德经》、从中汲取营养；没有当年在《道德经》中汲取营养的那段经历，也许我今天就不会解读《道德经》。那么，看了《老子的心事——雪煮〈道德经〉》

之后，读者中又会发生什么样的故事呢？拭目以待吧。这至少说明，不管世界如何变幻，有些东西始终还是有意义的，它就是承载了真善美的行为。它是我们唯一可以在虚无中建立的存在，也是人类对抗无常的唯一方法。

《史记·老子韩非列传》记载了老子和关尹子相遇的故事："老子修道德，其学以自隐无名为务。居周久之，见周之衰，乃遂去。至关，关令尹喜曰：'子将隐矣，强为我著书。'于是老子乃著书上下篇，言道德之意五千余言而去，莫知其所终。"老子过去是周朝的"守藏室之官"——相当于图书馆馆长——大概在他七十多岁的时候，周室诸侯开始争权夺势，战乱频发，民不聊生，老百姓也不再尊重周天子了，老子知道周室将亡，于是辞官西去，途经流沙河，想沿着西域到印度去。过函谷关的时候，他遇到了辞官转任函谷关令的尹喜。尹喜向老子求道，老子推辞了好几次，尹喜一再坚持，怎么都不肯放老子出关，于是老子便为尹喜传道，写下了五千言的《道德经》，分为上下两篇。《列仙传》对此也有记录，还提到了"紫气东来"的故事："老子西游，关令尹喜望见有紫气浮关，而老子果乘青牛而过也。"尹喜精通历法，善观天象，能知过去而见未来，还是个修道之人，懂得看气。有一天，他看到一片紫气冉冉而来，知道有高人来了。因为，据说气的颜色代表此人的功夫，气呈紫色，说明此人功夫很高。于是尹喜沐浴斋戒，迎候圣人。没过几天，果然迎来了骑着青牛的老子。关于这一点有一种说法：尹喜做了函谷关令后的某一天，观星象得知老子要来；还有一种说法：尹喜观星象知道有圣人西来，于是辞去大夫一职，转任函谷关令，专门在函谷关迎候老子。不管哪种说法才是真的，关尹子都确实在函谷关等到了老子，向老子拜师求法，随后老子写出《道德经》，再由关尹子广传于世。

关于老子后来的行踪，世人也有很多说法，甚至有人说老子继续西行，去了印度，收了释迦牟尼做弟子，《老子化胡经》就有相应记载。但这种说法不对，是道人杜撰的，他只是想显示道家的高明而已。不过，道家确实有一种东西跟佛家是契合的，非常了不起。本书侧重的正是这方面内容。《庄子·天道篇》还有一种说法，认为老子最后回了故乡，也就是今天的河南鹿邑，离孔子所在的山东曲阜不远。据说，孔子还去拜访过老子，向老子求道。《吕氏春秋》《韩非子》《庄子》中都有记载。也许这种说法是真的。

至于老子是什么时候死的，说法也有很多，有人说不知所终，有人说九十一岁，也有人说一百多岁。《庄子·养生主》中还记载了众人吊唁时的情形。据说，当时整个村子的人都在痛哭，老人哭得像死了孩子一样，年轻人哭得像父母死去一样。老子的朋友秦佚来吊唁时，却干号三声就离开了。有人追上来问，你不是老子的朋友吗？怎么能这样吊唁呢？秦佚说，“然。始也吾以为至人也，而今非也。向吾入而吊焉，有老者哭之，如哭其子；少者哭之，如哭其母。彼其所以会之，必有不蕲（通祈）言而言，不蕲哭而哭者。是遁天倍情，忘其所受，古者谓之遁天之刑。适来，夫子时也；适去，夫子顺也。安时而处顺，哀乐不能入也，古者谓是帝（帝者，天也）之悬解。”这句话说的是秦佚不伤心的原因，他认为，生也好，死也好，都是顺应自然，当你顺应自然的时候，哀乐的情绪就自然不能进入你的心。这是古人对治烦恼的一种智慧。

不过，也有人认为，上文谈到的老子，是另一个老子。人们更愿意接受一个出了函谷关，不知所终的老子。

中国古代有很多优秀的哲学思想，都能解决人的心灵问题、灵魂问题，甚至是命运的问题，但现代人大多不知道，远离“道”，而专注于“术”，正是现代社会充满精神困惑和热恼的原因。

就像《道德经》，虽然大家都知道它，但看过的人有多少？尤其在现代社会，有多少学者以外的人，会去研究《道德经》？有多少人会真正实践《道德经》里的智慧？德国每四个家庭就有一本《道德经》，很多外国人从小就看《道德经》，黑格尔甚至称之为“真正的哲学”，还承认自己的很多思想都源于《道德经》。可惜，很多中国人对《道德经》也罢，对老子也罢，反而不甚了解。

肆

当然，我不会从哲学的角度解读《道德经》。一来，很多人都这么解读，不缺我一个，我只想讲一些别人没讲过的东西；二来，尹喜向老子请教的时候，不是求学，而是问道，也就是说，《道德经》是讲如何修道的。这是《道德经》最重要的一个目的。如果远离这个目的，我的解读也就没有意义了。

你可以想象一下，如果现在来了个客人，问你：“你学过算术吧？能不能告诉我一加一等于几？”你会怎么回答他？你会不会说一些天文学的知识？或是物理学的知识？还是哲学的思辨？不会。假如你这么回答的话，人家会觉得你很荒唐。所以，尹喜问道的时候，老子讲的也是修道的东西。我这次就想从这个角度入手，把修道的东西讲出来。我觉得，这可能更接近老子的本意。我也不去谈兵家的东西，虽然很多人都会读到兵家的东西。我只想从修道和妙用层面讲一讲《道德经》。

中国的道家文化太伟大了，老子真是功不可没。为什么佛教从印度传到中国时，马上就成了中国重要的文化支柱呢？老子的传道起了铺垫作用。老子对“道”的表述，和佛教的“真如”“空性”非常相似。我上面说的，道家跟佛家契合的东西，也正是这一点。因为这种相似性，佛道后来浑然一体，佛道之间你中有我、我中有你。比如，佛教中有“五级证道”的说法，其中包括资粮道（创造求道所需要的条件）、加行道（求真理所付出的劳动）、见道（看到道是什么、它在你生命中有什么样的状态呈现）、修道（慢慢保任见到的道）、无修道（在生命中证得道体）。这里的“道”，还有得道高僧的“道”，“平常心是道”，都源于老子。这是一个非常有意思的现象。

可惜，道教现在鱼龙混杂、人才凋零，很少有人真正把道家文化传播开来、发扬光大。整个中国文化都是这样，其中也包括儒家文化。实际上，儒家和道家都有很多优秀的东西，不在佛家之下。世界之所以不了解它们，不是它们本身的问题，而是传播的问题。历史上出现过很多大师，但人们传播得不够，有时也太过于片面，没有办法让世界真正地了解他们，也没有办法让世界真正地了解中国文化。比如道教，很多人对道教的传播都偏重于道术，像算命、阴阳、风水等，它们只是道教文化中的小术，属于道的妙用，还不是道体。道教有太多的好东西，后人都没有挖掘出来。现在的很多道书之中，很少见到能让人眼前一亮的东西。要是没有修道，没有访道，也没有证道。他很难进入真正的道家和道教。道教和佛教一样，都是必须实证，才能真正进去、真正见道的。

中国传统文化太伟大了，它们可以铸就一个有智慧的、大写的、自在的、世界无法忽视的人。

很小的时候，我就亲近过道教，还经过了认真的修道，后来遇到佛教，觉得佛教更超越，就在佛教中钻研了二十多年。现在回过头来看道教的东西，不得不惊叹老祖宗的伟大。老祖宗留下了这么多宝贝，却没有被人真正地挖掘出来，还被片面地解读和传播了，有时甚至会被歪曲。这实在是太可惜。如果有缘，我将来可能会写点东西，也为中国的道家文化做点事情。

当然，现在有很多很好的学者都在研究儒释道，比如北京的学者们，他们都为传统文化做出了很多了不起的贡献。希望在大家的努力下，中国文化能真正被世界所了解，能真正为世界输入东方哲学的营养；也希望，我的这次解读能成为一扇窗，让大家重新认识《道德经》，重新认识中国传统文化，从中汲取有益心灵、有益人生的营养，把老祖宗的宝贝传承下来。

这也就是张载所说的，“为往圣继绝学”。

目录

第十七章 如何治理家、国、心？

第十八章 守候大道，返璞归真

第十九章 探寻绝学无忧的秘密

第一章

在有无生灭中，触碰众妙之门

【原文】

道可道，非常道。名可名，非常名。无，名天地之始；有，名万物之母。故常无，欲以观其妙；常有，欲以观其徼。此两者，同出而异名。同谓之玄，玄之又玄，众妙之门。

壹 宇宙的原创力

道可道，非常道。名可名，非常名。

有个问题是人们一直追问的，那就是“什么是道”。

老子在《道德经》伊始，也提出了“道”。但老子又说，虽然道可以表述，但事实上，所有对道的解释，都不是我们所说的道。这种说法，跟佛家对“空性”的解释非常相似。佛陀也说，“不可说，不可说，一说就错”。说可以表述，其实还是解释不了。因为它不是概念的东西，概念是人为的、人造的、有为的，而道是无为的、本有的、本来的。

名也是这样，名是各种事物的名相、概念、名称，它看起来可以表述，但解释出来的，也仍然不是本来的那个东西。那么，本来的东西是什么？是佛教所说的“自性”。你可以赋予万物不同的名称，但所有的名称都不是它本身。比如爱情的爱，中文里它读ɑi，英文里它是love，法文有另一种说法，日文的说法也不一样，有多少种语言，它就有多少个名称，只会更多，不会更少。那么哪个是它？哪个都是它，但哪个也都不是它，而仅仅是它的名相。所谓的名，用佛家的话来说，就是一种固定、本有、不变、永恒的东西。但事实上，这种东西是不存在的。所有的名都在变化，都不是本有、固定的，也不会是永恒的。所以，老子说“名可名，非常名”。

不过，老子讲《道德经》的时候，实际上是在给尹喜讲修道，他的所有表述都是为了让尹喜明白如何修道。他不会去解释那么多的概念。解释概念、管名相的是谁？是诸子百家中的名家，名家喜欢在概念里纠缠不休，把一个概念翻来覆去解释，搞得非常复杂。老子不是这样，老子的学问，看似简单，实则复杂；看似复杂，实则简单。它跟佛家很像，远离概念，直接叩问最本源的那个东西：道和名。

前段时间，我发现了一个有趣的现象：把米消过毒、杀过菌，放到一个密封的袋子里保存，它也会长出一种小虫子。除非把这袋米放进冰箱，冷藏起来，那么它也许就不会生虫。为什么会这样？这些虫子是怎么生出来的？是谁生出了它们？或者说，构成它们细胞的是什么？又是什么在推动它们从看不到的一点点大，变成后来那个到处乱爬的小东西？我问过很多人，自己也思考过这个问题。让米中生出虫子的力量，是宇宙间的一种无处不在的原创力，那么，这种原创力，它是不是道呢？

很多科学家都在寻找宇宙的原动力，比如牛顿，他找到了三大定律，但一直到晚年，他都没有找到原动力的答案。那么这个力量到底源自何方呢？实际上就是源自于道。道生一，一生二，二生三，三生万物。道就是宇宙的原创力，道无处不在，我们随时都可以感觉得到。就算你把孩子放进保险柜，给他提供最好的保障，他也会衰老，生病，死亡；就算你把苹果放到冰箱里，超过保质期，它也仍然会腐烂。是什么力量促成了这些变化的产生？

西方人说世间万物都是上帝所造，但他们是否追问过一个问题：上帝又是谁造出来的呢？如果有一个人格化的上帝，他也是从无到有的，那么，最开始的他又是怎么出现的？谁用什么造出了他？如果是他造出了人类，那么构成上帝的原动力又是什么？人类最早的一个细胞是如何出现的呢？其原动力从何而来？宇宙间有那么多星体，星体上有那么多物质，尤其是地球，上面生存了那么多的物种，这些物种最初的细胞是如何产生的？任何从无到有的东西，都有一个源头，人们追问的就是这个源头。

所以，老子一开始就提出了这个问题，他告诉尹喜，道是什么。他说，你不要用道理去解释道，你虽然可以解释它，就像你可以用各种概念来表达各种存在，但你的表达不是本来的那个东西。你叫水的那个东西是不是水？是，也不是。当下它可能是水，但是气温一旦升高，它就会蒸发，沙漠里那么多海子都消失了，它们变成了什么？变成了气。变成气之后，它们就升到天上去了，过上一段时间，它们又会因为高空的温度很低，再变成水，变成雨，变成雪，变成冰雹，回到地上。这时，它们就不一定是海子了，它们的盐分消失了，过去的形态消失了，一切外在的东西，看起来都跟原来那个东西不一样。你怎么概括它？你概括不了。所有你称为什么什么的东西，它都在变化。变化的那个东西就是老子所说的“名”，也就是佛家所说的“无常”，促成这种变化的那个本体，是不是老子说的道呢？

当然，这只是我的一种说法。说法是什么？说法也是“名”。说法表述的，是不是那个道呢？

一些学者在理解道的时候，仍在寻找一种文字层面的东西。他们虽然知道老子说了，道是无法表述的，但仍然在寻找一个可以表述道的概念。但无论他们怎么表述，大多数人对“道”还是不太理解。

真正的答案是什么？真正的道是什么？

那么，道是什么？它可能是宇宙间、法界中的一种原创力量，它有本初性，也有规律性，是一种本体的存在。我们常说“智慧本体”，这个本体就是道。所谓的本初性也罢，原创性也罢，都仅仅是一种表述。

道生出了虫子，道生出了人，道生出了万物。道甚至生出了上帝。

当然，如果把上帝作为一种对道的表述，那么上帝就是道。但基督教所认为的上帝不是道，他是一个人格化的神，可以护佑信仰他的人。在佛教看来，这样的存在就是天主。佛经中很多对天主的描写，有点像天主教的天主。

老子不去谈天主，也不谈概念和名相，他只告诉尹喜，你该如何契入道。所以，《道德经》是一种单刀直入的讲法，它直接就让你契入道。

贰

无中生有

无，名天地之始；有，名万物之母。

一些哲学家是这样断句的：“无名，天地之始；有名，万物之母。”就是说，无名是天地本初的状态，是没有名相的；有名则是万物生成后的状态，这时便有了名相。虽然他们讲得很有道理，但我更倾向了王安石的解释。

王安石觉得他们都讲错了，下标点的时候就弄错了。其实不是“无名，天地之始；有名，万物之母”，而是“无，名天地之始；有，名万物之母”。这个解释一下就推高了老子的境界。

道就是无和有，转换成佛教语言，就是真空和妙有。“无”是“空”，“有”叫“色”。人们对道最大的误解、对佛教的“空性”最大的误解，也刚好在这个“无中生有”的过程之中。

很多人以为佛教的“空”也罢，道教的“无”也罢，都是“空无一物、什么都没有”的意思，是虚无主义。比如，我们谈到有生于无、无中生有的时候，就有很多人都觉得，是从什么都没有的状态下生出一个有来。这是不可能的。比如，零加零加零再加零等于多少？等于零。零乘以无数的零等于多少？还是等于零。再多的零都不可能生成一，换句话说，再多的虚无，也不可能诞生一个有。那么能生出有的“无”是什么？是一种变化，也是一种能量，它不是什么都没有的意思。物理学中有两大定律，一是物质不灭定律，二是能量守恒定律。根据这两个定律，没有能量不可能生出能量，没有物质也不可能生出物质。老子绝不会犯这个错，所以，老子所说的“无”并不是没有。

老子的“无”是什么？是一种变化和规律。万物之始是无形无相的，一团混沌，具有无穷的可能性。这个“无”，有点像佛家所说的“空”。它们在本体上是同一个东西，只不过叫法不一样而已。法源于空性而归于空性，但这空性也不是什么都没有，而是有无穷的可能性。变化的能量，即是道生一、一生二、二生三、三生万物的这样一种变化。它绝不是虚无的。

现代科学也说过，宇宙间不是什么都没有，而是有着无穷的暗物质、暗能量，是一种不一定有具体形象的存在。如果你认为它是什么都没有的话，就陷入了佛教所说的顽空，这就是虚无主义。

天地最初的状态，是一团混沌，而不是空无一物。什么是混沌？就是有着无数的能量，有着无数的可能性，但永远在涌动变化，永远不会停止。天地就是这样。有些摄影师花了好多年的时间，在同一个地方、同一个角度拍同一棵树、同一座山、同一片天空，或同一个湖泊，洗出来的照片却没有一张是重复的。为什么？因为，风景时刻在变化着。这种变化，会让一些人觉得沧桑，也会让另一些人觉出生命的力量。生命的力量就在于变化，天地的本质也是变化的，因为无数的条件都在发生，也都在结束。无数种新的结果在诞生，岁月在流逝，时空在变幻，这个世界不可能不变。变化中没有永恒的本体，这就是宇宙一直以来的、最真实的样子。

“无，名万物之始；有，名万物之母。”没有固定形式、一直在变化，天地万物就这样；存在各种显现，又在不断聚合、离散、重组，形成新的存在，就构成了日新月异的、我们能感知的世界。

明白这一点，你才能修道；不明白这一点的话，你是不可能修道的。

为什么？因为，当你明白世界在变化，没有永恒不变的本体时，你才会明白什么是真正的“无”或“空性”；当你明白显现的存在，明白不同的存在构成各种显现的时候，就明白了什么是真正的“有”或“缘起”。两者相合，便是佛教的“缘起性空”。道家的“有无”，跟佛教的“缘起性空”，有异曲同工之妙。

叁 众妙之门

故常无，欲以观其妙；常有，欲以观其徼。此两者，同出而异名。同谓之玄，玄之又玄，众妙之门。

第一章是《道德经》的精髓，“故常无，欲以观其妙；常有，欲以观其徼”又是第一章的精髓。

道家的内丹修炼中，浓缩成了八个字：“无欲观妙，有欲观窍。”

前者重智慧，在无为状态中安住其妙。无为状态就是空性的境界，也就是心中朗然空寂、有无穷可能性的境界。这时，会有无数妙用在你的生命中出现。它相当于证得空性、证道或是契入空性之后，静静地感受万物的流动性。密勒日巴所说的流水三昧，指的就是这种境界。它就是“无”的境界。契入这种境界时，你要静观其妙，也就是静静地、仔细地观察“无”中的妙相与妙慧。《心经》中说“观自在菩萨，行深般若波罗蜜多时，照见五蕴皆空”，就是这个意思。这里的“照”，就是“观其妙”。

“常有”是妄念纷扰的状态，“欲以观其徼”的“徼”，意思是端倪、实有，可以引申为边界、边际、头绪、迹象等。道教修炼者经常唤为“窍”。窍是什么？窍就是窍诀、窍门，在修道中，就是“丹田”——也就是炼丹、种丹的土壤，守窍的地方，所以叫“田”——分为上丹田、中丹田、下丹田三种。各种显现在你心中生起，你杂念纷飞时，就把心收回来观其窍，也就是气沉丹田，意守丹田，观察心中生起的现象，观察你安住的那个东西。这很像佛教的观想。道人一般会意守下丹田，也就是肚脐以下的位置。因为，心火下降、肾水上升，在肚脐下方相会时，便会出现水火既济。但你不要管那么多概念，你只管放松下来，随便坐着，远离欲望，静静观察，把世界和自己都忘掉。

一开始忘不掉也不要紧，妄念很多，就守住下丹田，久而久之，定力越来越强，妄念就会减少。一般得到真传，静坐到一定程度后，杂念都会越来越少。一旦静到极致，一点杂念都没有时，你的心中就会出现一点灵光，你就会见到真心——真心是佛家的说法，道家不叫真心，叫“元神”，妄心叫“识神”。叫法虽然不同，但佛道两家对真妄的表述是一样的，前者都是没有杂念、却有智慧的无为状态，后者都是杂念纷飞的有为状态——见到真心时，道家称之为得到好种子，种子一出现，道人就开始“怀孩子”，也就是“结胎”。这时，他就意守丹田，久而久之，就会完全进入妙无——也是妙有——的状态，也就是有无相生的状态。

为什么说妙无也是妙有？因为有和无虽然名字不同，但它们的本质和本体其实是同一个东西。现象生起时，你必须明白它是变化的；在变化之中，你又要安住在一种不变的东西里，静静地观察它，观察瞬息万变的妙有。

刚开始修道时，你可能会安住不了。那状态忽而出现，你就安住于妙中；忽而消失，你就守住你的窍。在这有有无无中训练自己，不执著任何一种状态。在无执无舍之中，观察妙有中生起的觉性灵光，尽量地延长它。当它消失的时候，你继续意守丹田，到了一定的时候，“无”的境界又会出现，你就再一次守住它。

训练到一定程度，你的元气会变得很足，就会开始周天运行，气会沿着你的尾闾、脊椎、头顶下来，循环运行。《吕祖买药》中有一首重要的道歌，叫《五更词》，有一句唱词："一呼一吸头三悬呀"，说的就是周天运行，我在《一个人的西部》中专门记录了这首歌。

忽而安住于妙中，忽而守住你的窍，就会进入修道。当你明白修道之法时，你就会进入玄妙的境界，进入众妙之门。所谓众妙之门，就是"道可道，非常道"的境界。安住于妙中，慢慢地打成一片，就叫得道。修得很好的人，还会结丹——精气神聚在他意守的那个位置，也就是肚脐往下一寸三分的位置，最后结出内丹。在蒲松龄的小说中，有些狐仙也会炼丹，据说拜月的狐儿就是在炼丹。《聊斋志异》中说："有狐在月下，仰首望天际。气一呼，有丸自口中出，直上入于月中；一吸，辄复落，以口承之，则又呼之，如是不已。"相传狐仙的内丹能解百毒，人吃了能增加千年道行，有起死回生的作用。但狐仙若失去自己的内丹，便会功力全失，变回原形。这样的传说很多，说明它是一种客观的存在。道教中还有一种说法：有些人炼成内丹之后，会将内丹化现为人形——道家称之为阳神——让它从中脉里出来，变成自己的另一个身子。历史上有很多这样的说法，它非常像密乘的幻身，但两者有本质的区别，具体内容我们以后再说。

老子非常伟大，他的《道德经》开启了内丹修炼的大门。在他之后，很多道人都开始炼丹，慢慢就出现了无数伟大的道家大师。如果不经过内丹修炼，他们根本不可能拥有后来的境界。

当然，《道德经》并不是内丹学说的全部，它仅仅是内丹修炼的理论基础。正是在这个基础上，张道陵（后称为张天师）在东汉时期创立了道教。这时，道教才作为真正的宗教流派，在历史的舞台上出现。

很多人把道家和道教混为一谈，其实不是。前者属于哲学流派、思想流派，老子和庄子都是道家的思想家；后者属于宗教流派，也出了很多了不起的学者和内丹大师。两者固然相似、相通，也都很了不起，但它们的性质不一样，不能混为一谈。我们也不能把哲学家和宗教家混为一谈，就像我们不能把佛学家和成就师修炼混为一谈一样。

佛教和道教最大的区别，就是目的地。道教从百日筑基开始，然后三年还丹，九年面壁，炼神还虚，炼虚合道，前后足足十二年，即使不算上最初的筑基阶段，也要九年，但修到这个时候，要是不能破执，很多人还是不能解脱。为什么？因为，很多人修道是为了成仙的，所谓的神仙、仙人还在六道之中，只有破除一切执著，包括对成仙的执著，才能超越生死，究竟解脱，证得真正的佛果。但道家仍然有解脱的可能，关键在于能不能放下对身外之身、对成仙的执著。能，就可以解脱；不能，就解脱不了。所以，不要看不起中国的本土宗教，道教非常了不起。

你如果想修，可以照着我上面的表述修一下，试试看。学过的东西一定要把它用起来，如果学了《道德经》却不用，就等于没有学。前段时间，有个朋友专门对我说，雪漠老师，您讲《道德经》的时候，不要着重讲哲学，一定要多讲讲当代人怎么用。他说得很有道理，所以，这次我就侧重讲该怎么用。

你的看书、听讲，也要侧重于用，要把智慧用起来。首先就要明白，宇宙、法界中有一种智慧是无法表述的，它只能靠你的生命去体悟。所以，你一定要实践。只有照着做，进入这种无为之中，像老子一样安放身心，体会那玄之又玄的妙觉，将时间慢慢延长，让你的生命本体安住于宁静之中，你才会得到真正的自由，才会远离世界的纷纷扰扰，像老子那样，真的成为一个有益于人类、有大智慧、没有任何执著烦恼、得到大自在的人。到了那个时候，就是道家所说的得道。

第二章 无为中，看破分别的虚幻

【原文】

天下皆知美之为美，斯恶已；皆知善之为善，斯不善已。故有无相生，难易相成，长短相形，高下相倾，音声相和，前后相随。是以圣人处无为之事，行不言之教。万物作焉而不辞，生而不有，为而不恃，功成而弗居。夫唯弗居，是以不去。

壹 善恶与美丑

天下皆知美之为美，斯恶已；皆知善之为善，斯不善已。

对这句话的理解，我跟很多哲学家是相反的。他们的理解是：“当天下都知道什么是美时，就产生了丑恶；当天下都知道什么是善时，就产生了不善。”我觉得他们说得有道理，但不一定就是老子的本意。

老子生活在春秋战国时期，那个时代最常见的事情，就是战乱。礼坏乐崩，王室、诸侯、卿大夫之间相互混战，天下大乱，民不聊生，于是孔子开始推行忠孝仁义，墨子开始推行兼爱非攻。同样，耶稣出现的时候，正是罗马的统治已经非常残暴的时候，所以耶稣才推行博爱。

所有对善的倡导，都是因为不善的普遍；同样道理，所有对美的倡导，也是因为丑的普遍。如果我们生活的环境充满了美，我们就不会觉得美很珍贵；如果我们生活的环境充满了善，我们也不会觉出善的珍贵。相反，正是因为我们遭遇的多不是善美，而是丑恶，所以善美才会让我们生起向往，才会让我们觉得珍贵。

几位外国汉学家很喜欢我的《新疆爷》，他们觉得那位老人太美好、太纯净了，他的爱情也太美好、太纯净了。为什么？因为，这世上已经罕见那样的人，很少有那样的爱情了。

很多读者很喜欢我的书，觉得我的书感动了他们，认为我的书里充满了悲悯和智慧，所以他们愿意跟我一起做事，一起弘扬我认可的文化。为什么？因为，他们熟悉的世界里已经很少见到这个东西了。

我的父亲是典型的西部人，他很热心，很愿意帮助别人，但他从来不认为这是美德。在他看来，人本来就该那么做，这是他的本分。但很多人听说他帮助别人的故事，都觉得非常感动，因为目前愿意帮助别人的人不多了。

为什么冉·阿让得到主教的帮助时那么感动，改邪归正？因为，从来没有人这样善待过他，他生活在一个非常悲惨的世界里。

正因为恶的横行，我们才倡导善的出现；善的价值，也正是因为恶的流行。

“天下皆知美之为美，斯恶已”，这里的“恶”既有恶的意思，又有厌恶的意思，它代指的是丑。因为，美让人喜爱，丑让人讨厌。所以，整句话的意思应该是：“当天下人都知道什么是美时，丑已经很普遍了；当天下人都知道什么是善时，恶已经很普遍了。”老子说的是人性中一种非常微妙的东西，也是一种善恶的先后关系。这个先后关系很重要。在这一点上，我跟很多人的看法都不一样，这也是《雪煮〈道德经〉》的独特价值。我希望，大家能通过我的解读，得到一种过去没有的视角，学会从另一个角度来看世界。

那么，老子是在否定善美吗？不是。老子只想指出，人们不是因为出现善，才知道什么是恶，而是因为流行恶，才向往善；人们也不是因为出现美，才知道什么是丑，而是因为流行丑，才向往美。善恶是相互依存，能相互转化的。

我的《光明大手印：实修顿入》中有句话："随缘无好丑，好丑起于心。"意思是，你看到的好丑不是本有的好丑，而是你心的反应。因为那个丑，所以你觉得这个好；因为这个好，所以你觉得那个丑。刚开始，你觉得某个女孩子很漂亮，最后你们感情不好，你就觉得她是黄脸婆、母夜叉。善恶也是这样，你认为善的人，别人也许觉得恶；你觉得恶的人，别人也许觉得善。同一个人，有人说善，也有人说恶，善恶是相对的，它源于人心。

希特勒杀犹太人的时候，很多德国人并不觉得他有多恶，因为，他靠杀犹太人为德国积累了大量财富，这些财富供养了他的军队。犹太人的头发还被织成军毯，给军人们盖在身上。直到今天，仍然有一些人认为希特勒是英雄。抗日战争时也是这样，日本报纸上经常说谁谁谁是英雄，因为他杀了多少中国人，砍下了多少脑袋，日本有大批大批的女孩子崇拜这些英雄，甚至愿意嫁给他们、愿意当他们的慰安妇，都是自愿的。为什么？因为她们觉得那些军人特别伟大。但她们眼中的英雄，却是中国人眼里的恶魔、鬼子。

我以前也常举金兀术的例子。对金朝人来说，金兀术是英雄，但是对南宋人来说，他就是恶魔。同样道理，岳飞在南宋人心中是英雄，但金朝人肯定觉得这个岳蛮子不是好人。

所以，善恶美丑都不是本有的、固定的、不变的，而是相对的，不断相互转化的。修道的时候，要去除这些概念，从心里把它们扫出去。

《六祖坛经》中记录了一个故事：五祖把衣钵传给六祖，六祖带着袈裟逃出去的时候，慧明和尚一路追着他，眼看就要追到了，六祖就把袈裟放在石头上，说："衣钵在这里，你拿去吧！"慧明和尚拿不动袈裟，就对六祖说："我是为佛法来的，不是为袈裟而来的。”于是，六祖就给他开示心性，说：“不思善不思恶。”——注意，这个地方很容易出错，人们容易把“不思善不思恶”当成境界本身，实际上它只是入道之门——慧明和尚就不思善不思恶，然后进入了那个境界。他一进去，慧能就说，“注意！就是这个东西。”为什么慧能叫慧明和尚不思善不思恶？因为，修道必须看破所有的相对概念，看不破相对概念，仍是有善恶、美丑、好坏等，是没办法修道的。

老子说出善恶之间的关系，就是为了告诉大家，这些概念都是相对的，不是本有的，不要在乎它，不要把它放在心上，不要让它污染你的心。否则，一旦丑出现，就会向往美；一旦美出现，欲望就会出现；一旦欲望不能满足，恶就会出现，仇恨就会出现，情绪、念头全都会出现。这些都是修道的障碍，不破除它们，修道是不可能成功的。

贰 有无相生

故有无相生，难易相成，长短相形，
高下相倾，音声相和，前后相随。

“有无相生”就是佛家的缘起性空，有是缘起，无是性空，两者互相依托，互相转换，有生无，无生有，缘起就是性空。

最近，我听到很多人都在这一点上出了错，其中包括一位我很尊重的老师。她的学问非常好，但偏偏在这个问题上解释错了。比如，她说到老子的有无相生是缘起性空时，举了个例子：一个房间本来什么都没有，这是空；后来摆上了很多椅子和家具，这是有。她的意思是，有“空”才有“有”。

实际上，佛教的缘起性空不是这样。因为缘起和性空不是对立的，它们其实是同一个东西，不是有是缘起、没有是性空，而是缘起的同时就是性空。老子的有无相生也是一样的，善恶是同时存在、不断转化的，有和无、缘起和性空也是这样。缘起就是各种条件，有就是各种条件汇集到一个地方。为什么说它同时又是空的呢？因为，它不是不变的，这么多条件一直在变化，它也就一直在变化，所以，有的同时就是空。而不是空了之后变作有，不是腾空了房子，再把家具放进去。

一定要注意这个问题，很多哲学家都在这里出错了，也正是在这一点上，显示出了东方哲学和西方哲学的区别。

比如存在和虚无，存在和虚无是对立的，但缘起和性空不是对立的，而是统一的。换言之，佛教的空不是虚无主义，而是性空的同时、变化的同时有缘起的现象存在。为什么？因为各种条件、现象聚合在一起，在某个时刻构成了某种存在。它是性空的，不是本有的，是不断变化的，所以是空的，但是在各种条件聚合的每一个瞬间，也确实出现了一个又一个的现象，它们只是在出现的同时就在改变和消失而已。所以，老子说，显现上的有和本质上的无是一体的，不要认为显现上的存在是实在的，因为它的本质是无，时时都在变化，是不会永恒的，所以不要执著。

这就是老子的有无相生。难易、长短、高下、音声、前后，也是这样，都是可以相互依存、相互转换的概念。

比如“难易相成”，难是无数个易构成的，但它同时又是相对的，你觉得难，他可能觉得易；你觉得易，他可能觉得难。

小时候上学时，我们都学过小马过河的故事：小马刚要过河，松鼠就跳过来说：“小马，你怎么敢过河啊？这条河非常深，曾经淹死了我的小伙伴！”小马一听，就不敢过河了。于是小马就问老牛，老牛说：“小河很浅啊，还没有淹住我膝盖。”老牛和松鼠的答案差那么多，小马觉得很奇怪，于是又去问妈妈：“妈妈，我要过河的时候，松鼠说小河很深，淹死了它的小伙伴；老牛又说小河很浅。究竟谁对啊？”妈妈说：“你去试一下不就知道了。”于是小马自己过了河。它发现，原来小河不像松鼠说得那么深，也不像老牛说得那么浅。为什么呢？因为，河水的深浅也是相对的。老牛认为很浅，是因为老牛的个子高；松鼠认为很深，是因为松鼠很小。

任何事情都是这样，包括修道。

修道看上去难于登天，却是由无数个易构成的，因为修道就是每天持咒、打坐、观想，非常简单。此刻觉得非常难的目标，也许过上一段时间，你回头一望，就会觉得它非常容易。我就是这样，最初修道的时候，觉得修道真难啊，念头很多，怎么都斩不断，但现在一片明空不生妄念。所以，难易在不断地转化。有时候你觉得一件事很容易，有时候你又会觉得很难；对同一件事，你觉得容易，他可能觉得很难；你觉得很难，他可能觉得很简单。所以，难易不是本有的，也不是固定不变的，它是相互转化的。

“长短相形”也是如此。在我的小孙女陈清如眼里，她的爷爷非常高大。但是当我跟篮球队员站在一起时，我看上去就像个小孩子。长短高矮都是比较而来的。你觉得某个方面你比我长，我比你短，这都是一种攀比。没有比较就没有强弱长短。有时候，长的正好是短的，因为，你在哪个方面最优秀，它就最能制约你，最能控制你的心。就是说，长容易生起执著，一旦有了执著，长就转化为短了。所以，你最优秀的那一面，反而是你最难突破的关口，是你最大的磨炼和考验。这就是长短相形，它不仅仅是一种比较，还有一种更深层的含义。

西部有个人非常穷，我们叫他“穷欢乐”，他是《大漠祭》中毛旦的原型，一贫如洗，穷困潦倒，没有人看得起他，但这个人活得很快乐。村里每次扶贫，人们都第一个想到他；干苦力活时，也总是轮不到他。为什么？因为他没有力气，软软稀稀的。这时，他的短处就成了他的长处。他整天闲逛，但他活得最逍遥，谁都照顾他。你说这是他的短，还是他的长？有些人非常能干，结果什么事都让他干，最后就把他给累死了。你说这是他的长，还是他的短？

《庄子》里还有一个故事：有棵树很大，但软得很，木质不行，想做什么都做不成。有个木匠就感叹道：“这样的树，长着有啥意义？”树觉得很不服气，它说：“我如果有用的话，早就被人砍了，咋能活这么大岁数？我的无用，正是我的大用！”所以，是长是短，真不好说。在道家眼里，长的可能是短的，短的也可能是长的。

最明显的例子是，历史上很多权势很大的人，最终都为权力所害。比如秦朝的丞相李斯，他多次使用谋略，一步一步获得宠幸，得到更高的权位，最后反而被自己亲手辅佐的秦二世下令腰斩，还灭了三族，“当三族者，皆先黥、劓，斩左右止，笞杀之，枭其首，其骨肉于市；其诽谤，詈诅者，又先断其舌。”假如他不曾为秦国的暴政出谋划策，他会不会被赵高所忌，会不会落得如此下场？据说，他受刑前曾经拉着儿子的手说：“吾欲与若复牵黄犬，俱出上蔡东门逐狡兔，岂可得乎！”意思是，就算我此时只想带着你，带上一条狗去郊外游玩捕猎，追逐狡猾的兔子，也做不到了！谋略和权势曾是他的长处，但也让他死得非常悲惨，结局还不如一般老百姓。

“高下相倾”，高下、高矮都是相对的，你认为高的我认为低，你认为低的我可能认为高。但这个“倾”我觉得不仅仅是比较的意思，它还有倾倒、倒塌的意思。就是说，高下在不断变化着，高官忽然就从高位上掉了下来，连平民老百姓都不如，平民流氓刘邦却当了皇帝。所以，相倾指的也可能是变化，此刻高的会变低，此刻低的会升高。还有人认为，“高下相倾”是一种心火往上、肾火向下的呼吸法。这个理论后来变成了道教的一种修道方式，一呼一吸之间，气也随之上上下下。督脉向上走，任脉向下走，任督二脉运行，高下高下。这种说法是有道理的，因为，照着这样修最后得道的人有很多。

“音声相和”，单纯一种响声叫声，各种响声聚合在一起叫音。这是一种解释。但我更倾向于另外一种解释：内为声，外为音。我们老是说心声，从不说心音，就是因为声是从内部发出来的，音是在外面听到的。而“音声相和”，指的便是一种心声和外音浑然一体的境界，这也是一种修道的境界。相和有点一味瑜伽的味道，指的是打通内外之后，达到了浑然一体，类似于老子后面的“恍兮惚兮”。

实现了“音声相和”之后，可能就进入了“前后相随”的境界。按字面来理解，它仍然有比较的意思，很多个体在一起，才有前后之分，因为有前才有后，没前就没后。单个、独立的个体，就谈不上前后了。但道教仍然有另一种解释，说“前后相随”指的是前任后督二脉的运行。另外，“前后相随”跟佛家的因果相随也有一定的相通之处，前为后之因，后为前之果。怪的是，理解虽然不一样，只要去修道，方法得当，久久不辍，多能修成。

所以，老子用了这么多排比句，并不是简单地想要比较一下。《道德经》的五千言里没有多余的字，如果老子仅仅想要比较一下的话，一个“有无相生”就够了。他之所以用了这么多排比句，是因为每个排比句都有不同的含义，都有不同的特点，各讲了一个修行层次。

老子的目的，就是让你观察大自然有有无无的现象，观察缘起性空，观察各种现象的不断变化，然后破除执著，扫除分别心，进入圣人之境。

叁 无为之境

是以圣人处无为之事，行不言之教。万物作焉而不辞，生而不有，为而不恃，功成而弗居。夫唯弗居，是以不去。

前面讲了那么多概念和比较，都是容易生起分别心的内容，有分别心就有欲望，有欲望就有念头。杂念纷飞，人心就不能安定，就容易烦恼。

老子说："故常无欲以观其妙，常有欲以观其徼。"无欲就进入妙境，有欲就杂念纷飞、生起烦恼。所以，修行最重要的，就是让自己从有欲变成无欲。那么该怎么做？窥破欲望，窥破分别。当你窥破欲望，安住于妙境中时，便进入了圣人之列。

圣人做事是无为的。一些人认为无为是什么都不做，我的理解不一样，我觉得它是一种无执著的为，就是说，虽然没有执著，但还是要做；虽然一直在做，但心里不生执著。这时，他既没有欲望，也没有偏见，但积极做事。佛教的无为法境界就是这样。当信仰者达到无执之境时，就进入了无为法境界。换句话说，无为是一种境界，它不是一种行为。

《金刚经》中说："一切圣贤皆以无为法而有差别。"老子在这里所说的无为，跟《金刚经》上的无为很相似。无为法区别了圣贤和佛陀。就像我向往的那样："有事为圣贤，无事成佛陀。"有事，指的是心中有牵挂、有执著，执著地做，可能会是圣贤，但无执地做，就是佛陀。

怎么看他是有执还是无执呢？有执著就在乎结果，生起分别好恶之心；无执著就不在乎结果，不生分别好恶之心。但前提是你一定要做事，如果不做事也不生好恶分别之心，你就既不是圣贤，也不是佛陀。你是什么人呢？你是凡夫，是懒汉。所以，无为不是什么都不做。

真正的顺其自然只适用于圣者，因为，圣者虽然不执著，虽然随缘，但也会积极做事；但凡夫一旦顺其自然，就会懈怠懒惰，无所作为，过起懒汉一样的生活。所以，我们不执著而精进地活着，不执著而积极地活着。这才是无为而无不为。无不为是行为上积极，无为是心态上不执著。就像我经常说的：“做大心之事，守无为之心。”

“行不言而教”，圣人做事，主要是自己去做，而不是号召别人做，更不是号召别人做而自己不做。圣人像太阳一样，总是默默地观照世界，用行为去照亮别人，而不是用言语去制约别人。当然，言语有时也是行为的一种，但圣人更重要的是身教，而不是言教。这一点，和西方哲学家不同，“万物做而不辞”，圣人不会干涉万物的运作，不会说三道四。很多说三道四的人，实际上都不是圣人，圣人永远是自己默默无闻地做事，做了很多事情但不去说。

“生而不有”，很多事情因为他而成功，很多事物因为他而出现，但他不认为自己做了什么。比如，释迦牟尼讲了四十九年经，却说自己没有说过一个字。这就是典型的“生而不有”。

“为而不恃”，做了也不指望依靠它得到什么。“恃”是依靠的意思，也就是凭借这个行为得到什么利益、得到什么好处、得到什么地位。换个说法，就是做而非功，做了也不需要依靠它得到什么东西，所有的行为都是全无功利的。

“功成而弗居”，功成名就之后，也不认为这是自己的功劳，不因之而沾沾自喜。

历史上有很多居功自傲的人，一旦功高盖主，就会死于非命。

帮着刘邦打天下的三大谋臣，功臣是韩信、萧何和张良。张良很聪明，刘邦当上皇帝之后，他就不再当官，而是去修道、辟谷去了，后来得了善终。韩信没有张良的智慧，他居功自傲，不知进退。有一次刘邦问他，你看我能带多少兵？韩信说十万。刘邦又问，那么你能带多少兵？韩信说多多益善。刘邦听了就很不高兴，知道这个人太骄傲。最后，韩信就被吕后和萧何杀死在未央宫了，还定了他谋反的罪名，灭了他三族。

文种结局也是如此。越王战败时想自杀，是文种献计救了他，后来文种、范蠡帮助越王灭了吴国。吴国灭了之后，范蠡就写了封信给文种，劝他离开越王，因为越王是“长颈鸟喙”，一看就像凶猛的动物，身上有一种非常不好的气场，只可与他共患难，不可与他共富贵，还是赶紧走吧。然后范蠡自己就先走了，据说还带走了西施，但我觉得他可能不会带西施。为什么？你想想看，一个老头子，带着个绝色美女，一路上得遇上多少麻烦？说不定还会遭祸。当然，如果他真带了，那当然是最好的，这是一个美好的祝福。老百姓都希望，像他这么好的人，最好能带上个美女走，两个人过上幸福的生活，不然老百姓会觉得范蠡的生活太没意思了。但范蠡自己是不是这么想，就另当别论了。如果我是范蠡，我就不会带上西施。带着西施，就像挂着美玉走在树林里，会遭遇抢劫，成为一种祸患。

但文种舍不得富贵，他没有走，只是抱病不上朝。结果有人就陷害他，说他想要造反，越王当即就赐了他一把剑，叫他带上自己没用完的几条计谋，去地下帮着死去的先王。文种就自刎而死了。

文种的功劳那么大，越王为什么要杀他？因为越王好猜忌，他老怕别人抢他的江山，文种的功劳太大，也太厉害了，文种献了九条计，自己只用了三条，就把吴国给灭了，要是自己死了，儿子收拾不了文种怎么办？所以越王索性就把文种给杀了。后来，人们说，这是"飞鸟尽，良弓藏；狡兔死，走狗烹；敌国破，谋臣亡"。没有鸟儿的时候，再好的弓箭也没用，该收起来了；没有狡猾的兔子，就可以把猎狗给煮着吃了；敌国已经灭亡了，就可以杀掉谋士了。中国有一句成语是"功成身退"，说的就是这个道理。如果你功成了身还不退，那么就难免会有祸患。文种不明白这个道理，范蠡明白这个道理，所以范蠡隐退了。但即使有了文种的教训，韩信还是没有退隐，他不但没有退隐，还那么骄傲，当然会被杀掉。

历史上这样的事情太多了，很多非常优秀的人物，在帮着主子打下天下之后都死于非命了。比如，朱元璋打下天下之后，几乎所有的功臣都死了，而且都是死于非命。据说朱元璋火烧庆功楼，其实不是，但帮着朱元璋打天下的所有大臣确实都死于非命了，很少有例外，甚至包括刘伯温。刘伯温才能很高，又没有居功自傲、忠心耿耿，但他还是在得了风寒之后怪怪地死掉了。有人说，他得病之后，朱元璋派胡惟庸带了御医去看他，还给他开了药，他吃了那副药，病情就加重了，后来他去见朱元璋，婉转地跟朱元璋说了这件事，但朱元璋只叫他好好养病，他就告老还乡了。有人说是胡惟庸带的御医给他开了毒药，而这个主意很可能是朱元璋出的。胡惟庸后来死得更惨，是谋反被杀的。同样，汉景帝也诬陷了帮他平定七国之乱的周亚夫，导致周亚夫的自杀。所以，真正聪明的人，是那些功成而不居的人，比如张良和范蠡。范蠡后来改名陶朱公，做生意，每次发了大财都不要——据说是三盈三虚，三次发了大财，三次都散给老百姓，最后被人们奉为财神。这样的人也能得到长寿。这就是“夫唯弗居，是以不去”。因为不居功，所以这个功他才失不掉。历史上有很多这样的例子。

美国总统华盛顿也很好，独立战争之后，他连续当了两任总统，订了许多持续到今天的政策，但两任之后他就自愿放弃权力，不再谋求续任了。他非常了不起，几百年来一直被人敬仰，就像圣人一样。

当然，老子不是教关尹子如何打天下、坐天下，关尹子也不是问他如何打天下、如何坐天下。关尹子只是函谷关的关长，他又不是皇帝，他如果问老子怎么坐天下，不就说明他心思不纯，有谋反之心了吗？他肯定不敢。老子也不会指点他如何打天下、如何治理天下，否则老子也像谋反一样了。老子为什么是圣人？因为他是得道之人。所以，老子教关尹子的东西，都是关于如何修道的。老子的任何哲学思想，都是为修道服务，为了指导修道的。

那么，我们在学习的时候，也不仅仅要从哲学层面理解，更要从修道的层面理解，侧重于实践老子关于修道的那些表述。因为，他讲的这些东西或许不仅仅是哲学，也是一种修道上的知见。

看破世界的虚幻，把所有分别心都扫除，不执著了，就会慢慢进入圣人之境，那么就会“处无为之事，行不言之教”。无为是不执著，那么为什么重视身教多于言教？因为他看破了，知道所有的语言都没有意义，真正的道，是必须你自己去体悟的，不是言语可以表达的，正是“不可说，不可说，一说就错”“名可名，非常名”。所以，他才“行不言之教”，把自己做好。

这里可能还有一层意思，就是禁语。有些修行中是有禁语戒的，闭关的时候你不能说话，有些人甚至一辈子都不说话。也许，其源头就跟“行不言之教”有关系。因为，“行不言之教”就会慢慢地契入道，这时，你一旦说话，那种妙觉的状态就丢失了。所以，他宁愿在无言中体会那无为之大妙，“有欲观窍，无欲观妙”。静观万物生长而不加评判，不生分别，静观万相，也就是“万物做而不辞”。就像我平时所说的，“静处观物动，闲里看人忙。”

这时，即使你看到万物、万相，也不会认为它是实有、实存的，因为你知道“有无相生”。这可能是“生而不有”的另一种意思。万有万有，一空生万有，有被认为是存在，但是在修道者眼中，是“生而不有”的。因为，所谓的有并不是实有，而是一种妙用，是变化的现象，出现的同时就在消失。

同样，讲“功成而弗居”时，我们讲的是社会上的事功，比如文种们建立的功勋。如果从修道的角度讲，又会出现另一种理解。《金刚经》中说：“阿罗汉能作是念。我得阿罗汉道不？须菩提言，不也，世尊。何以故？实无有法名阿罗汉。世尊，若阿罗汉作是念，我得阿罗汉道，即着我人众生寿者。世尊。佛说我得无诤三昧，人中最为第一，是第一离欲阿罗汉。我不作是念。我是离欲阿罗汉。”老子也是这个意思。你就算修得很好，也不觉得自己得到了什么。为什么？因为，为学日益，为道日损，你不是得到了什么，而是将多余的东西给扫掉了。

哪怕练功的过程中，真的得到了一点觉受、智慧，你也不要执著。一旦执著，把虚幻的东西当成实有的，或是告诉别人，那状态马上就会变化。

大概在二十来岁的时候，我特别喜欢道家的内丹，我一入禅定，屋里就唰唰地闪起电弧光。什么是电弧光？就是闪电一样的光道，就像电焊一样，非常强烈，唰唰直响。有时，前胸还会出现亮亮的光，鼻子里也会出现强光。有人称之为“阳光三现”，是证得某种证量的征兆。可我一旦希望它再出现，它就再也不出现了；当我不管它，安住在无为状态中时，它才会再次出现。也许，这也是一种“功成而弗居，夫唯弗居，是以不去”。

所以，修道时，就算出现各种神奇的现象、幻觉，你也要告诉自己，不要执著。佛来也杀，魔来也杀，所谓的杀，就是扫掉它，不管它，不要这个东西。

那么，如何到达这种境界？如何才能做到这一点？实践我讲过的这些东西。慢慢地修，通过观察万物的相生，观察万物的相克，观察万物的辩证，慢慢地将它们融入修道，让哲学产生实际的意义。

实践“有欲观窍，无欲观妙”，体味前面的“道可道，非常道；名可名，非常名”，发现为何名是相对的？为什么有欲？如何做到无欲？发现善恶美丑的虚幻性，发现有无的相对性，发现难易的转化性，发现长短的相互制约性，发现高下的循环性，发现前后的变化及相随性，发现自己的心声和大自然的声音的和谐性，发现个体生命和大自然的和谐性，发现这诸多的性所构成的修道中的一个整体。这时，你就会明白，老子不仅仅在表述一种相对哲学。

为什么我要经常突出这一点？因为，最近，我听了很多人——无论是有名的、无名的、名大的、名小的、儒家的、道家的——讲《道德经》，他们都说老子说的是相对哲学。但要真是相对哲学的话，我就有点想不通了，因为关尹子不想当哲学家，老子是没理由跟他说这些的。所以，里面一定有修道的东西，我们不要单纯从哲学层面理解它，要用生命实践它，把哲学化为修道时的妙用。因为，假如没有这种实践的话，东方哲学就失去它最重要的价值了。我们一定要明白，佛家也罢，道家也罢，儒家也罢，最重要的都是实证性。哲学只是“教”，如果没有“证”，“教”是没有意义的。

所以，我们一定要在行为中实践自己信奉的真理，必须将信仰体现于行为，否则就没有意义。

第三章

窥破欲望，做生命的「王」

【原文】

不尚贤，使民不争；不贵难得之货，使民不为盗；不见可欲，使民心不乱。是以圣人之治，虚其心，实其腹，弱其志，强其骨。常使民无知无欲，使夫知者不敢为也。为无为，则无不治。

壹

欲念方起，民心已乱

不尚贤，使民不争；不贵难得之货，使民不为盗；不见可欲，使民心不乱。

在道家的观念中，生命、生命的本体、个体和国家是一样的，家国一理，就是说，它们都归于同一种真理——道。得道之后，你就会发现，做人、持家、治国看似不同，其实是同一回事。所以，《道德经》中的很多东西，除了字面上的意思之外，还有很多种含义。

比如"不尚贤，使民不争；不贵难得之货，使民不为盗；不见可欲，使民心不乱"，最常见的解释是：不崇尚有才能的人，老百姓就不会有纷争；不推崇难得的东西，老百姓就不会偷盗；不炫耀、卖弄一些勾起欲望的东西，老百姓的心就不会乱。

很多年前，我当过老师，学校每年都会评先进，评上的人有一千元奖金。每年的这个时候，都是学校里是非最多的时候，单位里就像炮火弥漫的战场，总是闹得一塌糊涂，同事间骂骂咧咧的、你争我斗，很少有人会礼让。任何一个单位都是这样，只要你推出一种荣誉，就会有无数人想尽方法地去争。你可以试试看，如果你在家族里举行一个比赛，选出家族里最孝顺的人，你看看你的家族会发生什么事？到了那个时候，无数的明争暗斗就会出现。这只是小范围的“尚贤”，要是大范围地“尚贤”，就更会这样了。

比如，这个时代特别推崇成功人士，我每次坐飞机，都会在机场书店看到大量成功学的书，谁谁谁多么成功，他的身家有多少个亿。这么一说，大家都觉得有钱人真了不起。结果谁都会生起贪心，想要发财。

这就是“尚贤”，中国历代的政治家都在尚贤，都在推崇贤能，不同的仅仅是贤能的内容。春秋时期推崇功劳、功名、地位，我们这个时代推崇财富，本质上都一样。

历史上有个“二桃杀三士”的故事：晏子是非常著名的政治家，他辅佐齐景公的时候，国内有三个很有名的大力士，这三人虽然厉害，但都居功自傲，不听话，晏子就想杀掉他们，以除后患。有一天，晏子拿了两个桃子，请他们三人中最有功劳的两个人吃。三个人都觉得自己功劳最大，其中两个人手快，就先把桃子吃了。剩下的那个人不服气，于是三人一起表功，结果发现，第三个人功劳比前两个都要大。前两人羞愧难当，就拔剑自刎了，第三个人觉得不该为个桃子送了两个壮士的性命，也拔剑自刎了。这就是尚贤的典型例子，如果不尚贤、不推崇功劳，三个壮士就不会去争那两个桃子，也不会死。所以，老子觉得尚贤不好，会引起纷争，造成失控。这是很有道理的。

实质上，春秋早期的战乱还不算太频繁，到了战国时代，战乱才变得非常频繁。为什么？因为每个国家都在招贤。所谓的招贤，就是招募天下的贤能人才。于是，每个国家都招来了很多贤能人士，每个贤能人士都想建功立业，证明自己的才干。那个时代，建功立业就是侵略别的国家，夺走对方的城池，残杀对方的老百姓，天下自然大乱。其中最有名的，是苏秦和张仪，他们非常能干。一个合纵，一个连横，也就是团结其他六国，组成像联合国那样的同盟，对付当时的秦国。双方斗来斗去，把天下搅得一塌糊涂，老百姓血流成河。战国时代的许多战乱都是这样发生的。贤能人士一想建功立业，就发动战争，老百姓就被卷入动乱纷争之中，于是礼坏乐崩，纷争不断。追名逐利已经变成战国时代的集体无意识了。

大家都知道春秋五霸、战国七雄，这些雄啊、霸呀是怎么出来的？就是尚贤尚出来的。春秋战国尚贤，推崇功业，推崇权势，周室日衰，诸侯国越来越强之时，诸侯国就开始征战，每隔一段时间，就选出一个霸主——有时不是诸侯国的国君，甚至一个诸侯国的大夫就能左右王室的动向——扮演周天子的角色，号令其他各国。称王称霸说的就是这个霸王、霸业。那时节，社会开始混乱不堪，忽而你当霸主，忽而我当霸主，最后出现春秋五霸、战国七雄，最后由秦国一统天下，但最后秦朝也被灭掉，权力战争一直在持续，一直没有定局，谁都想当霸主，谁都想一统天下，成就霸业，但谁的江山都不会永恒，有一天都会被别的天子取代，受苦的却都是老百姓。

如果不推崇成功、功业、霸业、建功立业，就不会出现这样的格局，各个国家就会和平相处，老百姓也不会一直生活在战乱之中。现在是和平年代，但你看一看叙利亚等国的惨况，就知道当年的中国也是这样。各朝君主为了巩固自己的政权，还制定了很多残忍的酷刑，但到头来一切算计都没有用，该被别的朝代取代时，他一样会失去自己的权位。虽然现代管理学不同意尚贤不好的观点，它认为必须奖善罚恶，也必须尚贤，但事实上老子是对的，因为尚贤，西方直到现在还充满纷争，还在发生战乱，一些国家的人民仍然生活在水深火热之中。所以，老子的说法有他的道理。

“不贵难得之货，使民不为盗”，注意，那时的盗是偷东西的人，贼才是强盗，这跟我们今天的说法相反。我们今天认为盗是强盗，贼才是偷东西的人。古时候有“贼寇”的说法，指的就是闯王李自成那样的大贼。从盗小贼大，变成了盗大贼小，这也是变化。不变的是，你推崇好东西，老百姓就会生起贪心，觉得他有我没有，我也想有，要是没钱怎么办？就起了偷盗之心。比如，现在谁都觉得苹果手机好，有的孩子买不起苹果手机，就去偷。要是不推崇那些所谓的好东西、珍贵之物，老百姓就不会生起贪心，就会安安稳稳地过日子。事实上，也没有什么珍贵不珍贵的，这时觉得珍贵、觉得很好，过上一段时间就变成垃圾了。现在的很多垃圾，过去都是人们眼中的难得之货。但为了这一时的珍贵，好多人就起了偷盗之心，社会也混乱不堪。所以老子说，“不贵难得之货，使民不为盗”。

“不见可欲，使民心不乱”，欲就是欲望，可欲就是让人生起欲望的东西。我们这个社会就是可欲的。前几天，我因为开了微店、在微吼平台上讲课，就在网上看到了一些东西，比如一些直播，很多小女孩都在卖弄自己的美丽，娇声嗲气，让人爱慕她的美丽，然后人们就会给她红包，她就可以买这买那。这就是可欲。现代科技不断发展，好东西太多了，到处都充满可欲的东西，谁都在卖弄。美丽的卖弄美丽，富有的卖弄富有，很多的报纸、媒体、网络，都充满着让人生起欲望的东西。所以，现在人心已经乱了，民心乱了，非常浮躁。过去没有那么多的卖弄，老百姓还很清静；今天到处都在卖弄，好书虽然多了，但看书的人却越来越少了，人心静不下来了，很多人都相信网络，都被网上那么多好东西给迷住了。所以，卖弄让人生起欲望，是社会动乱、人心浮躁、民心不安的重要因素。我们国家之所以需要提倡国学，就是为了把欲望之心收回来，让人心安定，让社会安定，安定才会有幸福，动乱之中是没有幸福的。

现在那么多莫名其妙的案子，很多人莫名其妙就被人杀死了，到处都充满了小偷小摸的现象，有些非常漂亮的女孩子也做起这种营生。很多人开始理直气壮地钻法律的空子，假结婚、假离婚……各种造假充斥了社会。为什么？就是因为可欲的东西太多了，社会一直在尚贤，人心被勾着勾着，很多人已经失去自己了。所以，一定要有信仰，有信仰才能把欲望之心收回来，哪怕没有宗教信仰也不要紧，信仰文化也可以。只要有信仰，人就能跟自身的欲望抗衡，就能回归恬淡安宁。

贰

「民」即是自心

当然，除了字面上的理解和表述，老子的话中仍然暗含修道之理。我们不但要理解表面的道理，也该明白它们对个体生命有什么意义。

比如“君民”这个概念，一般来说，它讲的都是君主和臣民，但中药中所讲的君臣，指的却是主次——君药为主药，臣药为配药。道家修道也有君臣，君为元神，即真心；民为识神，即妄心。换句话说，老子这么多看似治国的道理，其实也是在教关尹子如何调伏自心，如何修道。

“不尚贤，使民不争”，不要有攀比之心，不要被社会流行的价值体系所诱惑，不要羡慕社会认可的成功人士，就是“不尚贤”。每个人其实吃不了多少东西，也花不了多少钱。我仔细地算过，如果买书，我就花得多些；如果不买书的话，我一个月连一千块钱都花不完，可能五六百就够了。我们羡慕许多成功人士，觉得那么富有真好，住豪宅真好，实际上我们花不了多少钱，吃不了多少食物，也住不了多少空间。但这种争名夺利的念头，却把我们的心给搞乱了。所以，不要羡慕他们，不要攀比，没有分别心的时候，没有争名夺利的念头了，心也就慢慢地属于自己了。

为什么庄子淡泊名利、超然物外？因为他看破了，他宁可逍遥遥遥地活着，说自己愿说的话，做一个自由的人，不为名利所缚，不为欲望所裹，完完全全为了自己的心活着。正是因为如此，他才能留下那么好的思想，用思想影响了世界。

庄子肯定是成功的，老子也肯定是成功的，但老子不是什么诸侯霸主，庄子也没有高官厚禄，他们的成功，在于能主宰自己的心。庄子"举世而誉之而不加劝，举世而毁之而不加沮"，这就是逍遥。现在有多少人能真正做到这一点？多少所谓的成功人士生活在舆论的压力之下，惶惶不可终日。为什么？因为，他们的心里还有欲望、还有攀比、还有贪婪，主宰不了自己的心。老子们的成功，不是一般人所期待的成功，但谁都认可他们的成功。即使在追名逐利的春秋战国时期，即使在追逐财富的今天，老庄仍然是不可忽视的存在。为什么？因为，人最需要的，其实不是财富，不是名位，不是权力，不是让自己凌驾于别人之上，不是统治别人、驾驭别人、超越别人，而是一颗属于自己的心，是一颗恬淡自在的心，是一颗能感受到个体与大自然的和谐之美的心，是一颗自由、清净、饱满的心。圣人最让人敬仰的，除了他们伟大的、利众的行为之外，就是这样的一颗心。

所以，我们学《道德经》的时候，可以从治国的角度了解一些东西，但更应该从修道的角度进行学习。看破生命中短暂易逝的一切，时刻把一种东西放入你的生命，然后比较一下，在相同的生命时间之中，你更值得去做些什么，什么才能让你的生命真正变得饱满，让你的心灵真正变得博大，让你真正地体会到人之为人的快乐，让你真正地体会到道的快乐。

第一步，就是学而有道，不尚贤。不去羡慕那些成功人士，也不去推崇那些人在物质和金钱上的成功，追求做人的成功，追求灵魂的自主，那么我们就没有争名夺利之心，灵魂就不会那么焦躁，很多困扰心灵的问题都会消失。这时，就是大手印文化所说的，不是发现问题、解决问题，而是本来就没有问题。

这不仅仅是行为上的，更是心灵上的——“不贵难得之货，使民不为盗”，不羡慕别人有、自己没有的东西，就生不起偷盗之心。还要明白，你不是开始羡慕，然后再起盗心，而是羡慕的同时盗心已生，你的心就已经乱了。你心中、生命中的贼就出现了。这个贼，就是《西游记》中的六贼，也是佛家所说的眼耳鼻舌身意六贼。你眼睛看到的、耳朵听到的、鼻子闻到的、舌头尝到的、身体感觉到的、意识想到的，都在激起你的欲望之心。欲望一生，六贼出现，你的心就不能自主了，你的生命能量就开始消失。我们所说的能量，当然不一定是物质性的东西，它有可能是物质的，也有可能是功能性的。总之，就是令你的生命非常饱满，令你的生命力非常旺盛，令你的灵魂非常强大的东西。

“不见可欲，民心不乱”，“民”不是别人，而是我们自己。在真正的主人公没有出现之时，我们每个人都是民，什么是君？当我们不能自主时，外部世界就是我们的君，我们的心不属于自己，总是被外界控制着。外界让我们幸福，我们就幸福；外界让我们痛苦，我们就痛苦。就像春秋战国时期的那些老百姓，在别人的权力战争之中，他们只是一些尘埃和棋子，是命运的玩物。统治阶级争权夺利，他们就要搭上性命。不管霸主是谁，成为炮灰的都是老百姓，碰上苛捐杂税，痛苦生存的也是老百姓。贤德的君主上台，长治久安，百姓的生活就过得安稳一些，不用过于提心吊胆；一到了朝代交替时，他们的性命就不自主了，一场战火袭来，他们的一切都会化为泡影。我们在欲望面前也是这样，当欲望袭来时，如果不明白真理，我们的心就不能自主，失落、羡慕、贪婪、仇恨，各种各样的情绪折磨得你不得安宁。

什么时候你才是“君”？见到真心，见道、开悟之后，能把握住自己的元神，元神生起妙用，不再被识神控制，你就是“君”，而不再是“民”。心由自己做主时，你就是生命的主人，你就是生命的国君；否则，你就是民。使民不争、使民不为盗、使民心不乱的“民”，都是我们自己，是识神控制下的自己。

我的家乡有个澄金石的故事：山区里有个老人，每天都会在石头上发现一汪金沙——这事肯定是真的，因为我的家乡有个叫双龙沟的地方，那里的上游发现了金矿，总会有金沙被河水冲到下游——能拣到金子，老人当然非常开心，但一天天过去，他就不开心了，觉得这么点金子不够，就把能澄下金沙的小坑挖得更大一些，结果从此看不到金沙了。人的欲望是永无止境的，一旦生起贪心，又不超越它的话，贪心就会膨胀，你永远都得不到满足。

还有一个故事：吕洞宾修成之后，想找个真正的修道之人，把修道之法传给他，但找遍天下，也找不到能经得起考验的人。什么考验？金子的考验。吕洞宾能点石成金，他就用点石成金之术来检验人心，结果谁见了金子都很开心，都会生起贪心。后来，他终于找到一个不贪金子的人，就问那人为啥不贪？结果那人告诉他，我不要你的金子，我要你点石成金的指头。原来这人是大贪。不对治贪心，修道是不会成功的。如何对治？“不见可欲，使民心不乱”。

因为贪，什么都想得到，什么都放不下。贪心是修道的大敌。一生贪，心就乱。必须放下。但是，能放下的有几个？现代社会的价值体系非常混乱，既提倡善美，又提倡欲望，很多人都在摇摇摆摆，见到这个觉得这个很好，见到那个觉得那个很好，根本不管自己的生命需要什么。事实上，个体生命需要的，仅仅是一份觉悟，除了觉悟之外，还有一份快乐、一份健康，能明白健康地活着，每天都开开心心的，人就没有理由不幸福。如果能在这个基础上，再做些该做的事情，人生也就圆满了。

所以，修道之初，就要“不尚贤”“不贵难得之货”“不见可欲”。

叁 圣人之治

是以圣人之治，虚其心，实其腹，弱其志，强其骨。

圣人如何“治世”？首先就要“虚其心”，让心变得虚起来。注意，让心变虚，指的是虚心，它是虚心使人进步的虚。其本意，是不要有太多的杂念，不要有太多的想法。很多人的心为什么老是很乱呢？就是因为读书太少，想得太多；福报太少，贪求太多；奉献太少，索取太多。这时，人的心不能不乱。心乱就会出问题。虚其心，让心中不要有太多的杂念，不要有太多的想法，不要有太多的贪婪和欲望。

所有的修道，都是为了虚其心，消除杂念，把心中的垃圾清掉。什么垃圾？念头、欲望、贪婪、仇恨、愚昧，这些都是垃圾。把这些东西清掉，让你的心干干净净的，恢复一种清净状态，就叫虚其心。修行的目的就在于此，修行的手段也在于此，修行的过程同样在于此。

净土宗用念“阿弥陀佛”来虚其心，把一些乌七八糟的心灵垃圾、念头都打掉；禅宗用参话头虚其心，“念佛是谁？”“念佛是谁？”“念佛是谁？”一直念下去，杂念就扫掉了，最后就能实现专注，见到真心。用道家的说法，就是元神出现、元神显现、种子出现、玄光出现。观想、持咒都是为了虚其心，观想就是心中观着佛像，用佛的形象一步步扫除杂念，驱散各种妄心。

然后是“实其腹”。在一般人看来，“实其腹”就是吃饱肚子，满足自己的温饱。实际上，它还有另一种说法，就是意守丹田、气沉丹田。

上面说过，丹田分为上中下三种。上丹田相当于香巴噶举五大金刚法的顶轮，两个太阳穴连成一条直线，印堂向里投射形成一条直线，两条直线相交的那一点——也就是现代医学称为松果体的位置——就是上丹田。守住那个地方，久而久之就会激活那里的生命能量，就叫守住上丹田。修性以守住上丹田为主。五大金刚法的心轮，道家称为中丹田；脐轮被称为下丹田。“实其腹”的那个丹田，在脐轮和密轮之间，就是小腹的中间位置，大概在肚脐往下一寸三分的位置。这个位置非常重要，它是男子精室，女子胞宫所在。据说，那里的生命能量一旦激活，会有益人的健康和智慧。

道家有很多“实其腹”的方法，比如观想丹田，慢慢地，那里就会出现一些气，精气神就汇聚到那里了，然后结丹，但这需要时间。有些人问，一天练一下行不行？不行。“实其腹”是需要时间的，只有达到一定的时间，你的精气神才会聚到那个地方。这种修法需要懂得窍诀，需要传承，不是谁都能轻易修成的。它需要定时如法地修。只要有传承、肯花时间、踏踏实实地修，就能修成。道家有很多修成的人。

修到一定的程度，你的生命能量会沿着前任后督运行，气行滚滚、循环往复。这个过程，就是道家的小周天。想要修成小周天，必须先“虚其心，实其腹”。如果你的心里充满乌七八糟的垃圾，你的修是没有意义的。修行讲究恬淡虚无、真气从之。心虚静了，真气才听你的话。心里充满杂念时，真气是聚不了的。

所以，虚其心，实其腹是道家修行非常重要的窍诀，它不仅像很多人认为的那样，不仅是叫老百姓不要胡思乱想。这几句话在内丹修炼中非常重要。

“弱其志，强其骨”，弱是削弱、慢慢地减少；志是意志，可以引申为执著和偏见。“弱其志，强其骨”就是减少自己的偏见和执著。很多人都有自己的想法，但很多人的想法都属于偏见，打着自己的烙印，并不是智慧的觉知。因为里面有一种我执的东西。当你减少自己的执著时，偏见才会减少。然后，你还要强壮自己的身体——注意，只要你虚其心、实其腹、弱其志，你的身体就必然强健。

为什么强健身体叫“强其骨”？因为，道家认为骨很重要，道家修到一定的程度，就要经历一个脱胎换骨的过程，这个过程非常痛苦。20岁前后，我修得很好的时候，忽然觉得自己得了一场大病，痛苦不堪。后来询问了一个道家师父，他说我正在脱胎换骨。修到这时是很好的，说明你生命中的很多东西已经净化了、升华了。

90年代初，我曾经专门教人用这个方法治病。修到一定的时候，病好像重了似的，事实上不是这样，它是在脱胎换骨。骨代表你生命深处的东西，所以我们老说“深入骨髓”，当你脱胎换骨时，你就从生命深处发生变化了。骨和肾是相互照应的，肾气好的人骨就好。如果患了骨质疏松，说明他心肾的先天元气不够、不好。当然，西医的说法不一样，西医认为是缺钙。那么为什么缺钙？为什么吃的东西差不多，喝的东西差不多，别人却不缺钙，就你缺钙？这说明，你们体内有种东西不一样。它很可能就是你的先天元气。中医所说的肾，不是我们所说的肾脏，而是先天之气的源头。“先天”是指禀受于父母的“两神相搏”之精，以及由先天之精化生的先天之气，是由遗传而来，为人体生命的本源。它不一定就是我们熟悉的那个器官。当然，那个器官也很重要，但它不是中医所说的肾气所在。同样，中医所说的心肾相交，指的也不是哪个器官，而是一种功能性的表述。

我们以后修道的时候，也可以打打太极拳、站站桩。道家的很多武术，都是为了强其骨，尤其站桩，它是一种非常好的强身之法。过去我专门练过易筋经，有一次在雪漠创意写作班上，我就教了大家如何练易筋经。练易筋经的目的，就是为了强其骨，也是让自己的体魄非常健康。对修道来说，这一点也非常重要。

注意，虚其心、实其腹、弱其志，是修道的三个秘诀，加上强其骨，就是性命双修。所以，这四句话把修道的性功和命功完全概括了。什么叫性功？性是佛性的性，也是自性的性，性功就是我们所说的智慧修炼。性功修炼侧重于修道和得道，命功修炼侧重于长生。性命双修是对的。有些人只修性，不修命，这是不对的。道家说“只修性不修命，此是修道第一病”，因为，不管你修出多好的智慧，只要肉体一消失，你的智慧也就不见了，就像“万贯家财无主人”。有些人只修身体不修智慧也很糟糕，因为“寿同天地一愚夫”，哪怕寿同天地，也只是个愚夫。乌龟就是这样，乌龟能活上千年万年，但它不管活上多久，都是愚痴的动物。

藏传佛教也提倡性命双修，显宗很少谈到命功的修炼。当然，性功修到一定的时候，也会影响命。道教和密乘更有很多能对应的东西，虽然传承不一样，但都非常好。机缘成熟的时候，我会专门讲一讲这个问题。

肆

无知无欲

常使民无知无欲，使夫知者不敢为也。为无为，则无不治。

很多人容易把“常使民无知无欲”当成愚民，然后对老子产生误解，以为老子提倡愚民政策。实际上不是这样。这里的“知”，指的不是智慧，而是概念性的东西。老子所说的“无知”，不是愚痴，而是减少概念性的东西，因为道家追求智慧，它不追求知识。“道可道”中的“道”，便是智慧，悟道、得道说的都是智慧，而不是概念。老子不可能搞什么愚民，因为老子的关注点不在政治层面，他的所有哲学都是教人如何修身养性，如何开发智慧的。

为什么要“无知”、减少概念性的东西呢？因为大道是远离概念的，如果心里充满了概念和偏见，就不可能得到智慧。因为，概念越多，偏见越多，心越是混乱，越是定不下来，越容易被外界的事物牵走。定才能生慧，如果你定不下来，就谈不上生慧了。

所以，“无知无欲”是修道必需的，跟政治没有关系，跟统治阶级也没有关系。

我曾说过，有一种人叫知道分子，有一种人叫知识分子。注意，知道分子和知识分子不一样，现在大部分人都是知道分子，但有人也认为他们是智者。为什么？因为他们知道很多东西，显得非常博学。只是他们的博学乍看很厉害，却没有消化，大多似是而非、囫囵吞枣。微信上有很多这样的“智者”和“大师”，流行什么话题，他们就讨论什么话题。微信上出现类似的文章时，很多人都会点。但看了之后有时也得不到什么启发。因为，微信是一个浅阅读的平台，人们多是浏览性地阅读，这种方式得到的，都是概念和偏见，它不是智慧。概念和偏见一多，人的心灵空间就给占满了，所以，有了微信，很多人的心就变得浮躁了。换句话说，就是“知”越多，智慧就越少。让老百姓减少这种“知”的摄入，也不要生起那么多的贪心，也让知道分子不要胡言乱语，就叫“常使民无知无欲，使夫知者不敢为也。为不为，则无不治”。

那么，在修道层面应该怎么理解呢？

要让自己不要有太多的知识，不要太聪明，要大智若愚、大巧若拙。一定要注意，聪明不是好词，计较、机心也都不是好词。太聪明不是一件好事。知识越多、概念越多、机心越多，所知障就越多。过去，武威人老是骂人“读的书多，生的蛆多”——蛆就是肚子里的虫子，肚子里一生虫子，就在肚子里滚来滚去的。这是很糟糕的。不过，我虽然读了很多书，但我肚子里没蛆。我妈妈老说我太老实了，直到今天，所有接触我的人都觉得我太老实了，但我觉得老实也没有多么糟糕，相反，很多很聪明的人活得反而不如我。有句话不是说，“机关算尽太聪明，反误了卿卿性命”吗？很多人就是被“知”给害了。佛教称那些知道分子为狂慧者，尤其是一些非常聪明的人，他们什么都计较、什么都算计、什么都想得到，但他们偏偏又得不到。为什么？正是因为他算计。心机就是“知”。心里填满了知，就没有安放灵魂的空间了。所以，无知无欲是最好的。所谓无欲，就是不生贪心。

自打修行有点起色后，我就没贪心了。因为我们活上一辈子，其实花不了多少钱财。过去，我不见人的时候就什么都不想得到，后来因为要做事，要出来适应社会，在社会上调心，我才渐渐地随缘了。但我仍然不是想要索取啥，而是想把我的东西散出去。

就像一位朋友所说，我开了一个“雪漠智慧大超市”。不过，有一点他说得不太准确，因为他说我是在“经营”，实际上我不是经营，我只想做给大家看。因为，我学胡适，只开风气不为师，不教化别人，不控制别人，不倡导别人像我那样活着，但我可以做给别人看，做的同时，我就是在告诉世界如何做事。所以，我也经常会把我自己的生活写出来，把自己经历过的事、经历过的人、有过的感悟都写出来，我只想做好自己，但我也愿意将做好自己的过程告诉别人。其实，对我的个体生命来说，做不做都无所谓。我做的意义在于，让很多有心做事的人知道，你如果这样做的话，就能做成事。当然，你也可以理解为示现。

我就是无知无识，也是无知无欲。我平时脑子里不想什么东西，也没有什么大的欲望，因为我明白，无论我怎么想，想破了脑子，生命也会很快从世界上消失。不要觉得自己能活多长，不要觉得还有多少人生可“消磨”，人生其实很短，就一眨眼的长度。相比之下，该做的事却太多了。

当你修成这样的一颗心时，很多人都会到你身边，但那些很会说话、特别会辩论、知识很多的人，到你身边就不会胡言乱语了。为什么？他生不出那个心。这就是“使夫知者不敢为也”。有人卖弄，是因为我们迎合了他的卖弄；如果社会不需要那些乌七八糟、投机取巧、充满机心、阴谋诡计的东西时，人们就算有这些想法，也没有用的地方。因为，淳朴的社会容不下算计的人。在一个真正的信仰群体里，也容不下算计者。

所以，我们只要无知无欲，真诚待人，不要有有为之心，常守无为之心、做无为之事——也就是积极地做事，不要在乎结果，该做就做——就很好了。

伍 虚心健体，身心自在

本章写了修道的窍诀，所以我作了一首偈子，算是对这一章的总结，也是对“虚其心，实其腹，弱其志，强其骨”的解述：

有为纷争起，尚贤分别生。
争货生盗贼，多欲民乱心。
重内而轻外，虚心以养神。
实腹以养气，周遍于一身。
无执故无惧，神光如月轮。
气满魂魄强，抱一而守中。

“有为纷争起，尚贤分别生。”有为——也就是执著地想要完成一件事的时候，就会出现纷争，比如你好我坏，你高我低，你成我败等等。为什么？因为你在乎结果，在乎结果的时候，就会出现分别心。你对结果很满意，也许就会沾沾自喜；结果不如你愿，你也许就会羡慕别人。一旦羡慕成功的人，你就会生起分别心，如果你不羡慕别人，不管别人怎么样，永远做最好的自己，你就不会生起分别心。因为，做到了最好的自己，你就成功了；做不到最好的自己，你就没有成功，跟别人没有关系。这种成功才是你自己的成功，其他的成功都不是你的成功，它终究不属于你。

“争货生盗贼，多欲民乱心。”过去我看过一本书，里面讲了很多被气死的故事。为什么被气死？因为，他们家里藏了很好的宝物，本来觉得很开心，很有面子的，结果引来盗贼，把宝物给偷走了。他们越想越放不下，实在接受不了，最后就郁郁而终了。很多人都会这样。不过，有时不是因为宝物被偷了，而是生意丢了、面子丢了、机会丢了……他们放不下，又留不住，最后就气死了。如果无欲的话，他们就不会死。所以，“多欲民乱心”，欲望太多，我们的心就乱了。心乱了，就什么都看不破，什么都放不下，明知道不值得把命弄丢，偏偏还是把命给丢了。

“重内而轻外”，要看重自己的内心，不要在乎外面的东西——也就是欲望和多余的、你的生命本体并不需要的东西。

“虚心以养神”，我们常说闭目养神，是说不要看不该看的东西，把眼睛闭住，守持一颗虚静之心。守住那颗心，就是在养自己的元神。养元神，也叫养真心。当你明白真心，或是见到元神之后，你就要慢慢地养着它，这就叫长养圣胎。为什么叫圣胎？因为它就像一粒超凡入圣的种子，你慢慢养着它——也就是结丹——养到一定程度，你能安住，打成一片了，就不再是凡夫，而是圣人了。

“实腹以养气”，经常用力鼓着小腹。道家说丹田长存三分力，就是始终小腹用力（三分力就够了，不用太猛）、鼓起肚皮。在密宗里，这叫中住气，道家叫气沉丹田。这是养生的妙诀。这样养气养上一段时间，真气就会聚在一起，结成内丹。

“周遍于一身”，你不用刻意去引导它，生命里自然会有一种力量，让真气自然运行。好比漫天大水纷涌而来，你能分得清哪里是河，哪里是沟吗？肯定不能，但水自己懂得分辨。它自然会选一条适合它流动的通道。这时，天地变成一统，内外也打通了。你慢慢柔和自己的心，减少欲望，消解偏见，回复到婴儿那样的状态，心像水晶一样纯净，就像我的小孙女陈清如一样，总是灿烂地笑着，开心就开心，想玩就玩，整天陶醉在自己的境界里，谁见谁爱。

“无执故无惧”，因为没有执著，所以既不想得到什么，也不怕失去什么，无可畏惧。一定要知道，你之所以会怕这个，怕那个，是因为执著，如果你没有执著的话，就什么都不用害怕。道家也有这种说法，但佛家称之为破执，道家称之为无为。破除我执就是阿罗汉。道家没有阿罗汉的说法，但道家会炼精化气，炼气化神，炼神还虚，炼虚合道。所谓“合道”，就是虚空粉碎，仍然是破执。如果真能完成炼虚合道，就修成了大罗金仙，和阿罗汉是一样的。所以不要看不起中国的本土宗教，中国道教里有很多好东西。

“神光如月轮”，元神虚静像月亮一样，它就是我们的主人公。

“气满魂魄强”，魂魄代表生命本有的能量，精气神很足、炼气炼得很好的时候，你的魂魄就强。所以，要想强健我们的灵魂，就必须强健我们的体魄——魄代表命，魂代表性，道家提倡性命双修。

“抱一而守中”，别的都不管，光守着“一”。“一”是什么？是道。没有见道的时候怎么办？“有欲观窍，无欲观妙”，妙就是与道合为一体时的境界。所以，要无知无欲，不要想那些乌七八糟的东西。

这四个窍诀对修道实在太重要了，你一定要记住：消除争斗比较之心；不羡慕别人的成功；对别人认为很好的东西，自己要保持淡然；不去卖弄和炫耀，也不去看那么多让人生起欲望的东西。简言之，就是消除偏见、欲望和个人意志，强壮自己的体魄，心里不要放那些鸡零狗碎的小心思。做到这些，就是圣人的修道。久而久之，你的心就会清净，各种烦恼都会逐渐消除，能真正地守住自己的生命本体，让自己的精气神非常饱满，能够真的“实其腹”。

当然，这些方法也可以用来治家、治国，道理是一样的。道家认为人是一个小宇宙，天人合一；儒家、佛家同样认为天人合一。佛陀就说过，“芥子纳须弥”，一个芥子可以容纳整座须弥山。换句话说，就是个体生命中包含了整个宇宙、所有众生的全息，这是必然的。人可以通过克隆细胞来克隆人、克隆羊，说明一个细胞里就有我们整个生命的全息。同样，我们每个生命个体也代表了家庭的全息、民族的全息、国家的全息、宇宙的全息。所以，学会修身，也就明白了如何持家，甚至能明白如何治国。

第四章

湛然空寂，游龙画凤

【原文】

道冲，而用之或不盈，渊兮，似万物之宗；挫其锐，解其纷，和其光，同其尘；湛兮，似或存。吾不知谁之子，象帝之先。

壹 道冲显万相

道冲，而用之或不盈，渊兮，似万物之宗；挫其锐，解其纷，和其光，同其尘；湛兮，似或存。吾不知谁之子，象帝之先。

这一章讲的是道体。大手印有体和用，道也有体和用。体就是道的本体，用就是妙用。这里讲的都是对道体的描述。

那么，道是什么？道是“冲”。有人认为“冲”是虚空的意思，但这种说法不够准确——注意，据说在老子那个时代，“冲”和酒盅的“盅”是同一个字，这种说法也许是真的，但我们不是在说文解字，所以我们不去考证，只讲如何妙用——那么，如果“冲”就是虚空的意思，老子为什么不直接用“虚”，而用了“冲”呢？我觉得，它一定代表了一种妙用。因为，“道冲”代表的这个“虚”，它不仅仅是空，它是有着无穷活性的。如果是死的，就可以用“虚”或用“空”，但它既然是活的，就要再加一点东西，所以用“冲”。“冲”既是虚空，又有一种活性的内容，它代表了道的状态。

一定要注意，有时，一个词不同，代表的境界就不一样。就像佛教的空性，不能说它是虚无主义，它和虚无主义不是一个东西，道冲和道虚也不是一个概念。道的体性虽然是虚空的，但它同时俱足了无穷的活力，妙用无穷，世间万物都离不开它。

我看过一部武侠小说，里面有个道长就叫冲虚，《笑傲江湖》里也有个令狐冲。为啥这么多地方都出现“冲”？因为，冲不仅仅是境界呈现，也是一种修道的方法。比如冲虚道长的“冲虚”，它本身就是一种见道的方法，也就是慢慢地虚其心、实其腹、弱其志，进入那境界之后，就慢慢训练，训练到一定时候，就会见道，就能感受到道体。如果没有证道，也没有机缘证道也不要紧，你可以胜解作意。胜解作意就是观想。很多人修道时，用的都是这种方法。如果你实在证不到，也可以这么修。佛教的生起次第就是这样。他本身不是佛，但他想成为佛，于是就首先观想佛，就像整天想着自己生命中最重要的老师一样。这里的想，不仅仅是想念，更多的是向往，想要向他学习，想要变得像他那么伟大，这就是胜解作意。当你老是在模仿，老是在向往时，你就会慢慢地走近他，融入他的那种境界，你去体会它，慢慢地体悟。由最初的胜解作意，变成后来本来就那样，也就是先是假的，然后慢慢变成真的。修道必须让自己融入那种境界，体悟那种境界，如果体悟不到的话，你是没法修道的。

有了《道德经》之后，很多修道者就照着老子的文字，一步步去修。既虚其心、实其腹、弱其志、强其骨，又挫其锐、解其纷、和其光、同其尘。两者相合之后，就能在生活中修道。

当然，能做到这一点的，不仅仅是老子和道家，儒家也有很多高人能做到，比如颜回。“一箪食，一瓢饮，居陋巷，人不堪其忧，回也不改其乐。”他品尝的是什么乐？大道之乐。他的状态非常接近修道，这是儒家里比较典型的例子。除了颜回，还有孟子，孟子的“养吾浩然之气”也是修道，正心诚意、格物致知、修身、齐家、治国、平天下，都是在修道。以后有机缘的话，我会系统地讲一下儒家文化。

“用之或不盈”，可以用，但永远也不会穷尽，永远也用不完。它不像我们喝的酒，再多的酒，喝一段时间也就喝完了；也不像其他东西，数量再多，也有极限，过了极限就用完了。道却是永无止境的，它就像虚空。虚空无尽，道也无尽。宇宙大爆炸前有没有道？有道。即使宇宙再一次大爆炸，也仍然有道。哪怕在宇宙大爆炸的当下，道也仍然存在，甚至大爆炸也是它的妙用之一。世间万物都是由道化现的，但道本身是无始无终、无形无相的。

“渊兮，似万物之宗”，渊是深不可测的意思。道非常深奥，深不可测，就像无底深渊一样。它就像万物的祖宗，万物之母，它不仅仅是死的。修道的人修到一定时候，真正证道了，就会如丧考妣，注意，证道时就像死了父母一样。为什么？因为，他突然发现了这种悲欣交集的难言境界。吕洞宾有一首诗写的就是这种境界：“独上高峰望八都，黑云散后月还孤。茫茫宇宙人无数，几个男儿是丈夫。”这是一种贯通天地的大孤独，当然也是大自在。仅仅见道的话，你还体会不到这种境界，你必须得道了，才知道这种境界到底是怎么回事。得道之后和见道之后是不一样的。

佛家的开悟也叫见道，开悟之后进入修道，最后证道，都是道。得道高僧也是道。高僧明明是佛教的，怎么能得道呢？因为，道不是道家独有的，但老子用了这个玄妙、绝妙的字来代表它。它是万物之祖，深不可测，但又非常平常，平常到佛教也可以拿来用。“平常心是道”就是这个意思。

“挫其锐”，锐是锋芒，锋芒毕露。道是不是锋芒毕露的？肯定不是。我们平时看不见道，能看见道的人，我们称之为开悟者。这说明，道平时隐藏在万物之中，是非常内敛、不露锋芒的。所以说“挫其锐”，将锐气都挫平了，一点都显不出特立独行。挫，就是磨掉。一点一点把多余的棱角磨掉，再也看不出夺目的光明，再也看不到张牙舞爪，再也看不到狰狞，再也看不到它的一切，一切都隐在一团混沌之中，恬淡虚无，又无所不包。

“解其纷”，“纷”是纷繁，排解万象的纷繁、纷扰，让万象井然有序。比如大山，无论森林、小草、小花，一切都井然有序，万物欣欣向荣，非常美丽。人一插手，大自然就没那么美丽了，反而会变得非常糟糕。樟木头这边就是这样。刚开始有一片很好的原始森林，结果人开始伐木，开始干预大自然的运作，于是很好的森林很快就被破坏了。但我们也没有办法，干预了好几次，都没见什么改善，反而又有树木被伐掉了。大自然就是这样，人不干预，让它自己发展，它就会给你贡献很美的风景；人一干预，它就变样了，美景也立刻就被破坏了。道不像人类，道是不会干预万物的，它不干预人类，它也不干预大自然，但一切都井然有序，自然就“解其纷”，毫无争斗，毫不混乱。

“和其光，同其尘”是“和光同尘”的前身。关于这个词，有两种解释：第一，遇到光明融入光明，遇到尘垢融入尘垢；第二，把光明和尘土混为一体，不加分别。得道高人就是这样，他在世间法中一点都不扎眼，没有一点锋芒毕露的东西，真正是真人不露相。

注意，这四句话是对道的本体性的典型表述。首先，将道的锋芒隐于万物之中，毫不张牙舞爪；第二，让大自然的万象井然有序、有条不紊，让它不再纷扰繁杂；第三，混迹于光明与尘土之中，毫无分别，也叫“道在屎溺”——就连大小便之中都有道，形容道的平常。

前段时间，有个科学家跟我谈到细胞，他说，每个细胞里都有很多种蛋白质，它们就像部队一样，各自承担着相应的职责，有些输送营养，有些增强免疫力等等，就像国家一样。我问他，是谁让它们这么做的？他说他们也不知道。我再问他，细胞的原动力哪里来？他也说不知道。实际上，让它们这么做的就是道，它们的原动力也是道。我曾勉强用科学语言描述过它，我说它是宇宙间的原创力，也就是宇宙间最本初的，无所不在、无时不有的动力。它“湛兮，似或存”，就像深渊一样，湛然空寂，好像存在，又好像不存在，非空非有。这种表述，跟佛教的《金刚经》非常像。

“吾不知谁之子，象帝之先。”我不知道它是谁的孩子，也不知道谁创造了它，好像上帝还没出现，它就已经存在了。注意，老子是怎么说出这种文字的？他是在描述证道之后，自己体会到的那种境界。这里所有的文字，都是他的境界呈现。他在极力地告诉弟子尹喜，道是什么样子？在“光明大手印”书中，我也有很多类似的表述，有兴趣可以看一下，包括我写的很多偈子，也都是一种境界的呈现。

贰 和光同尘

最近事情实在太多，没什么休息的时间，很多人都叫我休息，别讲了，但我坚持要讲。为什么？因为，如果你今天累了，给自己一个理由不讲，那么你过两天还会找到不讲的理由。日子一长，成了习惯，就会有无数的理由让你不做你该做的事。如果这样，一辈子什么都做不成。所以，我不给自己任何理由，哪怕是非常合理的理由。修道也是如此。有无数的理由让你不修道，但你还是要修。

就像我现在，其实打不打坐都无所谓了，但我还是要打。为什么？因为我要打坐。打坐就是我的目的，不需要其他的理由。我不想得到什么，也不急着去死，那么就趁这段时间打打坐。写作也是这样，反正不急着去死，那么就写点东西；交朋友也是这样，来了就珍惜他，反正也不急着去死，也不想绝交，那么就好好对他。修道也是这样，你时刻都要告诉自己，你又不是急着去死，不如放松了心，把心中那些功利、急躁的东西给放下。

这也是挫其锐。我们提倡精进，但我们反对功利。道家说无为而治，就是一个道理。不功利地修，不功利地做事，不在做事、修道之外寻找目的和理由。

修道特别注重挫其锐，那些气势汹汹、飞扬跋扈的人，往往境界并不高。修道就是一点点磨掉这些东西，把所有张牙舞爪的东西都磨掉，只剩下一颗恬淡博大的心。你知道什么叫炉火纯青吗？火烧到一定的时候，烟也没了，火也不大，不像一开始燃烧时那么浓烟滚滚，火光冲天，只有若有若无的火焰，甚至看不到火焰，这是燃烧的最高境界。所以，修道之始，就要收敛自己的锋芒，对外还要窥破一切的纷扰，内外各种境界，都让它自解于当下，来者自来，去者自去，不要管它。怎么才能不管它呢？窥破它的虚假性、变化性，知道它不是永恒的，不值得你担忧或牵挂，于是不追逐任何境界，只管安住自己的真心，安住道体本身。

我交朋友时就是这样，朋友来的时候，我全心全意地对待，朋友走了之后，我也觉得很好，不牵挂他。有他没他，我都是我，不会因为有他就更加幸福，也不会因为没他就痛苦一点。我面对的永远都是当下的事情。所以，我的桌子上永远堆满了东西，要用什么，我都放在桌上，否则一下就忘记了。我脑子里不放这些东西。后来，有人说要帮我收拾一下桌子，把东西放好。我叫他别收，你一收起来，我就忘掉了。只有看到它时，我才能想起它；看不到它，我的世界里就没有它了，因为我心里不放它。这就是我“解其纷”的方法。

世间万物都终究会消散的，该来的还是会来，该散的终究会散。有生必有死，一切都在变化。真正的聪明人把握变化，珍惜变化，安住在每一个当下，这就是“解其纷”。不聪明的人期望某种东西，但你越是期望，就越是得不到。为什么？因为期望是一种贪心、功利心。所以，“解其纷”不仅仅是道的表述，也是修道的方法。

还有一点，就是“和光同尘”。遇到光明融入光明，遇到尘土混入尘土。但它不是随波逐流，因为随波逐流是被动的，是消极的；和光同尘是积极的选择，他就算和光同尘了，也不会丢掉心的宁静和自主。所以，历史上有很多非常伟大的修道者是看不出境界的，直到他死的时候，人们才知道原来他得道了。

比如，明代有个老头子，他整天躲在一个小城里，躲了几十年，一直在那里行医、给人看病，从来没有出过那个城。但有一天，很多人却在很远的地方看到了他，也在做事，也在行医。这时候，人们才知道老头子已经不是凡人，他得道了，会分身了。

传说中，有个做帽子的人也是这样。人们根本不知道他在修道，还以为他一辈子都在做帽子。实际上，他的做帽子就是在修道，做了一辈子帽子，也修了一辈子道。直到有一天，他死了，但他跟别人的死法不一样，他是坐化的。他就在那儿随便一坐，笑了笑，就死了。有个道人觉得很神奇，就把他供在一个地方。过了很久之后，他的肉体仍然不烂不坏，就像慧能一样。有一天，那道人收到了一封信，信就是这个做帽子的人写的，他说谢谢道人供奉他。道人就觉得很奇怪：他不是死了吗？身体都还在这里呢，他是在哪里给我写的信？

历史上有很多这样的得道故事。

有意思的是，修道得道的人中，有很多人都是工匠。你一定要注意。其实我也是工匠，我写作。庄子也不是大官，他的名声很大，大到千年以后了，但他当时编草鞋，每天的生活，就靠草鞋换来的几文钱。这么伟大的道家代表人物，这么伟大的哲学家、思想家，却一点看不出特别来。他平时好像也没什么特别的爱好，也不追名逐利，除了写点东西，就是编几双草鞋，日子过得很逍遥。人家叫他去当官，他也不当。为什么？因为他不想被一种东西控制，不想被任何东西绑架。为什么叫绑架？居其位，你就得做很多那个位置必须做的事情，这就是你拥有那个位置的代价。所以，许多修道的人都不当大人物，他们躲在一个地方，做小小的、不起眼的手工匠人，为的是一份宁静自在的生活，也就有了更多的时间，做自己该做的事。那诺巴的上师谛诺巴就是捣芝麻的苦力，后来那诺巴辞掉了那烂陀寺班智达的工作，也跟上谛诺巴去捣芝麻卖苦力，最后成就了，成为了一位更伟大的成就者。谛诺巴每天干什么呢？他每天就是拿个木锤，把芝麻捣碎，再榨出油来。

我的家乡有个毛爷洞，那个地方我去过，小说《猎原》里也写过。那儿的石头上有个脚印，据说是毛爷踩出来的。毛爷死的时候也很奇怪，明明埋了，却有人在凉州城里看到他，然后把他的棺材挖出来，撬开，发现里面放了一只草鞋。这样的故事很多。尤其在中国道家文化中，有很多这样的传说。说是传说，其实也不是传说，因为很多都是真人真事。只是因为太奇怪，太不可思议，才被流传成了故事。这个世界上有很多非常奇妙的东西，人类的科学智慧仍然太渺小了。或许未来的某一天，人类会发现一个全新的世界，发现一个曾经被很多人拒绝、否定和质疑的世界，发现它就像自己认为的世界一样真实，甚至更加真实。但到了那个时候，人类是不是还存在？地球是不是还存在？宇宙中的很多星体是不是还存在？太阳、月亮是不是还存在？就说不清了。

所谓的“和光同尘”，就是像上面所说的那些修行人一样，修得很好，但没有人看出他们的境界和特殊来。他们混迹在人群之中，就是普普通通的一个路人，没有人知道他们是得道者，没有人知道他们已经超越了这个红尘世界。当然他们也不在乎，安住在自己的明白和安详之中，做自己该做的事情。

叁 三车和尚

关于“和光同尘”，历史上还有这样一个故事。

唯识宗有个大师，叫窥基。他是唐玄奘大师的弟子，写过很多著作。有一天，他到一间寺院去，遇到了道宣律师。道宣律师是律宗的僧人，戒律非常精严。他修到什么程度了呢？据说，每天都有天人给他送吃的。

窥基大师来找道宣律师的第一天晚上，窥基大师很早就睡下了，看起来睡得不省人事，还打呼噜，也不是右卧，根本不像个规矩僧人的样子。道宣律师对他很不以为然，第二天就对他说，你总归是个出家人，得有点戒相啊，你一点戒相都没有，以后，你还是要好好地守戒吧。窥基大师答道，你不也没有守戒吗？昨晚，你摸了一个虱子，把它丢到地上，结果弄瘸了它的腿，它惨叫了一夜。这时，道宣律师才知道窥基大师是有功夫的。因为，他昨天晚上确实摸出了一个虱子，有心掐死吧，又不能杀生，于是就随手丢到地上。窥基大师当时打着呼噜，眼睛也闭着，道宣律师还以为他睡着了呢，原来他什么都知道，连虱子瘸了腿惨叫他都知道。窥基大师在道宣律师那儿待了几天，然后才离开，怪的是那几天里，天人一直都没来供养道宣律师。等窥基大师走了，天人才来，道宣律师就问他，为啥这几天你不来供养啊？天人说，漫山遍野都是护法神，我根本就进不来啊，这几天晚上，有个大菩萨住在这里。道宣律师这才知道窥基大师的境界，平时他根本看不出来。这就是“和光同尘”。

这个窥基大师很有意思，他还有一个外号叫三车和尚。

据说，唐代玄奘大师取经时，经过了一个山洞，在洞里发现了一个入定的僧人。那僧人的头上有个鸟窝，玄奘就知道，他已经入定很久了，于是就拿出个引磬，敲了一下，那僧人就出定了。这是个暗号。我在《西夏咒》里也写过这回事，久爷爷入定时看起来就像是死了，但雪羽儿知道他没死，拿出个引磬一敲，他果然就出定了。僧人出定后，玄奘就问僧人为啥在这儿入定，僧人说他在等红阳佛——就是释迦牟尼佛，说红阳佛成道时，我要辅佐他度众。玄奘说，释迦牟尼佛已经灭度一千年了，僧人说那我等白阳佛——也就是弥勒佛——然后又想入定。玄奘就对他说，你不要入定了，你一入定就几千年，佛住世也就百十年，你一下就错过了。你索性到唐朝的长安城去吧，找个房子最高的人家投胎，等我十多年后取经回来，你正好长大了，就当我的弟子，跟我一起度众。僧人答应了，当时就坐化了。十多年后，玄奘如约取了经回到长安，找到唐太宗李世民，恭喜他得了一个非常好的太子。李世民一说，玄奘发现岁数对不上，于是他入定观察，发现那僧人投错胎了，投到尉迟家族里去了。这时，他已是个翩翩美少年，吃喝嫖赌样样精通，早就忘了自己是修行人。唐玄奘就让他出家，皇帝也让他出家，他虽然不想出家，但不敢违抗圣命，就对皇帝说，你给我一车酒、一车肉、一车美女，我就出家——“三车和尚”的名字就是这么来的——皇帝答应了，他就拉上三辆车子往寺院走，听到寺院的钟声时，他突然就开悟了，就把酒肉美女都打发回去，真正地出家了。

他就是后来的窥基大师。

上一个故事里的窥基大师，就是“和光同尘”，从表面上看，道宣律师根本不知道他修到了什么境界。

佛教中有一种说法，当你修到一定境界时，要是向朋友们介绍、炫耀，天魔听到就会来和你比试，你就容易入魔。我们小时候修道时，师父们都这么说，他们老是提醒我，你修道归修道，可一定要悄悄地修，低调一点，不要告诉别人。一卖弄，你修成的东西就没有了。如果给天魔知道了，他还会来找你麻烦。所以，和光同尘是非常重要，修道时必须做到和光同尘，不要张扬。

历史上有很多人老是神神道道，显露神通异能，大多没有好下场。如果你看了《三国演义》，就会知道一个叫于吉的人。那时，于吉用符水给人治病，最后就被孙策给杀了。还有很多历史上有名的“妖僧”“妖道”，他们本来是很好的僧，也是很好的道，政府也支持，但他们一炫耀神通异能，一卖弄，就被贬成妖僧妖道，被杀头了。

前段时间，濮阳出了件事：冬天，蛇类冬眠的季节，却有一条白蛇每天都爬出来晒太阳，很多人都看见了，很多人也都拍了照片。人人都觉得很神奇，觉得那该不是平常的蛇，而是蛇仙吧？于是，很多人就给白蛇磕头、烧香、供养。最热闹的时候，一派人山人海的架势。有个学生就对我说，雪漠老师啊，我什么时候能修出个神通，出来弘法。我说，千万不要，他们磕头的对象是蛇，所以没人管你，要是对象换成你，妖言惑众就能判你的刑了。你想想，大庭广众之下，那么多人又磕头、又烧香、又供养的，你影响了社会治安。

当代也有很多类似的例子。第一个就是某道长，号称有什么神通，后来引起整个社会的批判；还有一个练太极拳的女人，她的太极拳打得很好，偏偏要卖弄，说不挨别人的身子，离得很远，就能把人打出老远，结果被中央电视台曝光了，认为她不符合科学根据，弄得臭名昭著。所以，如果你不能和光同尘，玩一些神神道道，就会引起社会的反感。社会需要和平、安定、团结，需要孔子那种不怪力乱神的文化。在中国历史上，有很多农民起义都是利用这种东西，蛊惑老百姓，引起社会动乱，如张角的太平道等。

肆 所谓道体

我们总结一下道体的特点。

第一，道是客观的，不是主观的，更不是想象出来的。它是万物最初的原动力，先于上帝、苍天、上天，甚至先于宇宙。这是一种客观真理，一种客观存在的规律，不是主观想象出来的，当然它也有它的主观性。

第二，道是虚的，无形无相，无法无我，无边无际。你能把道拿出来给我看看吗？不能。没人能把道拿出来。它和内丹不一样。据说内丹有形象，但道无形无象。证道不一定修成内丹，修成内丹也不一定证道。内丹只是个内丹，虽然很神奇，但也就是个内丹而已，要想得道，你还得继续修，炼神还虚、炼虚合道，完成了这两个步骤，才能得道。

第三，道是运动的、变化的，它的力量是无穷无尽的。它不是固定的东西，没有轨迹，也没有形状，不是圆的或者方的。

第四，道不露锋芒，挫其锐、解其纷之后，才能得道。道隐于万物之中，与万物浑然一体，不游离于万物之外。

第五，道是混沌的，模糊的，它不是清晰的。我说的混沌、模糊，意思是它不可能被表述清楚。文字也只能载道，它不可能完整地表述道，我对道的所有描述，也只是一种勉强的说法，离真正的道，还有距离。真正的道，在混沌初开时，就已经存在了。

第六，道是一体的，它不是碎片化的。你得道之后，不可此时的行为能载道，过一会儿就远离大道了。真正得道的人，已经跟道融为一体了，他的存在本身就是示现道，他的一言一行都承载了道，他永远不会远离大道。

第七，道是超越时空、超越范围、超越方向、全方位的，它没有任何的割裂性、隔断性。

第八，道是可以寻觅的，所以有寻道、访道、修道、证道的说法。它可以被任何一种形式所承载、所传播，“传道、授业、解惑也”，就是在传播道；“文以载道”也是在传播道。证道者的文字，是可以载道的。为什么有些文字具有神奇之力，能征服人心？就是因为它承载了道。证道者的文字都合道。当你证道之后，就必须传道，你不传道，别人就很难见道。所以说，师者，传道、授业、解惑也。

真正的老师是上师，不能是下师——也就是邪师。一定要注意，上师不是宗教称呼，它是一种尊称，就像“大师”一样。真正的上师肯定是大师，但人称大师者却不一定是上师。现在有很多师，但很多都是邪师、骗子。所谓的邪师，就是貌似说法、实则传播邪见的人。他们自己是瞎子，还带着别人一起瞎修。甚至还有下师，这种老师会带着学生向下、堕落。弟子越是跟着他们，越是会学坏。所以，不能找下师，也不要找邪师，要找到真正的上师，也就是能带你向上的老师。

第九，道是自然的、整体的，它自己往往有一种自动的调控性，不需要电脑设计什么程序，不需要人在这儿按一下，那儿按一下，它是自动的，全方位调控的。就是说，道的运作在每一个分子里，在每一粒尘埃里，它从来没有停歇过。我们就算不治理，青山照样青，绿水照样绿，鲜花照样红，万物自然欣欣向荣。我们小区里有个院子，丢弃好几年了，院里的花椒树还长得很好，还有葡萄等。没有人指挥它们，也没有人照顾它们，但它们在道的滋养下活得很好。如果到了该衰败的时候，它们也自然会衰败，不再占用地球的一丁点儿资源。道生万物，万物的一枯一荣，都渗透了道。

第十，道不是思辨的，不是知识的，它是智能的，而且是全智能、完全不需要人去介入的。

第十一，道是可以感知，可以会意的。所以说“心诚则灵，有求必应”。注意，只有对道有信心的人，才能感受到道的存在，才能见道，才能修道，才能证道。如果对道没有信心，对道没有感觉，他就见不了道，会一直迷下去。它靠心灵的契合来感应，“心诚则灵，有求必应”。庙里经常有这类的匾额。

第十二，道可随缘应世。

第十三，道在万物之中，不离万物。道在屎溺，就是这个意思。

用一句话来概括这十三点，就是《心经》中的“不垢不净不增不减”，道是不会增加，也不会减少的。

以上的十三点，只是道体的其中一些特点，我只是简单地讲一下，不作详细讲解。以后有机缘的时候，我再展开。

既然道是无处不在的，说明我们无处不可修道，包括在日常生活中，在日常工作中，甚至在观察自心、跟自己对话的时候。因为，道既然无处不在，那么肯定也在我们心里。所以，内修可以见道。

希望我的解读能让大家发现，道既是哲学，又是科学，更是文化，它是我们生命中非常重要的程序，希望大家从《雪煮〈道德经〉》中有所收获，汲取对生命有意义的营养。

第五章

在一叶一花中，默然起舞

【原文】

天地不仁，以万物为刍狗；圣人不仁，以百姓为刍狗。天地之间，其犹橐龠乎？虚而不屈，动而愈出。多言数穷，不如守中。

壹 圣人以万物为刍狗

天地不仁，以万物为刍狗；圣人不仁，以百姓为刍狗。

这也是一个很容易产生误解的地方。

这里的“仁”不是仁义道德的仁，而是一种偏爱、偏心。就是说，天地是公正的，一视同仁的，把万物都视为刍狗；圣人也是公正的，一视同仁的，把百姓都视为刍狗。

什么叫“刍”？牛吃草的时候，总要从胃里返出来再嚼一次，叫“反刍”。所以，刍就是草。

老子为什么用“刍狗”来比喻百姓和万物？

有一种说法认为，刍狗是草扎的狗，是一种祭祀用物。之所以用狗做供物，是因为古代人非常喜欢吃狗肉，远甚于猪肉，所以经常吃狗肉。刘邦麾下有个樊哙，他最初就是杀狗的屠夫，杀了很多狗。据说，过去的屠夫都杀过很多狗，比杀猪还要多。张飞等人也经常杀狗，不过他们也杀猪。那时节有一种说法：“闻得狗肉香，神仙也跳墙。”可见，人们当时非常爱吃狗肉。后来，因为一些文化——比如道教文化——的兴起，吃狗肉的人越来越少。道教认为，狗肉会加重性欲，常吃狗肉，性欲会非常强。还有人说，道士吃了狗卵子，就见不了天日，意思是，修道是不能吃狗肉的，尤其不能吃狗睾丸，只要吃了狗睾丸，就修不成道，上不了天。后来，就出现了狗戒，将狗肉列入戒律，不允许道人吃狗肉。这是一种针对动物的戒律，印度还有牛戒，守牛戒的人一辈子都不能吃牛肉。但是，总的来说，古人对狗肉的喜爱仍然超过了猪肉。所以，祭祀的时候，也会更多地出现刍狗。老子用刍狗做比喻，是与当时的民俗背景有关系的。

西部也有类似的民俗，比如拜祖宗、送替身、下葬等等，都是从过去传承到今天的古老传统，是一种文化活化石。在西部，老百姓下葬时，亲人会买些纸糊的童男童女、摩托车等东西烧给他们；做送替身的法事时，人们也会扎一个草人，让它代替病得很重的人去死。西部人认为，只要草人承载了自己的生命讯息，就能代替自己承受灾难，当它们带上灾难离开人间时，自己的命也就赎回来了，就能恢复健康。所以，人们祭祀前都会毕恭毕敬地对待草人，生怕他被污染了，祭祀完，才会把草人烧掉或扔掉。我在《大漠祭》里就记录了这种民俗。

很多年前，我舅舅经常做这些事。如果一个人命尽了，他就做个替身，把那人的生辰八字、名字都写在上面，放到替身身上。然后做法，让替身代替活着的人去承受灾难。

我小的时候，村里有个武装部部长，我们都叫他徐部长。有一次徐部长得病进了医院，开刀时，发现整个腹腔里长满了癌包，已没法动手术了。医生就把伤口缝上，叫他的家人把他拉回家去。后来，他实在没办法，就请我舅舅做法，帮他送个替身。我舅舅就做了一场法事，过上一段时间，他竟然好了，至今还活着。但我弟弟也做过这种法事，最后还是死了。所以说不清，我们也不去追究，只把它当成古代流传至今的一种传统习俗。

老子生活的时代有祭祀天地的习惯，很多学者就认为，老子所说的刍狗，是祭祀用的草狗。他们的解读是：天地和圣人没有凡俗情感，对待万物和老百姓，就像我们对待祭祀用的草狗一样。很多人都认可这种说法。前段时间，就有朋友在微信上给我留言说："天地不仁，以万物为刍狗；圣人不仁，以百姓为刍狗。"为什么？因为我没时间回他的微信，他以为我对他就像对刍狗一样。他是在批评我。他根本不知道，这种说法或许有道理，但圣人并不是这样。如果真是这样，圣人就太无情无义了。事实上，圣人修到一定境界，就证得了"无缘大慈，同体大悲"，众生的喜怒哀乐，他都感同身受，他不可能抛弃众生。

过去有个故事：有人用石头打狗的脊背，旁边有个成就者也疼得叫了起来，原来，他的背上也出现了一个石头打出的疙瘩。为什么？因为，打狗就像打他。圣人的大爱到了这种地步，怎么可能随意抛弃众生呢？三国时，在生死关头刘备都没有这么做，理由是：他不忍心抛弃离乡背井跟随他的人。何况圣人？

我的理解中，老子说的"刍狗"，更有载体和替身的意思。就是说，万物是天地的载体，承载了万物之德，所以天地把万物当成了自己的替身或载体，一视同仁，没有偏爱；圣人将教化百姓作为自己的使命，百姓也是圣人之德的替身或载体，所以，圣人对百姓一视同仁，没有偏爱。这或许更符合老子的本意。

还有一种说法认为，刍狗就是草和狗，草代表植物，狗代表动物。所以，圣人之心就跟天地之心一样，对万物一视同仁，没有偏爱，绝不会因为这个漂亮就帮他，那个很丑就灭掉他。因为，阳光既照鲜花又照毒草，清风既吹明月也吹云彩，细雨滋养农田也滋养荒原……修道者也要像大自然一样，消除分别心，无分别地对待一切。

第三种解释是，天地也罢，万物也罢，都会死去，就像那个草扎的狗终究会被丢弃一样。但即使明知它终究会被丢弃、终究会死去，圣人也会恭敬地对待它、尊重它，就像人们在祭祀前对待刍狗一样。

这几种说法都有道理，比“圣人无情”的说法更妥当。当然，这只是我的一家之言。

贰 天人合一

“万物是天地的载体”还有另一种理解，就是人天合一、天人合一。

道家认为人是小宇宙，天是大宇宙，人的细胞中充满天机。什么是天机？就是宇宙的全息。这就是天人合一。

在修道的过程中，你就能印证这一点。比如，密乘把右脉称为太阳脉，左脉称为月亮脉。天上出现日食、月食，也就是日月成一条线的时候，相当于左右二脉出现了交汇。所以，天体运行到这种状态时，修道是很容易成就的。为什么？按传统的说法，日食或是月食时，智慧气容易进入中脉，此时念一遍咒子，是平时功德的十亿倍。这种说法听起来很玄，但也有它的道理。

《金刚歌：八十四大成就者传》中说，有个成就者叫毗瓦巴，他能通过控制自己的左右二脉来控制太阳和月亮。有一次，他在印度的一个酒馆里喝酒。他喝了很多，但又没有买酒的钱。老板问他要酒钱的时候，他就画了一条线说，等太阳的影子过了这条线，我就付你酒钱。于是，老板就一直等。结果等了三天，太阳还是纹丝不动，更没有跨过那条线。这件事惊动了整个国家，连国王都惊动了。国王就跑到酒馆里，帮这个奇人还了酒钱。据说，他就是通过控制左右二脉来控制天体运行的。

还有一个类似的故事：

唐朝有个僧人叫一行，人们都叫他僧一行。他是个著名的天文学家，现在的历史课本上就有他。他在历史书中就叫僧一行。他编了一本《大衍历》，讨论了如何推算二十四节气和朔望弦晦的时刻、如何计算日月和五大行星的位置、如何计算日月食；记录了七十二候、六十四卦、置闰法则等；还计算了表影和昼夜漏刻的长度。他还造了很多天文仪器，发起了大规模的天文观测活动。这个人物很有意思。据说，他是因为不想辅佐武则天，才剃度出家的，后来却被唐玄宗强行引入宫中，还逼着他编制了上面所说的《大衍历》。所以，他在皇帝面前是有话语权的。有一年，有个老太太的儿子犯了死罪，被判了死刑，老太太特别爱这个儿子，很想救他，又不知道怎么救。有人就给她出了个点子，叫她去找僧一行，请僧一行救她的儿子。僧一行就对她说，你明天中午到哪里哪里去，你会见到七只小狗在那儿玩耍，你把它们捉到袋子里，悄悄地带来给我，不要告诉任何人。第二天，老太太到了僧一行说的那个地方，果然看到了七个狗娃子。她就把狗娃子捉了，带去给僧一行。当天，皇家的天文台就发现北斗七星不见了，赶紧报告皇帝。皇帝就找到僧一行，问僧一行这是怎么回事？僧一行告诉皇帝，天文出现异常，您必须大赦天下，如果您不大赦天下的话，就可能出现灾难。于是皇帝就相信了，马上大赦天下，老太太的儿子就被赦免了。这时，僧一行才放走那七个狗娃子，北斗七星就出现了。

为什么小狗能影响天上的星星？说不清，非常奇怪，但历史上确实有很多这样的故事。

我小时候也经历过一件怪事。当时，舅舅经常教我很多东西，还预言我将来一定会成为伟大人物。他给了我七个石头子，教我如何念一种咒子，用它们采北斗七星的光——也就是北斗七星的精气。然后，他叫我把石头子放到枕头下面，放了好久。我不知道，自己的成功，跟这有没有关系。

西部有很多类似的故事，听起来很神奇，但当地的老百姓都觉得很正常。科学家既然证明了暗物质、暗能量的存在，也许在未来的某一天，也会找到这些问题的答案。或许，我们现在觉得神奇的很多故事，都会成为科学家探索宇宙奥秘的线索。

当然，你也可以把僧一行的故事当做一种象征，它至少说明，人和自然之间，有着一种神秘的、说不清的联系。

叁 天地像个大风箱

天地之间，其犹橐籥乎？虚而不屈，动而愈出。

橐籥就是过去农村里的风箱。

在我小的时候，村里没有电吹风，也没有鼓风机，人们需要风的时候，就会用到风箱。我们说“风箱里的老鼠，两头子受气”，就是这个风箱。它是个木头箱子，中间穿了根杆子，两边都有小门，从这边推过去，这边的小门就开了，那面的小门就合上了，然后把这股气推到灶里面，灶火里有了氧气，柴火就会烧得很旺。然后再拉，拉的时候，这边的小门就合上了，那边的小门就开了，仍然把里面的气挤到灶火里。一来一往，一来一往，灶火就一直很旺。这就是老子说的橐籥。

老子发现，天地就像一个大风箱，老是一鼓一荡的，忽而春天来了，忽而夏天到了，忽而秋天来了，忽而又成了冬天。风时不时呼呼地吹着，树叶子时不时就绿了、又黄了……大自然充满了变化，暑往寒来，就像来来往往的风箱。

这是哲学上的理解，道教修道时对它有另外一种理解：道教把人体当作大风箱，《一个人的西部》中的道歌说：“一呼一吸头三悬呀，上下儿周旋，犁牛吸水过玄关，珍珠帘儿倒卷。”简单说来，就是上上下下地呼吸，在“风箱”中炼丹。

“虚而不屈”，风箱里是空的，但好像永远都用不尽。什么叫用不尽？就是空荡荡的天地之间，有万物在生长，生生不息，欣欣向荣。

“动而愈出”，万物都在变化，永远没有穷尽，永远都在发展，层出不穷。

照片连续快放的时候，这种变化最是明显，尤其是同一地点的照片。我看过一组老照片，前面有几十张黑白的，后面渐渐出现了彩色的，也有几十张，照的都是同一个地方。但景物一直在变：土坯房渐渐变成砖瓦房，砖瓦房拆了，土地空了一段时间，然后又起了小木屋，小木屋变得越来越旧，周围的树也越来越少了，然后小木屋也给拆了，草地被铲掉了，树被伐掉了，还铺了路——如果不是因为后面有一座山，那座山没有太大的变化，真看不出它们拍的是同一个地方——然后起了高楼，人也多了。我问给我看照片的人，这些照片总共经过了多少年？他说他也不知道，偶然在外面看到，觉得很有意思，就买回来了。

它就像我家乡的一本书，一代人记录那个时代、这块土地上发生的故事，然后下一代人接着记录，那书就从千年之前，写到了千年之后，很多东西都在变。

我虽然是个作家，但骨子里还是个老师，我特别喜欢把自己知道的东西教给别人，因为我明白，很多东西都在消失，我的生命也在一点一点地消失。我身上承载的所有东西，都需要传承下去的人，所以，我一直都在寻找好种子。

一切都在变化。

景物的变化是变化，时代的变化是变化，生活的变化是变化，城市的面貌也在变化，疆土一直在变，宇宙也一直在变。虚空中充满了无穷的变化，无论怎么变，都好像没有尽头，永远都有新的因缘在聚合，永远都是旧的因缘在离散。天地就是这样。

道人修道的时候，就是在这一呼一吸之间，观察虚空中暗藏的无穷变化。

肆 多言无益，不如守「中」

多言数穷，不如守中。

“多言数穷”有三种意思：一是“我不说了，无论我怎么说，都说不清，不如守中吧”；二是“不要说太多话，说得太多也没有意义，不如守中吧”；三是“不要有太多政策性的干预，还是让老百姓安安静静地过日子吧。”

有史以来，修道也罢，做事也罢，都不提倡说太多的话。为什么？按老子的说法，就是说得越多，政策变化越大时，人们就越是不知所措了。所以，你不如守住中道吧。

我一直都不愿多说话。闭关时一个人住，当然不怎么说话，而且我们还有一条戒律，就是禁语戒，也就是闭关时不允许说话。平时我也很少说话，只有在讲课时，我的话才会多一些，因为我必须说话。别人不讲，我就得讲；如果有人讲的话，我就可以不讲了。只要能不说话，我还是很少说话，就像老子说的，不如守中。

过去有八大苦行的说法，其中之一是禁语。莲花生大师的佛母益西措嘉就守过八大苦行中的禁语戒，那时，她几年都不说一句话。为什么？因为你一旦明白真心，就不能说话，要默默地安住在真心状态中，慢慢让那种状态稳定下来。一开始可能很难受，一天，两天，慢慢就会习惯，几个月，一年，不知不觉几年就过去了。这样，就能安住真心。

多说话不好，一是容易得病，要是你不懂说话的方法，多说话会伤气；二是容易伤心，一伤心气脉就不通；三是容易发怒，说着说着就有可能发怒、动气，于是火烧功德林，好不容易修出一点东西，一下就没了；四是容易过于高兴、过于欢喜，容易失态。要是大笑的话，有可能引起心脏骤停或是窒息，从古希腊时代到现代，一直都有这样的事情。过度的情绪，不管是快乐还是忧愁，都对人有害。所以，多说话没啥好处。

在圣人眼中，多说话是病，释迦牟尼也不提倡多说话，他说："不可说，不可说，一说就错。"当然，这句话说的是："智慧本体是超越语言的"，但它恰好也说出了语言的无用性。老子还说"大辩若讷"，意思是，最会辩论的人很少说话，他就像患了口吃一样，一说话就结结巴巴的。还有"一默如雷""沉默是金"等词，都是在表述沉默的价值。

那么，守中呢?

"守中"是一种非常重要的修炼方法，不仅仅道家，儒家也强调"中"，中庸之道。佛家也提倡"中"，中道。你也许看过一个关于释迦牟尼的电影。最早的时候，释迦牟尼是修苦行的，饿得前胸贴后背。后来，他看到尼连河上漂来一个竹排，竹排上坐了个琴师，琴师正在调教弟子，说的正是中道的问题。琴师说，琴弦调得太紧容易断，太松则弹不出音，他提醒弟子要松紧适度。释迦牟尼一下就明白了自己的问题，原来修行不能走极端，应该守住中道。佛家有部经典叫《中论》。

儒释道三家都提倡中道，这一点非常有意思。

那么，中是什么？中就是心，守中就是守住自己的心。密乘也讲究守心。密乘认为，最重要的地方是心轮，因为人的不坏明点就在心轮。香巴噶举也提倡守中，观修时，会在心轮观一朵莲花，莲花上观一轮月亮，月亮上观一个太阳；莲花代表清净心，月亮代表慈悲，太阳代表智慧；然后在上面再观出一个种子字，代表他的上师和本尊。观这个图像的过程中，气就会摄入中脉。当然，具体的方法有很多。儒家也重视守心，孟子说“养吾浩然之气”“富贵不能淫，贫贱不能移，威武不能屈”，都是在守心，让外界的一切都不能动摇自己的心。

除了心，“中”还有一种解释是合二为一，两者糅合到一起。比如智慧和慈悲合一为中，也就是智悲双运；止观双运、乐空双运、福慧双修都为中。

第三种解释是七情不发谓之中，也就是不让喜怒哀乐等情感发作。真正的智者总是七情不发，安住真心的。这有点像佛家所说的真心，但佛家的真心中还有智慧。佛道两家虽然有些表述很相似，但一定要注意：它们的本质还是不一样，因为目的地不一样，目的地的不同，决定了两者的高下。

那么，七情如果发出来了呢？发出来也不要紧，喜怒哀乐等情感可以发作一下，但要恰到好处、有节制、不过分、非常得体，让人觉得很舒服，一点不会破坏和谐。要能做到这一点，也很好，但它不叫“中”，叫“和”。发而有节，谓之“和”。“和气”就是这个意思；“和平”也是这个意思；“和蔼”“和睦”都是这个意思。“中”跟“和”放在一起，就是平衡和谐。大道是一定要平衡和谐的。

所以，“守中”就是在寂静中感受世界，感受整个世界的同时，还要保持心中寂静、中和。

这是道家的修炼，儒家也有身心修炼之法。儒释道三家在许多方面都有相似性。有机会我可以专门讲一讲儒家如何修身。

王阳明就专门讲过“七情不发”的那个“中”，但他不叫“中”，叫良知。在王阳明看来，良知是心的本来状态、本来面目。他的表述有点像我们所说的真心，但区别仍然很大。因为我们的目的地不一样：佛家追求出世、解脱，儒家追求入世、当官、修身、齐家、治国、平天下。这就像一个走北京，一个走上海，最后不可能走到一起去。但王阳明确实从禅宗里得到了很多滋养。

中庸之道也是这个含义。所谓中庸之道，就是不走极端，让大家都能接受。“庸”就是“平常”的意思，不过分，有节制，就是中庸。有点我们所说的“平常心是道”的味道。

儒释道三家的训练，都看重守“中”。

中国传统文化中，天地人是“三才”，其中以人为主，重人事，知天命，以人道为中；在自己、家庭、社会中，以家庭为中；在过去、当下、将来中，以当下为中。

如果从管理公司、治理国家的角度讲，中就是本分。“多言数穷，不如守中”，就是少发表言论，少谈些莫名其妙的东西，少谈这个主义、那个主义，少搞些花里胡哨的东西，好好守住社会的和谐、中道，不要偏激。

总之，中有很多种解释，守中也有很多种解释，都有它的价值和意义。但在个体修行中，就是要求不要走极端，尽量少说话，默默地守住道心。

伍 如何守中？

在具体的修行中，修道的重点就是“守中”。

密乘所说的“中”，就是中脉上的心轮。道教特别强调三个丹田，其中以下丹田为重。修命功和锻炼身体时，主要守下丹田，也就是肚脐下一寸三分的位置，肚脐和命门之间。母亲怀孩子的时候，也要靠肚脐来汲取营养，所以，修命功时，肚脐非常重要。

修道时的守中，就是默默地关注肚脐里面，下丹田的位置。道教认为，肚脐和命门之间有个炼丹炉，在香巴噶举的修炼之中，那个地方叫脐轮。在脐轮上观出火焰，被称为脐轮火，也是非常重要的修炼方法。密乘还有一种说法，认为脐轮是变化轮，如果脐轮修得好，人就可以变化。这是一种传统的说法，我们不去管它，但它确实对命功修炼非常好。

注意，不要关注肚脐外面。很多人不知道，不懂得定位，结果常观肚脐外面，精气就走到外面去了。你观哪里，气就走到哪里。如果你观里面，元精、元气、元神就聚在里面，聚到一定的时候，就会结丹，也就是凝结成一个能量体，我们称那过程为炼丹。炼的什么丹？内丹。一旦内丹出现，人的健康状况就会得到改善。

炼丹的过程以呼吸为重，修道时有两种呼吸法：第一种强调绵长的呼吸，像一根丝线一样，轻轻的，拉得长长的，很慢，呼吸声很小，连自己都听不到。这种呼吸在内丹修炼中，叫文火。就像把火调到最小，然后很慢很慢地加热。第二种是武火，持宝瓶气呼吸时用武火，也就是吸一口气，持住，不呼出来。道家也有这样的呼吸法，而且，道家认为这样呼吸可以长寿。密乘的很多法门中也都有宝瓶气，比如长寿法，长寿法中宝瓶气非常重要。它的第一功效，就是让你的肺活量增加，因为你老是憋气，久而久之肺活量自然会增加。刚开始，你可能只能憋上几十秒或一分钟，随着持气功夫越来越好，肺活量也会越来越大。我们香巴噶举有个祖师，可以持气一个月，他的肺活量就非常大。还有冈波巴大师，你可能知道冈波巴的故事，他练气功的时候，一天都不放一口气。这也属于一种训练。按现在的说法，不呼吸就会缺氧，但也没见冈波巴缺氧。所以，很多现象难以解释，生命科学总是显得很神秘。不同的条件，总会组合出不同的结果。至于其原理，希望将来科学家们能找到答案，或许会对现代医学的发展有很大帮助。

除了文火和武火，道教还有一种文武火之间的呼吸训练：慢慢地守中持气，或者在绵绵长长的呼吸中关注下丹田，修命功。“一呼一吸头三悬呀，上下儿周旋，犁牛吸水过玄关，珍珠帘儿倒卷。”气就像铁环一样，沿着后面的督脉上去，沿着前面的任脉下来，气行滚滚。过去，修道就是这样的。还有“心似皓月澄天寂，意若寒潭彻底清。十二时中常保守，莫要昧了主人翁”，意思是：心就像天上的月亮一样，永远那么清明，照遍整个天空，自己的意识像寒潭里面的水，清可见底，有没有杂质一眼可见。十二个时辰——也就是二十四小时——之中，常常守意、守中，常常保护守持，守住那种清明宁静的精神状态，安住在下丹田中，不要忘了主人翁。主人翁就是自己的主体意识，道教称之为元神，有点像我们大手印中所说的真心。但是不是一个东西不好说。因为，它们的表述虽然很相似，但目的地还是不一样。修大手印是为了破执，如果你炼神还虚、炼虚合道也是为了破执的话，这时的元神和真心就很相似了；如果你是为了长寿的话，那反而变成一种执著，你守住的元神就不是佛家所说的真心。目的不一样，手段就不一样。一定要注意这个问题。就像同样拿着刀，割你身上的脓包，他就是医生；抢你身上的钱，他就是土匪、强盗。

守中还有很多种方法，比如，古人把天地跟五脏合而为一，道教就有了一种“黄中”的说法：东方天干甲乙，五行是木，和肝脏对应；南方天干丙丁，五行是火，和心脏对应；西方天干庚辛，五行是金，跟肺部对应；北方天干壬癸，五行是水，和肾脏对应。中央天干戊己，五行是土，跟脾胃对应。有人就把守中当成守住脾胃，在后来的很多道教训练、气功训练之中，这个部位也是一个很重要的位置。比如，真气运行法最早守的，就是心口部位稍微往下，胃部的地方。心口热起来的时候，就慢慢向下移。这也是一种守中的方法。你可以在修道中慢慢体会。传承不同，方法就不同。

需要注意的是，修道是需要时间的，守中也不是守上一会儿就可以的，你要渐渐延长守中的时间，最后生命的每时每刻都在守中。守住什么中？守住你的中庸之心、真心。这是最好的守中。

过去修道的时候，在子午卯酉四个时辰打坐是最基本的，最少要每天打坐八小时。实质上，这够不够？还是不够。这八个小时之外，你仍然要守中。这才叫“十二时中常保守，不要忘了主人翁”。主人翁就是修道之心、智慧之心、明空之心、真心、元神，要提起境界，永远观照着它。吃饭、穿衣、睡觉、喝茶都不要丢了它。守住主人翁，才是真正的守中。

第六章

无中生有，有中生妙

【原文】

谷神不死，是谓玄牝。玄牝之门，是谓天地根。

绵绵若存，用之不勤。

壹

大道不死

谷神不死，是谓玄牝。

哲学家认为，“谷神”就是虚空之神，这是老子对道的一种比喻。

“谷”是山谷的意思，为什么用谷来比喻道呢？因为，山谷中是没有东西的，几座大山间的洼地称为“谷”，空空荡荡的。因为状若虚空，所以能容万物。平时它没有任何声音，非常安静，但你朝它吼上一声，它就会响起无数的回音，似乎整个山谷里都是回音，无处不有。空性也是这样，空性智慧就是境来则应、境去不留。如果你不喊的话，山谷里什么声音都没有；喊过之后，声音也会慢慢消失，留不住。所以，证得智慧之后，你平时看不出有什么智慧，只有遇上事的时候，才能生起智慧。我讲课就是这样，一讲课就长篇大论，不讲课心里就没有这些知识，也没有那些智慧。所以，谷有点像空性，也有点像大道。

“神”又是什么？有求必应、神秘莫测、阴阳莫测，谓之“神”。神是一种巨大的存在，用则应，不用则不应。我们经常看不到神。我们说这个人有多神，那个人有多神，说的都是他的神通妙用。它就像大手印光明的“明”，明空的“明”。

“死”是坏灭。世上万物都被同一种规律所控制，那就是“成住坏灭”。事物的生成叫“成”，事物的发展叫“住”，事物开始毁坏叫“坏”，事物终究消失叫“灭”。一切都离不开成住坏灭，一切都不离空性，成住坏灭便是空性。哪怕在生成的时候，空性依然存在，因为，万物在生成的同时便开始变化了，也包括修道。

最近我跟几位朋友谈到了练武。一些运动员老说，如果连续几天都不锻炼，你的体能就会退转。练武、站桩都是这样，修道也是这样。

有位道家人士说过，真正结丹的人很少，因为命功修炼需要时间，它和性功不一样，有点像锻炼身体。有科学家做过测试，运动员如果每天都锻炼，那么他的身体素质就会非常好，一旦不再锻炼，体能就会下降。七天之后，以前打下的基础就会慢慢消失；如果三个七天——也就是二十一天不锻炼，一般来说，他就跟不锻炼者的指标差不多了。命功修炼也是这样，一般情况下，哪怕你每天都修道，只要有一天不修道，你的功夫就会退转。甚至有一种说法是“一日不练十日空”，你一天不练功，就把十天的功夫给浪费了。二十一天之后，身体的很多指标就和不修道的人差不多了。身体是不可能不退转的。当然，修到一定的时候，可能退转得慢一些，但仍然会退转。所以，丹法也罢，道法也罢，真的想修，就要把它变成生活方式，每天都要修，要坚持一辈子。

有没有不退转的？有。修性功比较稳定，只要真正开悟了，信心不退，一般都不会退转。因为你得到的是智慧，就像盲人睁眼看到了太阳一样，只需要一眼，哪怕这一眼之后，他一辈子都闭着眼睛，他也知道太阳是怎么回事。所以，修大手印等无为法是比较稳定的，它不依托有为的东西存在，比如细胞、基因等。有为的世界哪怕变幻万千，无为的世界也是一片明空，因为，无为法是不会发生变化的，它是一种“常乐我净”的境界。具体内容，你可以去看我的《空空之外》，此处不赘述。

不过，即使你修的是性功，你也还是不能偏废身体，身体是非常重要的，因为你毕竟还活着，肉体毕竟还会干扰你的情绪。比如，你明明知道抽烟不好，但你仍然会抽烟。为什么？因为你的身体不听话。你明明觉得喝酒不好，但你仍然酗酒；你明明知道吸毒不好，但你还是会吸毒。有个父亲吸毒之后整个变了，老是虐待自己的孩子，还用火烧孩子的头顶，这样的人很多，他们不知道这样不好吗？知道，但控制不了，因为身体不听话。人都是这样。基督教有个著名思想家叫保罗，他说："我的心灵永远是健康的，我的肉体一直是软弱的。"因为肉体不听话，所以很多人成了思想上的巨人，行动上的矮子。

所以，即使智慧修炼不会退转，为了保证身体不拖你的后腿，你也还是得实践命功的修炼，必须渐修。直到有一天，你真正地证道了，实现了道家所说的脱胎换骨，你就算不是刻意在修道，本质上也是在修道，无时无刻不修道，你也就不用著相地坚持了。

所以，无论性功还是命功，都必须实践。不实践，你不可能成功。

我跟一些修道的人聊过天，他们打通小周天之后，有时候周天运行很明显，有时候又不是那么明显，散掉了；修上一段时间又觉得聚起来了，又开始周天运行，但过一段时间又会散掉。为什么他们老是退转？因为他们不懂火候，他们的师父没有讲清楚，到了一定的火候，他们就要加把劲、冲上去，那么他们就会进入下一步的修道。但他们不懂，于是在关键时刻就散掉了。

唐玄奘去西天取经时，曾经遇到过一个八百岁的僧人，他自称是龙树菩萨，想传给唐三藏长寿法，但唐玄奘不学。为什么不学？

正是因为命功修炼需要时间，每天都得修很长时间，唐玄奘没有那个时间。所以，命功修炼是非常艰苦的。你的“炼丹炉”始终要在燃烧，不能凉下来。这需要特殊的训练。

这就是修道的成住坏空。没有达到无为法境界时，所有的修道都会经历成住坏空，除非一路走到终点，否则你无论在什么地方停下来，它都会进入“坏空”的程序，将之前的一切努力都打碎，所以修行要坚持。证道之后，你就进入了无为法的境界，你就不会退转了。这时，你的肉体虽然还在成住坏空，但你生命的本质已经不一样了，你已经从有为法上升到无为法了。

地球会死，人类会死，就连空气中的细菌、各种分子都会死，大千世界、宇宙万物都会死，但空性不死。空性无处不在、无时不在、无始无终、不生不灭、它是永远不会消失，也不会变化的。宇宙万物是有为法，由因缘的聚合与离散决定，因缘一直在变，世界上就没有不变的东西。就算有，也是空性、自性、道。大道就是空性，所以大道不死，谷神不死。

人的精神一旦契入道、证得道、进入无为法，人就会进入不生不死、不增不减、不垢不净的境界，这就是道的境界。佛教追求这种境界，道家也追求这种境界。从炼精化气、炼气化神、炼神还虚，修到炼虚合道，如果真能与道相合，就能证道，证道之后就是大罗金仙，其解脱境界和阿罗汉相若。事实上，炼虚合道就有子母光明会的味道，自己修到、见到的，生命中体验到的就是子光明，周遍一切的大道就是母光明，子母光明合二为一，就能究竟破执。但对于道家来说，这只是一种相对的表述，它不是绝对的。因为，道人经过大小周天的修炼之后会结丹，生下一个“婴儿”，道家称之为阳神，那是一个身外之身。到了这个时候，还不叫解脱，因为他有可能执著这个身子。一旦执著这个身子，他就解脱不了，那么成仙就是他的目的地；如果他能打碎这种执著，他就会完成炼虚合道，虚空粉碎，最后修成大罗金仙。

但是，据说很少有人能做到虚空粉碎。为什么？因为，只要肯吃苦、能坚持，结丹、出阳神几年就可以完成，但修出阳神之后，很多人就对这个身子产生了执著，为了修出这个身子，他们苦修了很多年，他们舍不得打碎。不打碎，就会一直执著，他就达不成虚空粉碎，得不到究竟解脱。所以，修成大罗金仙的人非常少，但这不是道家的问题，而是追求的问题。

“是谓玄牝”，“玄”是黑色，“牝”的本意是女性生殖器，也有洞的意思。在这里，它指代一种生殖能力，也可以理解为原创力。就是说，道就像母亲，有生育能力，也有创造力，“道生万物”。但丹道训练还有另一种解释：它认为玄是鼻子，牝是嘴，口鼻呼吸便是玄牝，非常有意思。

无论在佛教还是道教中，对母性力量——也就是孕育万物的力量——都很重视。佛教将成就的女性称为“空行母”。

前几天，我和一位翻译家交流，她问我空行母怎么理解？我说，你可以把她当成女神。她又问我，空行母跟自由女神有没有区别？我说有区别，自由女神没有证道，但空行母证道了，是证道的女神。她接着问我，证道的女神又是什么意思？我告诉她，证道的女神就是实现了超越的女神。

注意，这是道的特点之一，超越性。

道有两个特点：一是看似虚无，但能生万物，有一种母性的力量，而且无处不在，无处不有，就像空谷回音，就连瓦片、石头、大小便中都有道，道有一种奇妙的内存性；二是超越性，虽然它能造出世间万物，但没有东西能控制它，它是超越一切的独立存在。你能用墨水污染道吗？不能。你能拿刀斩断道吗？也不能。你就算只想抓住道，你也做不到。一切都不离道，但道超越了一切，一切都不可能束缚道。道不是一种具体的存在，它更像一种功能性的存在，有点像前面所说的空行母，也就是实现了终极超越的女神，她不是在空中飞行的女子——这也是那位翻译家的问题，我告诉她不是——如果你说空行母是空中飞行的女子，人家就会以为空行母是女飞行员。

还有一种说法很有意思，有些科学家认为“玄牝”是宇宙黑洞，还说老子真了不起，居然知道宇宙的原动力就是黑洞。如果是这样，《道德经》就有点霍金的宇宙学的味道了。他也许有他的道理，“玄牝”确实可以理解为黑色的洞，比如玄铁就是黑色的铁块，但“玄”不仅仅是黑色，它还有“玄妙”的意思。“玄牝”还可以理解为玄妙的母性力量、玄妙的原动力，这跟老子的原意也许更为贴切。

贰 道乃天地之根

玄牝之门，是谓天地根。

道是玄妙的原创力之门，也是天地之根，是万物的由来。

那么“天”是什么？天是道的载体之一，但它不是道本身。它也不是现代科学所说的天空。中国古代有很多关于天的表述，有点像现在的上帝，但中国的天比上帝更为复杂。

第一，天是一个主宰者，主宰万物，主宰世界。我们老是谈到玉皇大帝、南天门、天兵天将，好像有个抽象的世界，正在主宰我们眼前的这个世界。他可以封孙猴子做齐天大圣，天兵天将还可以征伐任何人——当然，古代的帝王也可以这么做，现在会有国际舆论会制约他，国际联盟会讨伐它，但以前没有，在过去的时候，帝王被老百姓叫作“天子”，他有老天爷一样的权力。

中国的很多宗教也有很多相关的传说。佛教中也有一个大自在天，他被认为是某个时空的主宰者。但是，佛教追求破除对主宰者的执著，破除对一切——甚至包括时空的执著。佛教认为，这些都是必须超越的幻觉。

第二，天是审判者——还有一种说法是“人在做，天在看”，所以，天除了审判者，也是监督者和监视者。

你如果看过《大漠祭》，也许记得里面有个憨头得病的情节。

知道儿子得病时，老顺说了句："由天断吧。"断就是决定，意思是由老天爷决定吧。猛子也黑了脸，半天说不出一句话，最后爆出一句怒吼，说老天爷我日你妈。在他们看来，老天爷是有力量的，掌握着万物的命运。但他们不一定相信老天爷的公正。猛子觉得，既然善有善报恶有恶报，憨头那么好的人就不该得恶病，憨头也得了恶病，就说明老天爷不公正，所以他就骂老天爷。直到今天，西部人还这样认为。

此外，天还是启示者。我们老说天启，就是说天会给人类世界发出一种启发性的信息。《圣经》《古兰经》的出现，都被认为是天启的结果，是上帝在通过一种文字告诉世界某种真理。穆斯林认为是真主通过穆罕默德把《古兰经》传给了他们。据说，穆罕默德是不识字的，但突然有一天，他就讲出了《古兰经》，在当时看来，这是很不合逻辑的，人们就认为他是因为得到了天启，才会突然拥有这样的能力。后来这就被称为"神迹"，也就是神圣的奇迹。所以，天也是启示者。

天还是创造者，也就是造物主。所有生命都是天创造的，风雨雷电、日月星辰；同时它又是载体，承载了日月星辰的运行。"天也空来哟地也空，唯有日月转西东"，这是一首凉州贤孝里唱的，讲的就是天地之间的变化，天地承载了万物的变化。

在中国古代，天是非常重要的。腾格里就是天的意思。成吉思汗每次出征之前，都会祭天，他们信仰长生天；匈奴也有祭天金人；每年固定时间，各个民族都必须按固定仪式祭天。但是，到了当代，敬畏正在消失，对天的敬畏和认可在消失，祭天仪式也在消失。天已经变成了一种道具。

我们前几天去了丽江，准备去参加普米族的一个祭天仪式。

之前，有个外国翻译家、汉学家跟我约好，说来年的三月，我们一起去丽江的某个县，看普米族的祭天仪式。我说好。她就早早地做好了准备，前几个月就把机票给买好了。按照传统，这个仪式3月21日开始，23日结束，为时三天。但是我们3月18日到了丽江，才听说祭天仪式已经结束了，而且是提前半个月就完成了。据说，因为宣传部要拍一个片子，所以政府要求相关部门提前完成祭天仪式。我们开玩笑说，晚上十二点请上帝吃饭，结果因为宣传部要拍片子，就把饭局提前到了九点。看来，在这块土地上，真正的祭天仪式已经异化了，因为人们已经不再敬畏天了，他们把天当成了一个道具，一个旅游由头，所以才敢随意地更改时间，一点都不尊重天。这让那位外国翻译家非常吃惊，她觉得不可思议，她说，在西方，这种非常严肃的宗教仪式是不能随意更改的。但是，在中国这块古老的土地上，很多地方都在随意更改这类宗教仪式。

但不管怎么样，对道教来说，天仍然是道的重要载体，或者主要载体。《易经》中讲得特别好，它说，天代表道的活性力量，比如“天行健，君子以自强不息”“天道酬勤”等等；地代表道的包容性和承载性，比如“地势坤，君子以厚德载物”等等。所以，不管到了什么样的时代，天地的本质都是道的重要载体，这是不会变的。

《道德经》讲的就是道的本体与载体。其中，“道”代表道的本体，有原创性、功能性、超越性、内存性，它遍布一切；“德”代表道的载体、道的重要容器，无德者便无道，古代把暴君称为无道昏君。所以，修道必须先修德。

叁 修道者的玄关

有些修道者认为玄牝是玄关。为什么呢？因为，玄牝代表了母性的生殖力，也可以理解为生命能量非常重要的入口——而不是出口——宇宙间一种超越的能量，会从这里输入修道者的生命本体，然后发生某种超自然的现象。玄关之重要，有点像佛家的明心见性。

就像只有成就师才能为行者开示心性一样，得道之人才能给别人点玄关。但有些人没有得道也给人点玄关，这时，他就是骗子。比如，有人对一个修道者说，印堂就是玄关，叫他守住这个玄关，然后如何如何。这个人是骗子吗？不完全是，但他肯定不是得道者。因为，守住这个地方，对修道确实有一定的好处，但它只是一种专注力的训练。

真正的玄关不是某个部位，而是一种非内非外、无形无相的境界。它跟丹田不一样。破除执著之后，玄关才会出现。在那种境界中，人和大自然实现了天人合一。当然，这是我自己的一种理解。

炼精化气到一定的时候，修道者会进入一种境界，老子将这种境界称为“妙”，“无欲观妙”说的就是这种境界。在《道德经》的后面部分，有很多相关的表述，比如“恍兮惚兮，其中有物”

等，非常有意思。实际上，《道德经》就是一个得道者对他的生命境界、对他的世界的描述。它更多的是一种境界的呈现，而不是一种生理性的表述。

不同的修道者有不同的玄关，不同的修道阶段——比如炼精化气、炼气化神、炼神还虚——有不同层次的玄关，如果他有师父的话，师父就会对他有相应的口耳相传，这就叫真传；如果他得不到真传，能不能修成？很难。我见过一些非常好的气功师，他们的小周天据说通了，但他们就是结不了丹。为什么？因为他不懂火候，不懂玄关。不懂玄关就像灯还没有亮一样，很像没有开悟的人，他只能盲修瞎练。所以，无论怎么修，他都修不出个结果。

过去是传功不传窍，传窍不传诀，传诀不传火候的。为什么不传？不是不肯传，而是没法传、很难传。没有修到那个层次，他没法给你传。所以，玄关是修道中非常重要的一关，过得了这一关，就有可能道成；过不了这一关，就成不了道。

肆 绵长的呼吸

绵绵若存，用之不勤。

虽然学者们关注的都是哲学，但《道德经》对中国文化最大的影响，其实不仅仅是哲学，《道德经》在生命科学方面也很重要，比如丹道。它在丹道方面的影响是最大的。前面的“虚其心、实其腹、弱其志、强其骨”，还有“有欲观窍、无欲观妙、多言数穷、不如守中”，都是丹道训练的窍诀。这里的“绵绵若存”也是一句非常重要的窍诀，它是一种特殊的呼吸法。这种呼吸的节奏不能太快，要求“绵绵若存”，也就是说，要又绵又长，像抽丝一样细，而且连绵不绝。

佛教训练中也有类似的呼吸法，比如数息观。两千年前，在印度和几千里外的中国，两位智者都在教大家修道的时候注意呼吸，数息。为什么？因为，呼吸是一种肯定不会丢失的存在，一旦丢失，人就死了。所以，观照呼吸时，人更容易保任。

过去，释迦牟尼就要求阿罗汉要关注呼吸，既要在坐禅的时候观呼吸，休息的时候也要观呼吸。因为呼吸是不会终止的。如果在关注呼吸中修炼，修道就能贯穿人的整个生命时空。这时，也要绵绵若存地呼吸，数呼吸的次数。有时只管进的气，不管出的气；有时只管出的气，不管进的气，从一数到十，如果定力很好的话，也可以延长。数息观非常重要。

在香巴噶举的训练中，会把数息观和观想、持咒结合起来，不用念出声，在心里念，叫金刚念诵法。它被认为是最好的念诵法。

前些天，我还专门教过别人站桩。站桩是站式的修道之法。在站桩中训练呼吸也很好。不过也一定要观呼吸，观也很好，不观也很好，观窍也很好，观妙也很好。观呼吸无疑是一种非常重要的保任方法。

在过去的佛教训练中，如果得到真正的传承，修数息观修到一定的时候，鼻尖就会出现一团白光。不仅仅是鼻尖，如果你观其他窍的话，也会出现白光。它代表了一种生物场。当你专注到一定的程度，生命能量聚到那个地方之后，那里就会出现白光。如果你妙用这个白光——因为它代表了一种光明——你的生命就会发生变化。

为什么叫"若存"呢？因为，你的呼吸好像有，又好像无，慢慢地，你就会进入胎息的状态，有人也称之为真息。真息是没有杂念的。所谓的真息，就是进入真心状态，呼吸若存若亡、渐渐消失。大多真息的时候是没有呼吸的。在佛家的禅定训练中，当你进入初禅的时候，你的呼吸就会越来越轻微，越来越少，绵绵若存。

"用之不勤"，勤是执著，用之不勤，就是既要训练自己借助呼吸修道，也不能过于执著，不能过于强化它，不能过于着力，要把握度。也有人认为，"用之不勤"是用之不尽的意思，但我更愿意把勤当成执著。

为什么？因为，我的《空空之外》里，写过香巴噶举的几位祖师，其中一位就是首传祖师奶格玛。关于她的故事之中，常常提到八个字，"不经勤勇，急速成就"。勤是勤快的意思，勇是勇猛精进的意思。为什么这么说呢？因为奶格玛是顿悟成道的，她没有经过苦修，她属于上根利器之人。不经勤勇也可以理解为“绵绵若存，用之不勤”。相对“勤”的有为，“不勤”就是无为，没有执著。

说到“不勤”，有一个故事：苏东坡一直在参禅，临终的时候，朋友提醒他说：“现在正是你着力的时候，你要着力啊！”他却对朋友说：“着力即差。”他是对的，因为一着力、一执著就错了。这是修道的窍诀，也是呼吸法的窍诀。

真正的好呼吸，是你感觉不到自己在呼吸，也听不到呼吸的声音。过去，人们修丹道的时候，大多是这么呼吸的，这种呼吸法属于文火。它要成为修道者呼吸的常态，而不是呼吸的特异态。你只要恒常地训练自己，到了一定程度，你就会自然而然地进入这种呼吸模式，自然而然地保任你的智慧境界，不丢不弃、不执不舍，一直处在那种境界之中，既不着力，也不丢失。

如果达到这种境界，你就进入了“谷神”境界——“谷神不死，是谓玄牝。”所谓的“谷神”境界，就是不生不灭的境界，也就是无死瑜伽的境界。无死瑜伽是香巴噶举的一种教法，以后我会专门讲它。

在这种智慧境界之中，你在行住坐卧间就会有无穷的利众行为，但又不离智慧本体。这也是“玄牝之门，是谓天地根”。天地根就是天地生成的源头。对个体生命来说，你眼中的世界就是你的天地。所以，你眼中的世界不离你的玄牝之门，不离你的智慧之门。智慧可以生出万物，生出万法。

至少，当你将这种呼吸法融入修道和生活时，你就能得到一种好处，哪怕只能让你的身体变得好一点，也是很好的。

据说，有个人在市场上看到有人在卖龟，龟很大，他觉得大龟很可怜，要是给人买去吃了，就太可惜了。他就买下这只龟，然后把它放生了。当天晚上，他就梦到一个黑脸道人，那道人教了他一种呼吸法。他在梦里学了，醒来竟然也还记得，就一直这样训练自己。过上一段时间，他遇上一个算命先生。这个算命先生曾经给他算过命，还告诉他有寿难，快要死了。但一起住了一个晚上之后，算命先生却告诉他，寿难已经解除了。那人觉得奇怪，就问算命先生是怎么回事？算命先生说，你的呼吸是一种龟息法，乌龟就是这么呼吸的，因为学了这种呼吸，你的寿命就延长了。后来，这个人果然活了很久。他学会的那种呼吸法正是“绵绵若存”，也就是绵长的、听不见声音的呼吸，但真正的龟息比“绵绵若存”更细、更深。据说，乌龟的寿命之所以那么长，就跟它的呼吸有关。有人在床脚下支了个乌龟，几百年后，别人抬起那床，发现那只龟竟然还活着。它没有吃的，也没有喝的，能活下来，估计跟它特殊的呼吸有关。

一般人学习龟息，可以增加免疫力。所以，好多修成内丹的人都很健康。但对于那些得了肿瘤的人来说，这种绵长的呼吸就不起作用了。因为，肿瘤跟很多因素有关，呼吸只是其中的一种。

在80年代的时候，有一个气功师，创造了一种呼吸法，叫“气呼吸法”，有点像武火的修炼，既急促，又猛烈，跟龟息完全不一样，但可以治疗肿瘤，很多人练了效果都很好。其治病原理是，气呼吸法吸入的氧气非常多，短短十五分钟，血液里的氧气就是正常人的很多倍。也许正是这个特点治好了那些肿瘤病患者。后来，我专门问过一个肿瘤专家：“增加血液里的氧气，是不是对肿瘤有治疗效果？”他说这没有科学根据。但后来我看了美国一位科学家的研究，发现癌细胞不能在含氧量很高的环境下生存，增加血液里的氧气，确实可以杀死癌细胞。这证明了气呼吸法对治疗肿瘤有效果。

第七章

在无私的行为中，成就公心

【原文】

天长地久。天地所以能长且久者，以其不自生，故能长生。是以圣人后其身而身先，外其身而身存。非以其无私邪？故能成其私。

壹 何谓圣人？

天长地久。天地所以能长且久者，以其不自生，故能长生。是以圣人后其身而身先，外其身而身存。非以其无私邪？故能成其私。

相对于个体生命来说，天地是最长久的。所以，很多人老说天长地久，希望自己的生命、爱情、事业能永恒。白居易写过一首诗，叫《长恨歌》，记录的就是唐玄宗和杨贵妃谈恋爱的事，他们那时常说天长地久，希望爱情能像天地一样长久，但后来还是分开了。所以，白居易在诗中写道："天长地久有时尽，此恨绵绵无绝期。"天长地久是个相对的词，天地也是有寿命的，只是相对个体生命来说，天地的寿命更加长久罢了。

很多道人的追求，都是与日月同寿。《庄子·在宥》中记载了黄帝求法的故事。说的是黄帝如何两次拜求广成子，希望广成子能教他至道，包括第一次是如何因傲慢而求之不得，第二次又是如何因谦卑而求法成功的。据说，广成子给他的点化是："至道之精，窈窈冥冥；至道之极，昏昏默默。无视无听，抱神以静，形将自正。必静必清，无劳汝形，无摇汝精，乃可以长生。目无所见，耳无所闻，心无所知，汝神将守形，形乃长生。慎汝内，闭汝外，多知为败。"这跟道家的观点也有相通之处，《黄帝内经》中的"恬淡虚无，真气从之"，也跟道家的观点很相似。据说，广成子已经活了一千多年，黄帝按照广成子教的方法去修，后来也修成升天了，还带了妃子、臣子等几十人一起升天——一人得道，鸡犬升天。虽然我们说老子是道家的创始人，但事实上，早在黄帝出现之前，就有修仙得道者，道家思想早萌芽了。看来，老子肯定是有传承的。

《西游记》里还有一个故事，孙悟空跟须菩提学法，须菩提传一个法，孙悟空就问："能不能让我长生不老？"须菩提说不能，孙悟空就说不学。须菩提再教一个，孙悟空又问能不能长生不老，须菩提说不能，孙悟空又不学。这样一次一次问下去，到了后来，须菩提终于说了一个法，就是通过精气神的训练，让自己长生不老。这时，孙悟空才肯学。

历史上充满了这样的故事。人最希望永恒的东西之一，就是生命；人最恐惧的东西之一，就是死亡。但天下没有长生不老的人，仙人的寿命也是有限的，仙人也还会轮回。黄帝升天后怎么样了？跟他一起升天的妃子大臣又怎么样了？孙悟空如果不去西天取经，他哪怕修得了长生法，又能怎么样？

或许，广成子也只是借黄帝对永生的期待，给他灌输一种修身的道理。就像《道德经》之所以说天长地久，也不过是老子没办法用其他东西比喻，只好用相对更长的天，和相对更久的地。事实上，跟法界相比，天地的寿命也不过是一个时生时灭的水泡。因为，法界是无始无终的，那才是真正的永恒。

老子证道了，所以老子求的不是永恒，他也知道，世上只有谷神不死。他想告诉尹喜的，仅仅是一个道理：天之所以为天，之所以长久，不是为了它自己；地之所以为地，之所以长久，也不是为了它自己。因为它们不是为了自己，所以它们才能长久。同样道理，圣人之所以为圣人，之所以得到万古敬仰，也不是为了他们自己，正是因为他们不为自己，他们才影响了世界，才实现了不朽。

“圣人后其身而身先”，圣人永远把自己放在最后，但他往往能被整个人类所铭记。许多圣人都是这样，表面上后退，尽量不让人知道，像老子，最后干脆躲到关外去了，但直到今天，我们也忘不了他。

“外其身而身存”，他不在乎自己的身体，但他的生命往往很长。这个生命不单纯是他的肉体生命，也包括他的智慧生命。

“非以其无私邪”，难道不是因为他们的无私吗？圣人的无私，往往能成就圣人之私。“私”也是相对的，它仅仅是一个人的心愿。他想利众，那么利众就是他的私心；他想利己，那么利己就是他的私心。发愿利众，以利众为私的人，就是圣人。圣人之私，其实是一种大心和大愿；圣人无私，也正是因为他们的无私，他们的愿望反而能实现。

这一章的内容非常重要。它影响了几千年来的中国文化，也为人类个体、社会构建了非常重要的价值标杆：无私、无为、为公、利他，才是圣人，也才能成就自己。认可这种思想的人，就会通过升华自己来成就自己，因为他们觉得这样的成功就是圣人。

老子在讲述道是什么，值得追求的是什么，它们值得追求的原因是什么，如何才能实现它。

这种价值观是伟人、圣贤的土壤，后世很多伟大思想的出现，都跟它有关。

比如汉文帝、汉景帝的文景之治。他们推崇“轻徭薄赋”“与民休息”，自己的生活简朴到极致，还不让别人供养他们珍稀宝物，连皇帝都这么节俭，官吏自然不敢贪奢，于是就营造了很好的风气。他们还鼓励农业发展，奖励努力耕作的老百姓，劝解官员关心百姓，每到春耕，甚至亲自下田耕作。连皇帝都种地，老百姓怎么敢偷懒？所以，发展到汉景帝时期，国家就从楚汉之争后的经济萧条，逐渐繁荣富裕，成就了中国历史上的一个盛世。官府也没有因为少收赋税，就变得贫穷，反而因为闲钱太多，长久不用，穿钱的绳子都断了，散钱遍地。这说明，当时的生活水平已经非常好了，老百姓很安宁，国家也很安定。这种治国之法，就源于老子的“无私”。

孙中山的“天下为公”，也跟老子的思想有关。它就像中国文化的原点，怎么都绕不过去。这也正好证明了老子的思想：“天地所以能长且久者，以其不自生，故能长生。”“非以其无私邪？故能成其私。”

贰

两位不同的圣人

孔子是老子眼中的圣人吗？不是。

孔子跟老子求过道，但孔圣人不是老子眼中的圣人。老子认为的圣人，必须是得道之人，必须是实现了超越、得到了大自在的人，有点像佛教所说的成就者、得道高僧。虽然孔圣人也很好，但他毕竟是入世的，他会做杀少正卯之类的事。只有得道之人，才能真正地做到无私、无为、无欲地利他。所以，民间虽然尊孔子是圣人，但孔子还不是老子认为的圣人。

在《庄子》里，庄子也经常谈到圣人，他的看法跟老子很相似。他们经常用真人、圣人、神人来形容圣贤。这种人的共同特点，就是为公、无私、无为、无欲，永远不为自己做事，永远为利众做事，永远不执著事情的结果。但孔子是执著、有为的，他周游列国，到处推行他的学说，即使这出于一种大爱，老子也觉得他的境界不够。有趣的是，当你极力地想要做成一件事时，往往会做不好，但孔子居然成功了。他推行的思想影响了中国，到了汉武帝时期，甚至“罢黜百家，独尊儒术”，但尊出了什么结果呢？这当然不怪孔子。

汉景帝学习老子时，学的是老子的精神境界，所以他休养生息，对百姓很好；汉武帝接触道家时，求的是私利，所以不但没学出啥成绩，还干脆把它摒弃了，觉得它对统治无益。

孔子的成功，在老庄看来也不算成功，因为老庄追求出世的成功，但孔子追求入世的成功。有为、执著的追求，有可能会得到入世的成功，但它一定得不到出世的成功。出世就是破执，就是无为，就是放下。放不下，就不可能进入无为法，不可能证道。所以，有为有时也可以成功，但它是另一种成功。不是老子推崇的成功。

我跟蒲龙老先生也谈过这个问题。我们知道，很多学问都是入世的学问，入世学问是作用于社会的，追求贡献社会、服务社会。管理层很关心入世学问，儒家也追求入世学问。比如，孔子为世界贡献了一种理论，提倡君君臣臣父父子子，要求有等级、有贵贱、有名位，还要求“三从四德”“仁义礼智信”之类，它有社会性、规范性，但没有超越性。它直接构成了中国文化中的秩序文明。出世学问强调出世，作用于心灵和精神，它把中国人的精神维度升华到世界性的高度。如果没有老子，只有孔子，中国文化就到不了这个高度。要是没有超越的东西，中国文化不会有太高的精神境界。正因为有了老子的超越，中国文化才升华到了能以跟世界顶级文化对话的高度。

一定要明白，老子是一个让世界吃惊的人，他和任何一个哲学家相比都毫不逊色。他是中国思想家中境界最高的人，他让中国文化在世界上占据了非常重要的位置。前几天，我跟一位美国的汉学家交流，她听说我在讲《道德经》，就告诉我，她上大学时就读过《道德经》。这部经典在国外影响非常大。

叁 因不自生，故能天长地久

前面讲到的，“天地不仁，以万物为刍狗；圣人不仁，以百姓为刍狗”就是无分别，对万物有平等的大爱，一视同仁。那么，“公心”又该怎么理解呢?

不明白什么是“公”的时候，最好的办法就是看一看天地。天地大德，天下为公。天地是道的载体，它虽然默然无语，但示现了很多关于道的东西。比如，太阳就是典型的“公”，鲜花它也照，毒草它也照。太阳心中没有贵贱、高低、好坏，只有生命。只要你需要阳光，愿意到阳光下，它就照耀你。就算没有任何人需要阳光，它也会照耀大地。苍天也是这样，苍天没有不盖的东西——古人认为天是圆的，地是方的，天盖着地，当然，这种观点后来被科学推翻了，但这里只是一种象征，老子指的并不是地理学上的天地，而是乾坤，道中的境界——芸芸众生，世上万物，苍天都盖着，大地都承载着，太阳也照着，这就是“公心”。没有个人意志，没有个人喜恶，没有个人判断，完全为了利众，完全奉献自己的一切，甚至不管有没有接受他奉献的人。

这个“公”，不是我们常说的“公家”的“公”，“公家”虽然大于个体，但它可能是群体，也可能是阶级。老子所说的“公”，是没有任何隔阂、不存在任何冲突和矛盾、完完全全融合为一的、真正的“公”。

“公”不是你对我好，我就对你好，你对我不好，我就不对你好；你是汉人我就对你好，你不是汉人我就不对你好；你是好人我就对你好，你不是好人我就不对你好……它没有这些概念。天地不会这样，太阳不会这样，大自然不会这样，有公心的人也不会这样。天地无所不包，它可以藏污纳垢。所以，“公”很像佛教的“无分别”，也很像“无缘大慈，同体大悲”。达到这个层次，才是真正的公，才是真正的大爱。它是属于整个人类、整个自然、整个世界、所有众生的。

人权就是典型的公。西方有一种说法：天赋人权。就是说，天下人都拥有的权利。

公理也是公心，因为它是任何人都必须遵守的道理、真理。反人类罪之中，就有很多是触犯公理的。

当然，我们所认为的公，有时也不一定是真正的公。比如“大公无私”，虽然这个词是对的，完全为大家、全无私心就是“公”，但很多时候，对很多人来说，这个“大家”都是有界限的。阶级斗争的时候也说大公无私，但你如果是地富反坏右，就会被排斥在“公”外。真正的“大公无私”，是连阶级都容纳了，一切都容纳了，就像天地那样，承载万物，为所有物种提供生存的空间和食物。这才是老子提倡的“公心”。

天道就是大公的，所以，修道者要慢慢地修公心，要遵循公理，要讲究社会公德。如果没有公心、不遵循公理的话，就肯定不是得道者。

当你行天道、有公理时，离得很远的人也会亲近你、帮助你。相反，你如果不讲公理，有了私心，贪图私欲的时候，就算是母子也会有冲突，兄弟也会相残。所以，私和公，直接导致了社会的和谐与不和谐。

历史上有这样一个故事：春秋时期，晋国有个叫祁黄羊的人很有名。有一天晋平公问他，河南南阳缺一个县令，你觉得谁合适？他说，解狐不错。晋平公又问，解狐不是你的仇人吗？祁黄羊说，您问的是谁能做南阳的县令，没有问谁不是我的仇人啊？过了一段时间，晋国缺一个中军尉，晋平公问祁黄羊，谁可以胜任？祁黄羊说祁午可以。晋平公问，祁武不是你儿子吗？祁黄羊回答道，您问的是谁能当中军尉，没有问谁不是我儿子啊？

他们两人的这个对话很有名，因为它显示了一种公心。祁黄羊只看谁能做好这个事情，谁可以做这个事情，不管亲疏憎恶，完全是一视同仁。所以，他被认为是“内举不避亲，外举不避仇”。就是说，他在推荐人才时，不会因为是儿子或仇人就特殊对待，只要你符合这个位置的需要，你能把事情做好，他就推荐你。这是典型的公心，但仍然不是老子说的“大公”。

老子所说的“大公”，里面还有一种无为的东西。他认为天地之所以长久，不是因为天地希望自己长久，也不是为了自己而长久；天地之所以为天地，不是因为天地希望自己当天地，也不是为了自己而当天地。如果天地有这个念头，它就不是天地了。天没有个人喜恶之情，天道本身就是这样，它不是为了自己而做天的，它本来就是天，本来就有天道，本来就一视同仁。

这里的“长生”也有两种解释，一是寿命长，二是证道。老子在《道德经》中谈到的“长生”，大多是证道的意思。因为，宇宙万物都会坏灭，只有谷神不死，谷神就是道。得道之后，就会达成一种无生无灭的“长生”。“寿同天地”真正的意思，也并不是说像天地一样长寿，而是说像天地一样无生亦无灭。而这个天地，同样不是物质上的天地、地理学上的天地，而是道中的特指。当你通过特殊的修道，将精神与大道合二为一，你就会证道，这才是老子所说的真正的“长生”。

“长生”还有一种哲学意义上的解释，就是相对的永恒，只要宇宙存在，地球存在，人类存在，我们就会记得释迦牟尼、老子、庄子这些圣人。这也是一种“长生”。

肆
退其后，德显前

圣人永远躲在众人后面。为什么？因为他谦虚，不想招摇、出头、卖弄。他很像隐士，默默地躲在一个地方，默默地做自己该做的事，但人们往往会记住他们。比如老子。他当时都不想待在原处了，骑着青牛就过了流沙河，据说不知所终，但人们永远记得他，反而会忘掉那些跳梁小丑，还有那些上蹿下跳的人。

后来的“功成身退”，就是老子的“后其身而身先”。很多大臣、大将立功之后被皇帝给杀掉，就是不懂这个道理。他们老是站在前面，一旦势力太大，皇帝就会猜忌，然后找个罪名，把他们给杀掉，所以名气太大不是好事，功高震主更不是好事。求名声的，大多会被名声所累；不求名声的，反而会赢得举世敬仰。

东汉有个特别出名的太后，叫邓绥。她的德行很高，很受人民的爱戴。十几岁入宫后，她就一直都很谦让，一直都安心做她的贵人，从来不去争宠，也不去抢什么东西。当时的皇后和贵人都很厉害，她又太优秀，遭到皇后的嫉妒，她就更是小心，更是谦虚礼让了，从不卖弄、从不出头、从不争宠，从不接受特权，就连汉和帝召她，她都称病不去，生怕汉和帝宠幸她多于宠幸皇后。但她越是礼让，汉和帝和众人就觉得她越好，皇后也越是妒忌她，后来皇后陷害她却遭到揭发，汉和帝就改立邓绥为后。邓绥做了皇后之后仍然不张扬，不让汉和帝对她家人太好，她一直保持低调，哪怕有很高的权位，也从不像其他女子那样骄纵。后来汉和帝驾崩，太子又很小，邓绥就以太后之身临朝听政，在位十多年，做了很多好事，让社会能够安宁，百姓能相对幸福，而且她始终非常注意，不让外戚为祸，临死前还不忘大赦天下、叮嘱亲人不要乱政。所以，最后人人都记得她。她什么也不抢不争，但什么都有了。

这就是典型的吃亏是福，看起来，她一直都在吃亏，生怕自己占了便宜，但最后她得到的都是最好的东西。当然，也有朋友认为，史实并非如此，而是另有玄机。

我有个朋友，生意做得很大，我问他，你成功的秘诀是啥？他说，他永远让别人占便宜，所有跟他合作的人都很开心，都愿意继续跟他合作，他就有了无穷的机会。生意当然越做越大。

他的理论跟我的理论很像，我也老是告诉学生们，要让别人赚钱。当整个社会都在争名夺利的时候，你成全别人、帮助别人，你必然会成功。你想想，跟你合作的人都会成功，你怎么能不成功呢？

这就是我的成功学。只要心里不贪，行为上也不去索取什么，永远是能帮别人就多帮帮别人，能做些事情就尽量多做些事情，永远不去抢，那么你自然就会成功。

我一直都是这样。蒲龙老先生在武威教委当主任时，我在教委教研室工作。工作了十多年，我还没有职称，虽然参加过几次考评会，但后来我也懒得去了。为什么？因为，我不在乎那个东西，不想跟在乎的人争。我们教研室管职称，但我的职称一直是最低的。

到了省里当作家，我也还是既不管，也不争，结果怎么样呢？我不但有了最高职称，也得到了很多荣誉。这些都不是我争来的。我从来都是躲在后面，很多会我也不参加，但不知道啥原因，该得到的，我还是全都得到了。那些争的人反而得不到。

为什么我一直不争？因为，我觉得够吃就行了，生命有限，还是把时间用来做更重要的事情吧。所以，我一直退让，只管做最好的自己，退到别人找不到的地方，把自己的事情做好，但很多人还是找来了。很多时候都是这样，该是你的就是你的，别人争不到；不是你的，你争也没有用，不如不争。2015年，我躲到藏区的一个地方半年，不想见人，但很多人还是找来了；2016年，我到山东办沂山书院，又有很多人找来了。所以，人最主要的不是显示自己，而是做好自己，如果你做好自己、做好该做的事情，就算你躲在一个地方，人们也会找到你。

伍 外其身，反而长生

身体就是这样，“外其身而身存”，你不去在乎它，它反而很好，你反而能健康。

当然，我说的不在乎，不是叫你糟蹋它，你仍然要注意健康，在养成良好的生活习惯、健康习惯的前提下，不要过多地在乎它。如果你不过于在乎身体，积极地做事，积极地利众，你的身体反而会很好，反而能长寿。

历史上有很多人非常在乎自己的身体，比如李世民，那么伟大的君主，却死得非常早，他为什么会死？据说是吃了外丹。他让道士炼丹，想长生不老，结果吃了就中毒，然后毒发身亡了。这样的例子很多很多。

我也认识很多特别注意身体的人，但他们的身体都不好。越是养生，身体越是糟糕。他们吃上很多保健品，反而吃着吃着就死了。根据一位科学家的统计，同一种保健品如果吃上三个月，身体多会出问题，但你不吃上三个月，又不起作用。人类的生理机能就是这样，中药也是吃上三个月才起作用。一个疗程一般就是三个月，这是固定的人类机能恢复期，谁都是这样。哪怕你吃了之后，症状没多久就消失了，病其实也没好，还藏在你的身体里。你必须吃够三个月，才有可能根除它。所以，太在乎、太执著身体也不好，反而会破坏人体本身的自然。这就是过犹不及。

不要过于在乎身体，不要过于在乎个人安危，不要过于在乎自己的得失，就是君子“外其身”。既“外其身”，又有健康的生活方式，你的身体反而会很好。我们老家有很多老人很健康、很长寿，但他们根本没有营养方面的概念，也不懂养生。藏区也有很多一百多岁的老人，他们也不懂怎么养生。所以，想要长寿，不是格外爱护自己的身体就可以做到的，只要不伤害自己的身体，不糟蹋自己的健康，然后提高自己的修养和境界，身体自然就会很好。

当然，有人对“外其身而身存”也有另一种解释，有点神秘主义的色彩，认为有个身外之身，也就是我们前面所说的阳神。修道者通过训练，把精气神聚在一起，成为另一个自己，当它成熟之后，就让它从体内出来，变成“身外之身”。

近代就有这样的故事。比如，有个村庄有个老头子一直在修道。有一次发大水，山洪暴发之后，村里人就开始拉肚子，拉得一塌糊涂，这个老头子也生病了，病得骨瘦如柴，前心贴后背。但有一天，他的病突然好了。他病好之后，刚好碰见一个千里外过来的人，这个人一看到这个老头，就觉得非常奇怪，就问他：“你不是正在哪里哪里带人修桥铺路吗？怎么会在这里？”这就是身外之身。

不过，如果说“外其身”是修出身外之身的话，我觉得还是牵强了一些。老子说的更可能是“置身度外，不在乎自己”，因为，这才是圣人之道。

陆 因其无私，能成其私

“置身度外”就是无私。

私是什么？私是执著，所有的私都是执著，心里那些乱七八糟的想法，鸡零狗碎的计较和猜度，都是私。私是依托念头出现的，念头产生，行为响应之，于是就有了私。

有执著就有私，无执著就无私。你执著金钱，金钱就是你的私；执著美女，美女就是你的私；执著权力，权力就是你的私。

所以，道家的修道非常强调无私。这一点跟佛家是一样的。佛家有很多训练方法让人无私，道家也有自己的窍诀。其中有两点很重要的，一是我们前面所说的“虚其心，实其腹，弱其志，强其骨”；二是“无欲观妙，有欲观窍”。其中的“虚其心”，就是扫除心中的杂念，心里不要放太多的贪念，不要有太多的计较，不要有太多的算计，不要有太多的欲望，当心里少了许多是非之后，人的情绪稳定，心境恬淡虚无，自然可以达到无私。其方法，就是“无欲观妙，有欲观窍”，点点滴滴地破除自己的执著，窥破万物万相的虚幻和变化。

无私还有另一个解释，就是有梦想，有大愿。君子为什么无私？因为君子有鸿鹄之志。就是说，君子有他想要实现的使命。

范仲淹在《岳阳楼记》中说过：“先天下之忧而忧，后天下之乐而乐。”他两岁丧父，母亲带着他改嫁了，后来他知道了自己的身世，就离开母亲，住在一个寺院里发奋读书，想要考取功名。当时他的生活很艰苦，一天就煮一锅粥，粥凉之后结成块，他就把粥划成四块，早上吃两块，晚上吃两块。我二十多岁时也是如此，那时我也是熬上一锅拌面汤，然后一分为四，每顿一块。后来有一天，范仲淹掘鼠洞时发现了一坛黄金，但他觉得那不是自己的，就把黄金重新埋好。几十年后，他当了大官，那座寺院闹了火灾，方丈来请他捐款修建寺院，他就告诉主持，某某地方埋了一坛黄金，你们把它挖出来修寺院吧。方丈回去一挖，果然见到了黄金。他还将自己的俸禄，都买了田养活老百姓，让很多贫寒子弟都能读上书、让很多孤寡老人能老有所依，据说救助了几百户贫苦人家。他听说自己的房子是风水宝地，后人必出公卿，就马上把房子捐出来，建了学堂，为国家培养人才。他去世时，家里没钱安葬他，连入葬的费用也得朋友来出。范仲淹就是真正的无私。他的家族出了很多德行高尚的人。这正好印证了老子的这句话：“非以其无私邪？故能成其私。”

任何圣人都有他的使命。在信仰群体中，它称为“信愿行”。信就是自己的信仰；愿就是这辈子要做什么样的事；行就是行为。圣人有信愿行，但他没有私欲。如果他没有信仰，没有愿望，没有行为，他就不是圣人。

香巴噶举有一个大德，叫唐东嘉波，人们称他是成就自在唐东王，他自己做苦力，创建藏戏团，带着藏戏团到处演出，想方设法筹集了资金，为藏人们修建了很多铁桥和木桥，因为藏地当时没有很好的桥，许多藏人过河时都掉进水里淹死了。他是一位非常伟大的大德。他当时作过一首道歌，专门嘲弄那些躲在山洞里修行的人，他说这些人“蹲到山洞里像老鼠，蹲在山上像野兽，不去利众”。他反对这种离世的修道，他主张信仰者一定要有行为，要用利众行为本身来实践信仰。他代表了香巴噶举的一个特点：当下关怀。香巴噶举还有一个特点：终极超越，其代表人物是首传祖师奶格玛。他们之所以伟大，有那么多的利众行为，就是因为他们有信仰、有大愿。

不管你是好人也罢，君子也罢，圣人也罢，都必须有信仰。信仰是第一位的。有没有信仰，首先要看你有没有敬畏，有敬畏才有可能有信仰。但你记住，真正的信仰不是迷信——虽然很多人都把信仰当成迷信，但事实上不是这样的。信仰是你相信某个东西，然后敬畏它，向往它，一直向它走过去。为什么要有敬畏？因为你在仰视它，你觉得它很好，自己不如它，想要学习它，就像《论语·里仁》里所说的，“见贤思齐焉，见不贤而内自省也”。第一相信，第二向往，就是信仰。信仰的本质就是这两点。所有的圣人都有信仰。为什么穷到只能喝粥了，范仲淹还能拒绝诱惑，没有将黄金据为己有？就是因为他有信仰——他的追求。

这个追求不一定是宗教，也可能是其他东西。只要它比人类的欲望更高，比人类本身更高，那么它就能让人变得伟大。

真正的信仰，是比生命更重要的。他可以丢掉生命，但不能背叛信仰。他相信这个世界上有一种存在，比自己更伟大、比人类更伟大，他一定要向往它。这个愿望会主宰他的一切行为——如果它不能主宰人的行为，那么这个人就不是信仰者，而是幻想家。信仰是一定要有行为的，没有行为，就不是信仰。

圣人必然不为自己升官发财，不为自己的功名利禄，他只想做对世界有益的事，他就是无私的。因为无私，他的愿望都能达成。

所以，很多时候，无私看起来是在利益他人，但成就的其实是自己。如果没有做到无私，老子就不是老子，释迦牟尼就不是释迦牟尼，历史上有那么多令我们感动的故事、那么多让我们想要效仿的圣人，他们代表的，是一种无私的精神。

很多时候，强者不是占领城池、建功立业、成就霸业的人，而是能在乱世中自主命运、自主心灵的人。韩信的军事才能足以击败楚王，又能怎么样？周亚夫的才能足以平定七国之乱，又能怎么样？那么多皇帝占领了江山，又能怎么样？全都被无常吞没了。不同的，仅仅是死去的方法、时间和地点而已。

柒 无我之美

前些时，我开始做微店，所以研究了互联网的思维。我发现微店的开发者真了不起，他们只是在奉献，他们的用户不用掏钱，就可以享受他们提供的服务。他们的目的，就是让用户赚钱，让用户成功。当他们的平台让很多人都成功之后，整个世界都会涌向他们。很多成功的互联网平台都是这样，都有一种无私的内容。

如何让自己成为一个无私的、只想奉献的人，才是真正的成功学。

你可以上微店看看，他们为我们提供了一切服务，你需要什么，他们都满足你，让你能在上面安心地做生意，让你能安心地在上面跟客户、朋友们交流。为此，他们要买多少服务器？要组建多大的开发团队？要支付多少工资、多少办公费用？七七八八的东西加在一起，要花去多少钱？要投入多少人的生命成本？他们不是理所当然付出这些东西的，正是因为他们不怕吃亏，不挣小钱，不鸡零狗碎地算计人，他们才能得到大成功，才能赢得整个世界。

这也是在印证老子的观点：当你没有私心时，整个世界都愿意帮助你，所有光明都愿意照着你，就算你只是一个泥胎，也会被照成个金佛。

我到任何书店去签售，组织者都有一个感叹：很少有哪个作家像雪漠这样，有这么多这么热情的粉丝。为了传播我的作品，粉丝们做了很多事，付出辛勤的劳动，但我没有要求过他们。我只是做好我自己，做我该做的事而已。但各地都有人自愿自发地做一些事，有的人甚至会一次买上千套书，然后捐到大学图书馆。他们不为什么，只想让更多的人看到好书。

所以，修道最重要的，就是破除执著，达到无我。有我就有私，有私就有局限；无我就无私，整个世界都是你的舞台。比如老子，所有有人类的地方，只要他听得到《道德经》，都会得到滋养。

历史很有趣，仅仅是一个春秋战国，就有无数种人、无数种命运，无数个让你觉得美好、感动、震撼，或遗憾的故事。无数个故事都是你的镜子。也有很多人消失了，像苍蝇划过虚空，留不下一点痕迹。

但老子永远活着。整个世界都是老子的舞台，所有的时空都有老子的声音。从千年前，老子就在舞台上演着自己的戏，千年后的今天，老子仍然依托《道德经》，演着他自己的戏。他一直都在唱那首圣者之歌，无为之歌。芸芸众生都是他的观众。他得到的，才是真正的长生。

毫不利己专门利人，最后往往是最好的利人利己。

第八章

圣人如水，滋润万物

【原文】

上善若水。水善利万物而不争，处众人之所恶，故几于道。居善地，心善渊，与善仁，言善信，政善治，事善能，动善时。夫唯不争，故无尤。

壹 上善若水，处恶不争

上善若水。水善利万物而不争，处众人之所恶，故几于道。

这一章看起来讲的是水，实际上是通过水性讲道。

孔夫子有句名言："仁者乐山，智者乐水。"老子在《道德经》中也用了山和水来做比喻：第一是谷，大山之间能容万物的虚空，就是谷，比喻圣人的包容，心中不着一物；第二是水，水性接近道。

"上善"就是最好的善，最好的善就像水一样。

"水善利万物而不争"，没有水就没有生命。希腊有个哲学家认为生命起源于水，他是有道理的。如果没有水，我们就没法生活。植物、动物也是这样，甚至细菌也是这样。一杯水放上四个小时，就有细菌了，这说明有水细菌就能生存。

一个医生说，你如果等口渴了再喝水，身体就已经严重缺水了。很多死于心脑血管疾病的人，实际上最初都是因为缺水。不及时地补充水分，血液粘度过高，就引起了脑梗死和其他的心血管疾病。医生是有道理的。于是他提倡，早上刚起床时，要喝一杯温水，以补充睡眠引起的身体损失的水分。

不过，即使水那么重要，它也从来不跟任何人争，既不争名，也不争利，所以，老子希望君子和修道者也能像水，既能利益万物，又不去争。

历史上所有追名逐利者，多没有好下场。他们生活在无休止的钩心斗角和利益纷争之中，失去了恬淡和谐的生活。很多时候，他们为了一点点权势，就家破人亡，还连累族人。

最近研究太极拳，发现了一个奇怪现象，一些武功很好的人，却非常短命。练太极拳有益身心，它既调心，又养气，还强身。那么，那些大师每天花很多时间练太极拳，为什么早早就死掉了？比如，我认识一个功夫很好、号称打遍天下无敌手的人，只活了六十岁。我问他弟子，你们是怎么练功的？那弟子告诉我，我们要一边练功，一边观想，时时想着一击毙命、置对手于死地。我这才明白了有些武林高手短命的原因：要是一个人老想杀人，会有一种杀业。它会导致一个人短命：你想要别人的命，自己的命也不会长。相反，如果你喜欢放生，老是想要帮助众生延长生命的话，你的寿命也会越来越长，故古人说“仁者寿”。

“处众人之所恶”，水待的地方，很多都是别人不愿待的。因为，人往高处走，水却往低处流。即使非常脏、非常让人讨厌的地方，水也一点都不嫌弃。厕所里有水，粪坑里也有水，冲马桶时用的也是水。真正的修道者也是这样，他不会嫌弃环境。

我有个朋友，他是兰州名医，有一次，他去造访一个修道者。这人住在一个用土坯箍成的土屋里，盘个土炕，铺些麦草，放张席子，薄薄的一床被子，连门都没有，但这个修道者非常快乐。我的朋友当天就住在修道者家里，他一晚上睡不着觉，那个修道者却非常幸福、无忧无虑地睡着觉。我的朋友感触很深，他觉得自己有钱有地位，却不快乐，为啥这个修道者却如此快乐呢？他受到触动，也开始修道。这个修道者就很像水，即使在众人不愿去的地方，他也非常快乐地活着。

“竹林七贤”中有个刘伶，他喜欢喝酒。一天，他在家里喝酒，还脱光了衣服，刚好有客人来，问他为啥不穿衣服？刘伶说，天地是我的衣服，房子是我的裤子，你为什么钻到我裤裆里来？很有意思，他身上，就有一种任运自然的气质。

还有密勒日巴，他在山洞里闭关修行，因为没东西吃，就吃草，结果整个身子都绿了，衣服也穿烂了，破衣烂衫，衣不蔽体，却整天快乐地唱着道歌，他的道歌非常好，直到今天，还一直在给人们带来快乐、清凉和明白。

水也是这样，水非常随缘，你把它引导在哪里，它就流到哪里去。

贰 圣人如水

居善地，心善渊，与善仁，言善信，政善治，事善能，动善时。夫唯不争，故无尤。

老子继续讲水的特性。

“居善地”，水特别能适应环境，不管把它倒进什么地方，它都会选择自己的位置，选择自己的形式。比如，你把它泼到沙子里，它就渗进沙子里去；你把它放到低处，它就成水洼；你把它放入大海，它就变成大海；你在水边挖一条沟，它就流入沟里，变成小溪。水就是这样，你把它放到哪里，它都觉得最适合自己。做什么事，它都全然接受，毫不争辩。

佛教中有“全然接受”的说法，就是目前你遇到的，都是最好的：你遇到的人是最好的，全然接受；甚至你得的病，也是最好的，也全然接受，不要有任何的怨言，你该得就会得，得了也没有什么。在《大漠祭》中，老顺就专门讲过：“老天能给，老子就能受。”他的身上就有这种东西。

古希腊有个神话：有个英雄叫西西弗斯，因为触怒了宙斯，他遭到了惩罚，每天都必须推着一块巨大的石头上山，到山顶时，英雄力尽，石头会滚下山去，于是英雄再下山，再一次推石上山，就这样周而复始……这对人的精神是巨大的摧残，但西西弗斯全然接受。这接受，就是一种尊严。

佛教的传播也是这样，每到一个时候，都会遭遇一些毁灭性的灾难，暴力有时会毁了文化，但传播仍在继续。比如，把佛教放到东南亚，它就是南传佛教；把佛教放到藏地，它就是藏传佛教；把佛教放到汉地，它就是汉传佛教；它遇上慧能，就是禅宗；遇上庐山的慧远，就变成净土宗；还有律宗、华严宗、法相宗……佛教也像水一样，任何地方它都能待，任何众生它都能度，众生喜欢什么宗，它就是什么宗，完全与时俱进，恒顺众生。

密乘中一些佛像的头发是分开的，上半部分扎成发髻，象征佛教的根本智慧不动摇；下半部分散开，代表恒顺众生，随缘顺世。修道也是这样。有个根本的内涵不变，其它的可以随顺世界。

所以，如果老是埋怨环境，你就不是真修道者。真修道者接受一切，随缘应世。虽然因为因缘，他可能会选择地方，但他不会被任何地方影响他的快乐。这就是“居善地”。他所在的地方，永远都是最适合他的地方。

“心善渊”，心要像深深的潭水，无论多深、多么丰富，水面都很平静。心不是浅碟子。圣人的心就像潭水，深不见底。“桃花潭水深千尺”，但水面却很平静。他的深不可测，不是想算计什么东西，也不是张牙舞爪地卖弄。圣人的心是丰富、博大、深刻的，他不是肤浅、浮躁的。

“与善仁”，和人打交道时，圣人总抱着一颗仁义之心，就像你只要把水贡献给别人，别人就能得到益处：给口渴的人，他就能解渴；给洗衣服的人，他就能洗衣服；给花农，他就能浇花；给种树者，他就能给小树浇水；给老天爷，老天爷就下一场及时雨，让地球上的万物受益。水就是这样，它有无穷的妙用。圣人能像水一样善巧任运，冬天结成冰，春天融为水，夏天蒸发了变成水蒸气，雨季一来，水蒸气又变成了雨。

“言善信”，说话要有诚信。

“政善治”，一般指面对世界的态度，它说的仍然是圣人。有人理解为善于统治、善于管理，但是对圣人来说，也指善于处理日常事务。因为，圣人是无求、无欲、无为的，他心里没有私利性的东西，所以也无争。在这种情况下，反而会有很多很多的人帮助他。所以，圣人无为而无不为。表面看来，他什么都不做，或者说不执著，既做，又不执著，实际上他能做很多事情，因为圣人有大智慧。老子和庄子都是这样，所以他们才能影响世界。

“事善能”，做事容易成功。面对任何事，他都明白要变通，但他不是见人说人话，见鬼说鬼话，而是他知道这个事情该怎么做。他就像水一样，进了圆杯子，就是圆的；进了方杯子，就是方的；进了塑料袋，就是塑料袋的形状；被锅盛着架在火上，又会变成开水；温度到了一定的程度，就会蒸发；蒸发到天上，就变成云彩；如果放到城市的喷泉里，它又会变成喷泉。它是千变万化的，你需要什么，它就变成什么；你用什么形状的容器装它，它就变成什么形状，什么容器都能容纳它。

圣人也像水，无论处在啥环境中，他都是最好的。为什么？因为他不管环境，只做最好的自己。当他做最好的自己时，就没有任何的矛盾，没有任何的争斗，也没有任何的冲突了。因为，世界总会接纳只想奉献的人，哪怕世界这时候不理解他，把他钉在十字架上，但到了最后，世界仍然会接受他。耶稣就是这样，他没有任何利己的目的，只想奉献。老子也是这样，道家文化是中国文化的三大支柱之一，对中国文化的影响非常大，没有道家文化，中国的本土文化就没有超越的部分。

“动善时”，“动”就是行动，知道什么时候该怎么办。

“夫唯不争，故无尤”，“争”是一种对立，有争就必然有二元对立。正因为圣人不去和别人争名夺利，所以他跟别人不是对立的，别人也不会埋怨他。“尤”，就是埋怨，或者是罪过、过失的意思。

还有一种涵义，就是你不跟别人争，别人也不会跟你争。江湖上的很多纷争，多是名利之争和江湖仇杀。所以，缺乏仁爱之心的人，老是跟别人闹矛盾，老是想用暴力解决问题，自己也不会快乐。除非他后来改变了心性，像我在讲大手印时说的“大善铸心，命由心造”，在大善的熏修下，一天一天逐渐化解心中的暴戾，让心趋于平淡祥和，命运才会改变。所以，很多争强好胜的人之所以命运不好，不是因为能力不够，而是因为心不好。

叁 水之七德

唐宋八大家之一、苏轼的弟弟苏辙写过一部《道德真经注》，里面谈到了水的七种德行：

> 避高趋下，未尝有所逆，善地也。空虚静默，深不可测，善渊也。利泽万物，施而不求报，善仁也。圆必旋，方必折，塞必止，决必流，善信也。洗涤群秽，平准高下，善治也。遇物赋形，而不留于一，善能也。冬凝春泮，涸溢不失节，善时也。

第一，“避高趋下”，水不愿意待在高处，永远往低处流。真正的修道者也是这样，他绝不会上蹿下跳，也不会浮躁、浮夸、飞扬跋扈。如果你见到哪个人上蹿下跳、夸夸其谈、自吹自擂，他就肯定不是真正的修道者，更不会是圣人。真正的圣人，永远把自己放得很低，非常低调，哪怕他处于高位，也仍然是低调的。这也叫“处下不争”。修道者不在乎示弱，他不需要赢别人。他不跟别人较劲，他只想战胜自己。

第二，“空虚静默”。空虚就是心中没有那么多鸡零狗碎的东西，静默则更多的是行为，而不仅仅是语言。意思是，他不会老是夸夸其谈。就像前面所说的，圣人的心就像深深的潭水，总是深不可测，他不会老是像长舌妇一样，把自己的鸡零狗碎到处讲。这是圣人的一个特质。圣人不谈是非，胸有城府，但他的城府不是精明算计，而是一种智慧和气度。人说宰相肚里能撑船，就是说他胸有城府，能容难容之事。

第三，“利泽万物，施而不求报”，圣人老是奉献，他是不求回报的。广州有个“观音借库日”，到了那天，你可以向观音“借钱”，请观音菩萨帮你发财，等你发了财，就给菩萨多少钱。有这种要求的肯定不是圣人，圣人永远不求回报，他做最好的自己。

第四，“圆必旋，方必折”，你把水放进圆杯子里，它就变圆了；你把水放进方杯子里，它又会变成方的。水遇到障碍时，它马上就会折回头。它知道随顺因缘，不会像两个牛抵角那样，斗来斗去的。圣人也这样。圣人有智慧，他知道一切都在变化，就不执著了。他不会跟谁斗得你死我活。他非常柔和，反而能以柔克刚。

大家都知道水滴石穿。水是天下最柔的事物，石头比水要硬得多。但日久天长，那么柔的水，能在石头上凿一个洞。

我一直在研究朱德，也经常谈起朱德。为什么朱德会成为红军之父？为何他能当总司令？原因在于，他有大地的厚，也有水的柔和，他一直是柔和不争、谦不居功的。平时你看不出来他有多了不起，他老是穿得像伙夫一样，一点都不起眼，其实他很会运用水的智慧。尤其在跟张国焘做斗争的时候，他的个性和智慧表现得特别明显。当时，张国焘想另立中央，叫朱德支持他，朱德不肯。红四方面军有八万军力，中央红军不足一万，力量悬殊。朱德不跟他正面冲突。开会批判朱德时，朱德就看书，也不争辩，也不反抗。等时机成熟，朱德就心平气和地跟对方进行斗争，用一种水的智慧说服了对方，最后，朱德把红四方面军带到了正路上。

“塞必止”，如果你想做个水库，水就停下来，蓄在水库里；如果你打开水库的闸门，它仍会下流。圣人也是这样，他们永远随顺世界，随缘应世。

佛教的传播也是这样，像水一样。它是世界上最和平的宗教。在世界三大宗教之中，它是唯一没有发动过圣战的。圣战就是打仗，为了传播自己认可的真理，不惜把认可另一种真理的人杀掉。佛教没有这种戾气，它始终是传到哪里，就融入哪里的文化，然后形成一种新的文化。

第五，“洗涤群秽”，圣人善于洗去一些污秽。所以，圣人无论走到哪里，那里都会变得安详、宁静，没有是非——就算有是非也会慢慢变没了。因为，圣人善于清理一些负面的东西，即使刚开始有点不好，慢慢也会好起来。这也是水的特点，“居污不污”。

什么叫“居污不污”？无论身上的衣服多脏，用水一洗也就干净了，再通过净化处理，洗衣服的水又可以喝了。不会因为水污了，它就彻底没有用了。水就是这样，君子也是这样。得道者不要怕别人的侮辱，清者自清、浊者自浊，别人侮辱不了圣者。

第六，“平准高下”，你知道水平尺吗？木匠做木匠活儿的时候，总会用一个水平仪。它代表非常公平，圣人处事也非常公平。因为君子有公心，你不管怎么对他，他对你都会很好。他的好就像水一样，是恒定的。修道就要这样。

第七，“遇物赋形”，没有铜镜的时候，一些女孩子用水面来当镜子。水面很诚实，漂亮的就照出漂亮的；丑的就照出丑的；脸上弄黑了一块儿，就照出脸上有一块儿黑色；老的照出老的；少的照出少的；狗照出狗，牛照出牛……不会走样。遇到容器也一样，遇方则方，遇圆则圆。

“不留于一”，圣人不会贴上标签，他和什么人打交道，人们都会觉得和他是同一类人。因为，谁都能从他的话中，得到自己需要的营养。释迦牟尼一音说法，随类得解，谁都觉得他讲得好，讲到心里去了。孔子说，不该说话的时候你说了，就叫失言；该说的时候你不说，就叫失人。得道者不是这样，得道者说的话，一定是那个时候最该说的话；不该说的，他就不说。

肆 水性的修行

老子所说的水性，有点像佛教的破执。水的活性，水的随流，水的低下，水随物体变化而变化，这有破执的特点。它的本质，就是让你不要有固定的、执著性的东西，随顺世界。

大善、得道、真理都像水，非常平常。无好亦无恶。没人说这个水好，那个水不好，水里即使有杂质，提纯之后还是可以用，它不影响水性。水还是水，元素还是那个元素。水是与世无争，与人无嗔的。

佛性也如水。真心就像平静的水面，妄心就像波动的水面。妄心调服，不波动时，就是真心，就是开悟。开悟也像水。水平如镜时，能照出世界，世界什么样子，水面就倒影出什么样子，这就像佛的大圆镜智。心明如镜，照出万相，但镜子如如不动。

水柔弱，柔顺，没有自性，不是永恒不变的，永远都是变化中的存在，这有点法界体性智的味道。

水不避恶，不就善，不选择高处，随顺低处，放在哪里，都是同一个水分子结构，也都一样地水平如镜，这很像佛的平等性智。

水善于利益万物，既能滋养庄稼，也能养活众生，还能顺势而为，做很多自己该做的事，可以浇花，可以种树，可以下雨，也可以成为江河湖海。这有点像佛的成所作智。

水随顺世间，根据世间的需要、根据温度的变化，自己也发生形态的变化，时时刻刻和周围、和世界保持和谐，保持平等，这有点像妙观察智。

所以，佛性也如水。这也许是我的一种牵强解释，但它也是成立的。因为，我们是说如水，不是说水就是佛性。如水就是“故几于道”，跟道非常接近，它们很像，但它们不一样。永远记住，佛性如水，道如水，但佛性就是佛性，不是水；道就是道，也不是水。

佛家和道家对水都非常重视，其中最著名的就是道家中的“水火既济”。修道时，肾水要上升，心火要下降，结丹必须水火既济，没有水不行。道家认为，修道的过程中，肾水是非常重要的。《一个人的西部》中的道歌这样唱：“海底龟蛇自缠绕，肾水儿上潮。三昧真火要提防，曹溪水儿用上，一点儿圣水落中央，自在而安康。”曹溪水是什么？是禅宗六祖慧能的智慧。这里也用水来代表，佛教所说的甘露水也是水。

禅宗里有个公案：有一天，一个小沙弥去大殿里找师父，他一推门，大殿里一股大水汹涌而出，他觉得自己都要被淹死了。后来才知道，原来他师父正在修水观。大殿里当然没有水。

这位禅宗师父为什么要观想水呢？他正是通过观想水性，训练自己的心性。这是佛道中一种特殊的修道之法，观想自己是大海也行，观想自己是瓶中水也行，观想自己是壶中茶也行，观想自己是平静的海面、汹涌的波涛、圣洁的甘露、飘渺的云雾、壮观的瀑布，都可以。你观想自己是各种形态的水，观想水的各种特性，慢慢的，你的心性也会接近水。

圣人如水，在天上就是云雾，在地上就是甘泉，在山中是白雪，在冰川上就是寒冰。水遇到恶人也不会被污染，遇到垢痂也不要紧，一提纯，它就纯净如初了。当你修到这个境界时，你也就升华了。

我们处世也要学习水。处于低下，不与人争，平等一如，做自己该做的事，不求回报。这也是老子讲这一章的目的。他想要告诉尹喜的，一个真正的修道者应该是什么样子？应该有怎样的德行？修道者要学习水。

第九章

退一步，海阔天空

【原文】

持而盈之，不如其已；揣而锐之，不可长保。金玉满堂，莫之能守；富贵而骄，自遗其咎。功成名遂身退，天之道。

壹

过犹不及，默默转身

持而盈之，不如其已；

“持而盈之”，执著地想要抓住它。“持”就是抓住，把某个东西抓在手里，不丢掉，就叫“持”。想要让它越来越多，叫“盈”。

“不如其已”，不如让它留一点缺陷，让它停下来。

为什么与其追求完美，不如留一点遗憾？因为，任何事物都离不了成住坏空四个阶段。成是生成；住是持，保持一段时间；然后就开始腐坏；最后慢慢地成空。有没有例外？没有例外。所以，你与其费尽心思地想追求一件事物的完美，不如停下来，不要继续往前走。这就是这句话的真正意义，简言之，不要贪得无厌。

春天百花盛开；接着就是夏花的衰败；秋天就开始枯黄、落叶；冬天很多树就开始冬眠了，有些还会冻死。大自然的一切，都在循环往复，任何事情都是这样。所以，月满则亏，让一件事物迅速地发展到极致，其实并不好，反而很可怕，因为它很快就要走向衰败了。

我弟弟得病之前，我就有这种感觉，总觉得有个巨大的隐患潜伏在身边。为什么？因为，我发现村里每户人家都有灾难，都有人得病，偏偏是我们家非常圆满——当然，那时看来的圆满，在今天来看仍然很不圆满，因为我们很穷，吃不饱肚子，但很快乐，家里也没有人得病。因为感觉太完美了，我反而觉得不安。有趣的是，我从很小的时候就有这种智慧，总觉得某个东西太完美，就隐藏着一种不太好的东西。我当时特别害怕家里会出事。所以，后来我们家的猪一死，我反而松了一口气，觉得可能就是这个事吧。但过了一段时间，弟弟就病重，没多久就死了。当然，我强调的不是这个现象，而是这种思路。

那时我也就二十多岁，不过因为十八九岁就开始背《道德经》，背《庄子》，就有了一种智慧。我知道很多东西一旦完美到极致，它其实就走向反面了。所以，许多时候，我宁愿留一点毛病，不去追求极致。这就是“持而盈之，不如其已”。

“萧何月下追韩信”的故事很多人都听过，萧何是个很好的人。他的品格非常好，在韩信没人赏识时，是他极力推荐给刘邦的。为了把韩信追回来，萧何差点被刘邦误会成逃跑。汉朝建立后，老百姓都知道萧丞相，谁都夸丞相，刘邦就开始猜忌他。如果刘邦继续猜忌下去，萧何就会跟韩信一个下场。什么意思？就是被杀掉。萧何当年和吕后合谋杀了韩信，他心里很清楚，如果他继续完美下去、继续有口皆碑的话，他也会被刘邦杀掉。而且，遭祸的不仅仅是他自己，而是他们家族。萧何为了保全自己，就故意安排家里人做了些坏事，比如欺负几个老百姓，霸占老百姓一点东西，他自己也贪了些钱。如此一来，谁都骂萧何变坏了，骂声一起，刘邦才不再怀疑萧何。这也是过去一些官员常用的保身之术。

对一个非常有权势的官员来说，名声太好容易招忌，所谓功高震主。有些有经验的，就会故意弄一点瑕疵，招些骂名，不然会有祸患。

秦国大将王翦也是这样。秦国最初打算进攻楚国时，他说要六十万兵，李信则认为二十万兵就可以。秦王于是启用李信和蒙恬出征楚国，王翦称病回乡。结果秦国打了一次败仗。秦王又去找王翦，王翦非六十万兵不肯出征，于是秦王就给了王翦六十万兵，这是整个秦国的兵力。一路上，王翦走上一段路，就问秦王要一点赏赐，或是田地，或是别的。秦王大笑，一口答应了。他的谋士觉得很奇怪，就问他，将军，您又不贪这些东西，为什么要这么做呢？王翦说，秦王是个非常多疑的人，他把整个王国的士兵都给我了，如果我不这样，他会疑忌我的。要是他觉得我是贪小便宜的人，反而会放心我。

不只是名声，做任何事都是这样，到了一定程度，一定要懂得分寸，不要过犹不及。不要过于追求完美、追求极致。一定要懂得稍作休息，让生命中留一点白。留白天地宽。当一件事物完美到极致时，必然会走向反面。这种例子太多了。

曾国藩消灭太平天国之后，他的名声就达到了极致。当时他非常害怕，因为他掌握着整个湘军，清朝的八旗军根本不是湘军的对手。他如果夺天下的话，是有可能成功的。即使他没有夺天下的心，皇帝也会猜忌他，一旦有人陷害他谋反，皇帝就会借机杀掉他。于是，曾国藩就老在家书里写点鸡零狗碎的事情，有意让清朝政府知道他没有大的追求和想法，老是在关注一些琐碎无聊的事。你看《曾国藩家书》，就会发现这个很有趣的地方。他特别懂得这方面的进退。

当官的要注意，不要让自己的名声太圆满了，圆满意味着衰败，意味着灾祸。老祖宗总说，“过犹不及”“物极必反”，任何事情都是这样的。翻开我们的历史书，你会看到很多这样的故事，历代的政治斗争里充满了这样的例子。千万不要让自己走到顶点，也不要期待过度的完美，不要走极端，要学会和光同尘。

修道时，同样要注意这一点，既要允许自己的不完美，也要允许别人的不完美，不要太满。或者说，你可以追求自己的更加完美，但你要允许别人的不完美。我就是这样。因为我能允许别人不完美，我才总能发现别人的好。很多人都说，雪漠老师觉得谁都很好。确实如此，我总是发现别人的好，然后用别人的好来对照自己的不好，这时我就会更加尊重别人。最近，我一直在跟很多人学东西，谁哪里比我强，我就跟他学。这也是因为我总是发现别人的长处，发现自己的不足。

修道也罢，做事也罢，都一定要注意这一点，永远要留有余地。不要过分，不要苛刻自己，不要追求极端，要走中道。释迦牟尼说过，修道就像弹琴，琴弦调得太紧容易断，太松又弹不出声音。做什么都要有这种智慧，恰到好处，掌握分寸，走中道。必要时，就停一下，不要太着急。

贰　在谦卑中慢慢生长

揣而锐之，不可长保。

在这里，老子强调的仍然是不要走极端。

“揣而锐之”，用力地捶打斧头或刀子之类的东西，想让它更加锐利。

“不可长保”，就是不能长久地保持这种状态。

如果你过于精进、过于努力、过于拼命、过于不顾一切地做某件事的话，你很难长久地坚持下去，不可能坚持一辈子。所以，不要急功近利。

前几天，有个大学生想退学，专门修行，问我意见。我告诉他，你还是好好上学吧。为什么？因为，有些修行人刚开始非常精进，希望几天就能成就，几天就能成佛，或者不休息地做很多事情。非常地疯狂、狂热。这种人我遇过很多。我的《大漠祭》出版后，我们家乡也出了很多这样的人，他们每天都认真地写作，写了很多东西。但是，到了最后，他们基本上都消失了。疯狂修行的人消失了，疯狂写作的人也消失了，所有急功近利的人都消失了。最后，只有那些愿意慢慢做事，不着急，把追求梦想当成生活方式的人，才能成就。

所以，我老是说，修行是一种生活方式，成就也是一种生活方式。文化就是这些方式背后的程序。一个人有没有文化，你看他的生活就知道了。他有没有持之以恒地坚持什么？如果有，他就有文化，因为他认可一种“程序”，把它输入了自己的生命，在这种程序的运作下生活。所以，我老是对一些急功近利的朋友说，我们又不急着去死，慢慢来。对于一些急着想要成长的人，我也会说，不要着急，小树长成大树，需要时间。我的小孙女清如要长成美丽的少女，也需要时间。这里面，是没有捷径可走的。

“揣而锐之，不可长保”就是这个意思，急于想促成某件事，急功近利地想要完成某件事，一般都不可能长久，很难长久。当然，其中还有另一种意思，就是做人不要过于锋芒毕露。

你也许看过一篇叫《曹刿论战》的文章。文章里有一句名言，是“一鼓作气，再而衰，三而竭”。这篇文章说的是齐国攻打鲁国，齐军很强，鲁国偏弱，但鲁庄公在曹刿的辅佐下打败了齐军的故事。曹刿当时用的，正是这个“一鼓作气，再而衰，三而竭”的计谋。对方击第一次鼓，是他们士气最旺、勇气最大、力量最强、冲劲最足的时候，第二次击鼓时士气就弱下来了，到了第三次，士兵们基本上已经没什么力量了。这时，鲁国的士兵再一鼓作气地进攻，就一下子把齐国大军给打败了。这说明，过于强烈的势头，很难一直持续到最后。

毛泽东用兵故意示弱，大步后退，诱敌深入，集中优势兵力，逐个歼灭敌人。这是中国革命取得胜利一个非常重要的原因。第五次反围剿时，因为没有使用游击战和运动战，而是用了阵地战，双方你来我往、硬碰硬、阵地对阵地、拼消耗，结果没有成功地反围剿。

生活和战役其实是一样的，匆匆忙忙之中，很多人总是忽略一些规律性的东西，比如有些人说话咄咄逼人、锋芒毕露、显得才华横溢——一个真正有涵养、有气度的人，是不会卖弄才华、沾沾自喜的；如果他卖弄才华、沾沾自喜、锋芒毕露，恰好说明他不是大才。他有可能很出名，但他很难成为真正的大师。那些非常木讷的人，反而是大才，比如朱德。朱德非常厚道，你永远看不出他的能耐。他不像很多将领那样，老是沾沾自喜、咄咄逼人，他永远那么低调，这就是厚德。

锋芒毕露不好，尤其是言语上的锋芒毕露更是不好。我们经常说："话到嘴边留三分。"留三分忠厚。很多人一辈子之所以招致祸患，问题就出在嘴上。病从口入，祸从口出。两个人斗啊斗啊，一句话伤了对方，对方就会记下来，尤其是遇到小人的时候。所以，要敬小人如敬父母。老子说"大辩若讷"，意思是，最会辩论的人，反而是那些看起来有点口吃，不爱说话的人。

有个关于赵匡胤的故事很有意思。赵匡胤刚刚建立大宋的时候，江南还没有统一。李后主李煜派徐铉北上求和，希望能与赵家两分天下。徐铉当时非常有名，据说他辩才无碍、学富五车，大宋没有人是他的对手。大臣们听说徐铉要来，都非常害怕，怕大宋这次会丢人。因为，如果宋国输了，就会失了国格，被人耻笑。但赵匡胤非常聪明，他听说之后也不慌张，立刻指派了应对之人。这人不识字，是个大老粗，没有文化，非常木讷，但相貌堂堂。然后徐铉就来了，他果然口才非常好，满腹文章，就像飞流直下三千尺一样。一天过去，那个大老粗没有应过一句话，无论徐铉说什么，他都面无表情地"嗯嗯"。其实他听不懂，不知道对方到底在说什么。但徐铉不知道，仍是口若悬河，才华横溢，但对方像一堵墙，毫无回应。几天之后，徐铉累得要命，觉得对手深不可测，只好讪讪地回国了。

我发现装大师的人都是这样，他们如果无论什么都“嗯嗯”，人家一定摸不清底细。以前，我在藏地见过一位大德高僧，每次见面，他老是说“嗯”“很好”，显得高深莫测。后来，我们关系非常好时，他想跟我交心，我才发现，他的层次实在太低了。如果他一直装模作样，就显得深不可测了。

所以，锋芒毕露不是好事，不可长保。除非你有真本事。否则，你嘴一张，大家就知道你的真相了。所以，古人叫我们不要卖弄。小时候，我妈妈也经常这么告诉我，她说：“少说话，威信高；多说话，惹人骂。”她也是叫我不要锋芒毕露，“话到嘴边，留三分忠厚”，不要老想战胜别人。

或者说，你要尽量地“避人得自在”，或者说“让人得自在”。只要不是什么重大原则问题，尽量让着别人，给别人一份好心情，这样你也会得到自在。然后还要“入世一无能”，不要觉得自己很行，永远要觉得自己无能。尽量地低调，不要沾沾自喜，也不要咄咄逼人，要向老子学习。因为，争到也罢，抢来也罢，都很快就会过去。

不过，我年轻的时候，不明白这个道理，老和别人辩论，总想战胜对方。后来才发现，很多我战胜的人，都会仇恨我。只有一个朋友非常好，他不跟我辩论，每次都说好。他是我最好的朋友。但是有一天，我听到他在别人面前说，开红那家伙，就爱吹牛。我才知道，他心里其实并不认可我。很有意思，所有跟我辩论的人都反感我，不反感我的人，也以为我在吹牛。可见，锋芒毕露的确不是好事。

做事也跟说话一样，不要太满，凡事都要留有余地，不要走极端。尤其和朋友交往时，话不要说得太绝，永远都要留一分余地，不要走极端，不要动不动就跟别人绝交。不要老是把话说得伤到人家骨髓里去。老子在这方面非常有智慧，他很懂与人相处的分寸。

在《道德经》中，老子特别注重的就是分寸，要适可而止。过犹不及，过度等于达不到。比如，我取一件东西的时候，这样的距离刚好，过了也取不到，不够也取不到。做事也要这样，要恰到好处。

叁 雕栏玉砌今何在？

金玉满堂，莫之能守；

很多朋友希望我修一个雪漠书院，我自己一直在纠结。为什么纠结呢？因为，秦始皇的阿房宫号称覆压三百余里，今天何在？《金刚经》中写的祇树给孤独园，当时非常豪华壮美，但几年前，我们去印度的时候，那里只剩下一个砖头砌成的遗址，据说还是后来才修的。实际上，当年的一切都消失了。

所以，修多好的建筑，也留不下去，但没有也不行。要是没有祇树给孤独园，要是释迦牟尼没个讲经的地方，也就没《金刚经》了，也没有后来的很多事。

“金玉满堂，莫之能守”就是这样，有多少财富都一样，最后都留不住。

只有在流通的时候，金钱才有价值，把它放在家里，它就没有价值，只是个数字。而且，很少有人能保全财富超过三代。往往是第一代艰苦创业，第二代也许还能守一下，第三代就开始败家。所以，我们老说“富不过三代”。在中国的历史上，有多少家族能像范仲淹家族那样，发达了近千年？很少。据说曾国藩的后代也很发达，孔子的后代可能也很好，但总的来说，是“富不过三代”。

我经常讲一个左宗棠建屋子的故事。左宗棠非常能干，为国家做出了很大的贡献，当官时也积累了一笔财富。告老还乡之后，他觉得不能把钱留给子孙，怕子孙会挥霍掉，就买了最好的木头，想修一院房子，他认为房子能留下去。因为他买的木头很珍贵，他怕木匠会偷木头，就老去监工。有一天，有个木匠就笑着对他说，左大人，我修了几十年房子，还没见过任何一院房子倒掉，反倒见那些房子老是换主人。左宗棠当时就面红耳赤，再也不去监工了。到了今天，这个房子还属不属于左家？打土豪分田地时，那房子会不会给分了？曾国藩的故居现在也成了国家的，它不再是曾家的。所以，“金玉满堂，莫之能守”。

西方倒是有百年家族、百年企业。去年，我去美国采访，就听说了一个杜邦家族，这个家族有两百多年历史，至今仍非常兴盛。很有意思的，他们一百多年前曾买下一个公园，捐给国家，一直对外开放。那个公园非常大，里面种满了各种植物，听说杜邦家族之所以把它买下来，是因为心疼里面的百年老树，不希望它们被砍伐。结果一百多年后，他们自己也成为百年家族，经久不衰。

其实，西方曾经也是“富不过三代”的，它们过去没有百年企业。后来为什么有了呢？因为很多企业请来了一些学者，专门研究“富不过三代”的原因。他们得出的结论有两点：第一，要有自己的文化——企业要有自己的企业文化，家族要有自己的家族文化；第二，要把积累的财富更快地回报给社会。很多人照着这几条去做，就出现了百年企业。

所以，“金玉满堂，莫之能守”，你要想延续什么东西，就要播种，让它开花结果，让它有留下去的理由。

《红楼梦》就是一个很好的例子。大家都知道，它写了一个从兴盛走向没落的家族。里面有一首歌是这样唱的："世人都晓神仙好，唯有功名忘不了。古今将相在何方？荒冢一堆草没了。"为什么那么多有条件修道的人都没有修道？因为他们放不下功利。唐太宗也想长生，于是叫道士炼丹，但他们不知道修道最好还是自己修，别人修轻松不了你的心，别人修也消解不了你的欲望。他们如果放不下江山权势美人，想要成道，是没有可能的。到了最后，谁不是一个孤坟堆？当年那么多掌握生杀大权的人物，今天大家还记得多少呢？

在《红楼梦》中，甄士隐专门解释了这首歌，他说："陋室空堂，当年笏满床；衰草枯杨，曾为歌舞场。"这个空空荡荡、贫瘠荒凉、充满臭味的屋子里，曾经堆满官员们上朝用的笏板——意思是这里出过多少大官呀——现在官也没了，人也没了，权也没了，只剩下空荡荡的房子。那个地方看起来萧瑟不堪，也曾是热闹无比的歌舞场。"蛛丝儿结满雕梁"，那些雕龙画凤的屋梁曾经多么华美，如今早结满蛛网了，说明这个家庭曾经富贵，但已经没落了。"绿纱今又在蓬窗上"，那个破屋子的窗子上，又开始蒙上绿纱了，说明这家人又开始发达了。

"说什么脂正浓，粉正香，如何两鬓又成霜"，别夸你的脂粉香浓了，你看你头发都白了。在座的女士也是这样，有些人上次见面还很年轻，现在，已经出现眼袋和皱纹了。当然，当我从别人脸上看到皱纹的时候，就知道自己也老了。

"昨日黄土陇头掩白骨，今宵红绡帐底卧鸳鸯"，昨天刚刚埋了老公或是老婆，今天又跟别人睡到一起去了。感情就是这样，一切都在变化，不能长久。

"金满箱，银满箱，转眼乞丐人皆谤"，前不久还家财万贯，转眼间就沦为乞丐，被人看不起了。

“正叹他人命不长，哪知自己归来丧”，正在感叹别人死得太早，结果自己不久之后也死了。

“训有方，保不定日后做强梁”，满指望给儿子最好的教育，让他将来有出息，但谁知道他将来会不会变成小偷强盗呢?

“择膏粱，谁承望流落在烟花巷”，这就是薛宝钗的命运，本想进宫做秀女、做皇帝的老婆，当贵妃，实在不行，当个贾二奶奶也可以，谁知道最后被卖到烟花巷了。

“因嫌纱帽小，致使枷锁扛”，嫌官位太小，想换个大的，结果反而进了大牢。

“昨怜破袄寒，今嫌紫蟒长”，过去嫌自己太穷了，现在有钱了，紫蟒都嫌长。

“乱哄哄，你方唱罢我登场，反认他乡是故乡”，天地间一片喧嚣，你的戏才落幕，又到我上场了。

“甚荒唐，到头来，都是为他人做嫁衣裳”，多么荒唐啊，我们所做的一切，都不过是给别人做嫁衣裳而已。很多人活着时积累了那么多财富，都成了老婆的嫁妆，将来很可能会跟着她，嫁给另一个男人。

肆 财富买不来生死

富贵而骄，自遗其咎。

在凉州，人死的时候，必须请个道人给他念经，比如《指路经》。道人就站在亡灵面前唱道："金乌西坠，玉兔东升，暑往寒来。释迦佛治天治地，李老君炼药烧丹，也没躲过无常。诸葛武侯神机妙算，也没躲过五丈原前。石崇富可敌国，帝王满库金银，也买不下生死二字……来者不知谁是你，去者不知你是谁……典上亡灵三杯酒，脱出南柯一梦中。"

这段经文里面提到了石崇，很多人都知道石崇，他是中国历史上很有名的大富豪，他的生活非常奢靡，家里厕所非常豪华，有十多位漂亮丫鬟伺候着，客人如厕之后，她们又是撒沉香粉，又是给客人挂香囊，还会给客人准备新衣服，上完厕所，客人也焕然一新了，穿来的旧衣服也扔了。

这个石崇很喜欢跟别人比富，跟他比富的人中有个叫王恺的，是晋武帝的舅舅，也非常有钱。王恺家里洗锅用饴糖水，石崇就用蜡当柴烧。因为蜡在古代非常贵，跟现在的蜡价值完全不一样。王恺用紫丝布（一种丝织品）做了四十里布障，放在家门通往外面的路上，石崇就用绫罗绸缎做了五十里布障，炫耀完就扔了。王恺实在气不过，就请晋武帝帮忙，晋武帝就赐给他一株两尺多高的珊瑚树。他以为石崇这次肯定比不过自己了，就炫耀给石崇看，结果石崇拿了个铁如意，“啪啪”几下就把珊瑚树给打碎了。王恺气极了，石崇就说，不要紧，我赔给你，然后带他到自己藏宝的地方。王恺一看，发现他的珊瑚树中光是三四尺的就有很多，自己的那种就更多了。

石崇为什么会这么有钱呢？因为他当过荆州刺史，相当于今天地级市的市长，他当刺史的时候，曾经带兵抢劫来往商客，才积累了大量财富。但他五十一岁就死了，因为，有人看中了他的宠妾绿珠。绿珠是他用十斛珍珠买来的女人，斛是很大的容器，十斛珍珠非常多。这个绿珠可能是世界上最贵的女人了，非常漂亮，人见人爱。后来连赵王身边的红人也看上了绿珠，但石崇怎么都不肯给，结果那人就用计把石崇给杀了。临死的时候，石崇大声说道，我知道你们是看上了我的财富。害他的人就说，你既然知道，为什么不先把财富散掉呢？然后就一刀把他的头给砍了。不过，那个叫绿珠的女人非常好，她知道石崇为自己惹来杀身之祸时，立刻就跳楼自杀了。

石崇的故事是真实的，历史上确实发生过这样的故事，这个人富可敌国，但最终的结局非常惨。所以，就算连皇帝都没他富有，又有什么用呢？他依然买不下生死二字。我们的那点财富就更不用说了。财富这个东西，太多也没什么用，随缘，够用就行了。

“富贵而骄，自遗其咎”。如果仗着自己有钱，就沾沾自喜，刻意炫耀，甚至欺负别人，侮辱别人，挑衅别人，迟早会给自己招来无穷的祸患。

这样的故事太多了，如果一个人有一块很好的宝玉，还把它挂在脖子上，大摇大摆地在街上走，就有可能送命。为什么？因为宝玉会勾起很多人的贪心，引人犯罪。

凉州发生过一个血案，有个农民被杀了。他为什么被杀呢？因为他那天刚好卖了猪，收了几百块钱，就随手放在家里，被他的亲戚看到了，就把他给杀了，把钱给夺了。就为这么几百块钱，他就把命给送了。所以，凉州那边是财不外露的。不管他多有钱，都会说："我没钱。"这一点跟很多地方不一样。广州这边是没钱都要装得有钱，生怕别人看不起他。如果大家都装得有钱，就不要紧。但凉州人要是知道你有钱，就会向你借钱——当然，不仅凉州，很多地方都这样，我有个学生在北京工作，工资很高，前几天他跟我发牢骚，说他这个亲戚借了他几百万，那个亲戚又借了他几十万，很多亲戚还在借，这让他非常苦恼，但又不好明说，这就是钱带来的巨大的麻烦和烦恼。如果这个人不但很有钱，为人还很骄横的话，他就会招致祸患。

不要过于聚敛财富，聚敛财富无益于修道，更不要富贵而骄，要富而好礼。孔子说，如果能轻易地富贵的话，那么要我给别人赶马车我也愿意；但是，如果让我做一些不道德的事情，得到富贵，那么我宁愿贫穷。孔夫子是对的。富贵本身没有错，但君子爱财取之有道，做事要合乎道理，不要失道。即使富贵了，也要低调一些，在生命能够控制的时候，把财富尽量用在利他的事情上面。

伍 「退」的智慧

功成名遂身退，天之道。

前面老子说过，建立了功勋但不居功，那么功德就仍然属于你。如果你居功自傲，那么你不但会丧失功德，还会招来祸患。比如文种、韩信等人。其实，不管是战功，还是什么功，包括修道，都不能傲慢，不能觉得自己有多了不起。你一旦觉得自己很了不起，就容易惹祸。

所以，老子又说，“功成名遂身退，天之道。”当你得到成功、有了名气之后，要懂得身退。所谓的身退，不是让你不再积极进取，而是让你不要虚荣心膨胀，要懂得退一步，退一步海阔天空。

曾国藩家有一间屋子叫“求阙斋”，他在家书中写道：“兄尝观《易》之道，察盈虚消息之理，而知人不可无缺陷也。日中则昃，月盈则亏，天有孤虚，地阙东南，未有常全而不阙者。……众人常缺，而一人常全，天道屈伸之故，岂若是不公乎？今吾家椿萱重庆，兄弟无故，京师无比美者，亦可谓至万全者矣。故兄但求阙陷，名所居曰求阙斋。盖求缺于他事，而求全于堂上。”后来还专门写了一篇文章，题为《求阙斋记》：“国藩读《易》至《临》，而喟然叹曰：……天地之气，阳至矣，则退而生阴；阴至矣，则进而生阳。一损一益者，自然之理也。”“物生而有嗜欲，好盈而忘阙……若国藩者，无为无猷，而多罹多咎，而或锡之福，所谓不称其服者欤？于是名其所居曰“求阙斋”。凡外至之荣、耳目百体之嗜，皆使留其阙陷。”意思是做人不要追求圆满，宁可留一点缺憾。

在中国历史上，凡是知道这道理的，最后都功成名就、得到善终了；不知道这一点，过于追求完美，不晓得进退之道的，大多都不能善终。

在处世方面，就是不要居功贪位，不要觉得天下离了自己不行。

尤其在生活之中，不要老是把对别人的好挂在嘴上，不要老是觉得我为你做过什么，永远不要这样。不要老是觉得自己是别人的恩人，反而永远都要觉得别人给了你机会。要永远低调，永远觉着自己应该做什么。当别人给了你帮助他的机会时，要从心底里感激他，感谢这个机会。所以，许多时候，很多人的东西，我都接受，也包括他的好心情。

修行做事的时候不要着急。我常说，我们又不急着去死，为啥要走极端，不爱护自己的身体呢？做人做事都要走中道。“锐必折”，过于尖锐，必然会折断，许多时候，迟钝一点，活泛一点，宽容一点，会更好。

尤其在修道、炼丹的时候，是特别注重火候的。当你练到极致的时候，你的生命中会出现一种很强烈的能量，它类似于神通、特异功能。这时，其实就有点太满了，你要懂得退，也要明白，造成这种现象最重要的原因，就是你的感性走向极端了。那么，就退一退，缓一缓，不要着急，不要过于追求一些功能。尤其在炼内丹的时候，一定要掌握火候，不够不行，过犹不及。一过，聚起来的气就散掉了。

这里也是老子指出的一个修道窍诀。所以，不管你修武火还是文火，还是其他，都要特别注重养练结合。所谓的养，就是在日常生活中保任，就像你盖住了火星，但开水仍然是热的。这时，你要把学到的知识用上，得到了智慧也要用上。不管你得到了什么智慧，都要用于生活。不要着急地、囫囵吞枣地吞下太多的东西，而要以用为主。学一点，用一点，慢慢地，从从容容地过生活，从从容容地修道，从从容容地锻炼。

我爱打太极拳。有人就问我，这样打，有没有什么意义？我说没有意义。他又问我，那您为什么要打呢？我说，因为我活着啊，我既然活着，总得做些事情。

我告诉大家，太极拳真要起作用，一定要天天打，打上一辈子。只要有二十一天不打，你就等于没有打过。锻炼身体也是这样。所以你刚开始非常精进，过于折磨身体地去练，其实意义不大。“揣而锐之，不可长保”，要慢慢地，从容地，像树木成长、小孩子长大那样，做你该做的事情，不要着急，永远不要着急，修道是这样，调心也是这样。慢慢地，从容地在日常生活中长大，体悟你学到的知识。

要知道，智慧的本质，其实是一种生活方式，修道、成就也是生活方式。把你的智慧和慈悲用在生活中，用于社会，用于利他，就是成就。没有利他的行为，就没有智慧和慈悲，也没有成就。你也许觉得你有很好的觉受，但人们根本不在乎你内心那些神神道道的东西，他在乎的，永远是你为这个社会、为别人做了什么。

所以，这一章的内容很有意思，希望大家能记住它，能在生活中用起来。无论做什么，都不要太急了。

今天，有个朋友跟我说了他的一些近况，我对他说，活着就好活着就好。他又说，他公司最近在准备做什么什么事情。我说，活着就好活着就好。一切都不要着急，既然我们不急着去死，为啥不像老子那样，慢慢地、好好地、明白地、快乐地、清凉地、从容地活着呢？

这就是《道德经》给我们带来的一种启发。我们不要学历史上那些功成身败的人，要学历史上那些功成身退的人。必要时，积极地做事，然后后退一步，把更大的空间让给别人。

第十章

圣人修炼的三部曲

【原文】

载营魄抱一，能无离乎？专气致柔，能如婴儿乎？涤除玄览，能无疵乎？爱民治国，能无为乎？天门开阖，能无雌乎？明白四达，能无知乎？生之，畜之，生而不有，为而不恃，长而不宰，是谓玄德。

壹 主宰精神和思维的三魂

载营魄抱一，能无离乎？

这一章讲的是三魂。

老子之前，不知道有没有魂魄之说；但自从老子说过之后，中国文化中就出现了很多这样的说法，比如民族之魂，强健我们的体魄等。这些说法很可能是对的。

“载营魄抱一”，关于“载”，历史上有很多种说法。有一种说法认为“载”是副词，相当于语气助词，比如夫的用法。但我认为，“载”是承载的意思，老子的意思是，人体本身就承载了两种东西：营和魄。

“营魄抱一”，就是营和魄相合为一。

“营”是什么？一种说法认为营是穴，中医就有营穴之说；另一种说法认为营是气，气的运行就叫营。但我觉得不是这样。后面所有的内容都跟精神有关，所以，营魄的营更像是魂、灵魂的魂。因为魂代表精神，魄则代表形体的力量。当然，它们的本质都是精神，但主宰的对象不一样：魂主宰思维和精神，魄主宰肉体和形体。

营为魂，“载营魄抱一”就是承载了魂和魄的东西要合二为一，也就是精神和肉体要合二为一。转化为道家的修炼，就是性命双修，身心合一。道家修炼注重性命双修，只是因为修性和修命的先后有不同，才形成了不同的流派。但无论哪个流派，对魂和魄都非常重视。佛家也很重视魂魄，佛道两家在魂魄的修炼上有很多相似之处，尤其是藏传佛教，两者的本质，都是调动生命本有的力量，重新塑造一个自己。

在西部的民间传说里，人有三魂七魄，也就是三个灵魂，七个魄。其中的三魂，指的是天魂、地魂和人魂。

天魂是先天就有的。人活着的时候，三魂俱足，人一死，三魂就会分离。天魂到哪里去呢？据说会上天。我们所说的“在天之灵”，指的就是天魂。天魂与谁有缘，就会到谁那儿去。我们修炼中称之为眷属。比如，你信仰基督教，跟上帝有缘，你死的时候就真的会见到上帝；你信仰伊斯兰教，跟真主有缘，你死的时候就真的会见到真主。这就是天魂。它是人本有的、法界本有的、来自大自然的一种信息场、信息体，它是一种功能性的存在。

第二个是地魂。我们常说，人要是做坏事，死后就会到阴曹地府这就是地魂。每个人生前做过什么事，都会在生命中留下记忆，善有善报，恶有恶报，人一死，三魂分离，天魂上天，地魂受报——如果他做了很多恶事，他的地魂就会堕入阴曹地府，在那里接受果报。阴曹地府，就是所谓的十八层地狱。

还有就是人魂。人魂就是我们所说的中阴身。人死之后，人魂仍然会游荡在住过的地方，游荡于自己的墓地，游荡于生前熟悉的一些地方。

关于天魂、地魂、人魂，有很多种说法。

有关于三身成就的：如果天魂修得很好，就可以成就法身，可以做到天人合一；地魂有受报、承载的功能，所以地魂如果修得好，就容易修成报身；人魂如果修得好，就容易修成化身。这种说法可能有它的道理。

也有关于身体健康的：天魂若有毛病，人就会痴呆；地魂若有毛病，人就会发疯，神经就会错乱，不知道羞耻，容易有乱伦之行；人魂若有毛病，人就容易生病。

还有关于位置的：三魂对应三个丹田，分布在顶轮、心轮和脐轮。其中，天魂对应顶轮的上丹田，也就是眉间往里，泥丸宫、松果体的所在，那也是元神的所在；两乳中间往里——心轮的位置，也就是中丹田，为地魂的所在；下丹田则为人魂所在。但还有一种说法，认为魄在肺部，魂在肝区。

另外，还有说法认为魂魄都叫神，人的身体就是神灵的宫殿。每个人的肉体之中，都住着属于自己的神灵。我看过一些古书，里面写到人发怒时，就说“三尸神暴跳”“七窍内生烟”。

在传统文化的说法中，这些神都有自己的职能，它们代表了人的神经系统。晚上休息的神叫魂，晚上继续工作的神叫魄。这种说法所认为的三魂，是胎光、爽灵和幽精。胎光为主神，胎光丢了时，人虽然能吃能喝，但不具备思考能力，基本上是行尸走肉；第二魂就是爽灵，它代表智力、反应能力、侦查力、判断力、逻辑能力等等，所谓弱智症患者，大多是爽灵出了问题，有些人没有痛感、无法感知疼痛，也跟爽灵有一定关系；第三魂叫幽精，它决定了一个人的性取向和生育能力，也会决定你喜欢什么样的人，同性恋就是幽精出现了变异。

也有说法认为，魂分为元神、阴神和阳神。元神来自大自然本体，阳神来自父亲的信息场，阴神则来自母亲的信息场。所以，道教的修炼，许多时候是跟父母结合在一起的。比如，严新气功中，修到最后就要观想父亲母亲。密乘的修炼之中，也有类似的内容，比如金刚法中就有佛父佛母，其中佛父是男性本尊，佛母是女性本尊。这种观想很有意思。

实际上，中国古代的医学教育之中，就非常重视灵性的训练。很多中医都有真功夫，比如扁鹊。扁鹊的特异功能很好。有一天，他去见蔡桓公，站了一会儿就看出蔡桓公生病了，但病只在皮肤，他马上提醒蔡桓公，您要治病了，不然病情恐怕会加重。蔡桓公不以为然，扁鹊走后，他还跟旁人说，扁鹊把没病当成有病来治，肯定是卖弄医术。十天后，扁鹊又来见蔡桓公，他又告诉蔡桓公，您要赶紧治了，病已进入肌肉了，如果还不治，肯定会加重的。蔡桓公一听很不高兴。又过了十天，扁鹊再来见蔡桓公，他又提醒蔡桓公，您的病已进入肠胃了，再不治会继续加重的。蔡桓公仍然很不高兴。再过了十天，扁鹊见到蔡桓公时，也不说话，掉头就走了。蔡桓公觉得很奇怪，就叫人去问他。扁鹊说，病在皮肤层，用药热敷就能治好；病在肌肉层，针刺也能治好；病入肠胃，还可用汤药来治；但是，到了这会儿，桓公的病已进入骨髓了，骨髓主生死，病入骨髓就无药可治了。后来，蔡桓公果然不治身亡。

《黄帝内经》中，也有类似内容。过去的中医还有一些更高境界的训练，可惜至今已经失传了。那种训练很像道术，它也是通过信息场起作用的。比如，肝为东方甲乙木，得了肝病，就观想青龙治病；心为南方丙丁火，得了心病，可观想朱雀治病；肾为北方壬癸水，得了肾病，就观想玄武治病；肺为西方庚酉金，得了肺病，就观想白虎治病。还有诸多的观修之法，但现在知道的人并不多，而且断了传承。这些方法，就算你知道，也可能觉得它是迷信。其实它不是迷信，在古代的中国，它属于文化的一种，相当于今天的医学，它甚至是一种常识性的东西。可惜，现代人不“迷信”老祖宗的文化，喜欢迷信科学，拒绝科学以外的世界，才造成了很多宝贵文化的失传，或者给它们的传承、挖掘、研究、发展制造了障碍。

贰 主宰身体的七魄

传统说法中，除了三魂，还有七魄。三魂主精神、思维，七魄主身体。我有过一种体验：没力气坐、没力气说话，甚至没力气睁眼，身上的力量不知跑到哪里去了。也许，这时正是某个魄掉了。

不过，魄虽然能控制身体，但也依附于身体。人死的时候，魄就会消失，也就是“魂飞魄散”——天魂上天、地魂受报 、七魄消散。

小时候，我们老家经常有人谈论这方面的事情，所以，我们对魄都很熟悉。过去，我经常采访一个神婆，她说她可以把人的魄拨下来，还告诉了我一些她的故事。后来，我写《大漠祭》时，就以她提供的素材为原型，塑造了一个齐神婆。在沙湾人的眼中，齐神婆是个神通广大的人物，很多人家里出事，或准备娶媳妇，就会请齐神婆帮忙，齐神婆便成了村里最有钱的人。

在那小说里，我写了一个情节：某个父亲怀疑自己的女儿克死儿子，就去找齐神婆，请齐神婆帮着禳解——本土宗教的说法，意思是做一场法事，把灾难化解掉——齐神婆跟这个男子闲聊时，就谈到了人的魄。

“……浑身淌黄水，唉呀，那个恶心劲儿，没一处好的地方，不还得求我？我收了个魄就好了。嘿，你猜，我咋着？我把他的魄给他拨了，一脚踩进刺丛里。不淌水？浑身不淌水才怪呢，还由他哩。还斗我呢……

……

“……还有个人……名字我不说……你可别告诉别人……在农业社时，把我挤到地里，欺负我。那个气呀，我也把他的魄给拨了下来，踢到斗坝里，用乱石头砸散。他当然不知道，回去就迷迷瞪瞪不清干，不到半年，死了。……”

……他却不敢对她有丝毫的不敬。因为他相信她说的事是真的。村里人也相信。他们甚至知道她“不说名字”的那人是谁。那人确实死了，不明不白。死前像没了魂，到处游荡，最后冻成个紫蛋蜷曲在斗坝底下了。谁都说是神婆惩罚了他。

……

“魂有三个。魄有七个。知道不？”神婆问。

“七个魄七种颜色。知道不？”神婆又问。

……

“红，橙，黄，绿，蓝，靛，紫，七种。在肩膀上。最爱掉的是红的，一惊一吓，它就掉了。掉在地上，像个人。谁的像谁。人就得病了。我收了不知多少个魄呀。救的命也像羊粪籽儿一样多了。没功劳，也有苦劳呀。”

这些都是老家的那位神婆告诉我的，后来，我也问过很多收魄、捡魄之类的人，他们的说法也差不多，应该有它的道理。但这种说法也被人们称为迷信。

西方有神学，西方人把神学当成哲学、科学来研究，还有科学家专门研究轮回、坐禅、灵魂等我们认为迷信的话题，这也跟那些国家普遍有信仰有关系，对他们来说，宗教就像科学，它是理所当然的存在。这有点像宗教对于西部老百姓。所以，西部老百姓谈起很多超自然现象，都像谈起日常琐事那么自然。

我小时候也经历过很多奇怪的事情，当我非常疲惫、疲乏的时候，妈妈就说我的魄掉了，然后叫魄，一叫上就好了。小时候，妈妈就经常给我叫魄。其中的一些细节，我写进了《白虎关》：

> 一个遥远的声音隐隐传来，很像小时候奶奶的叫魄。那时，每到她迷迷瞪瞪不清干时，奶奶就说她的魄掉了，就要给她叫魄。
>
> 奶奶的声音先从远处传来：
>
> “莹儿哎——，远处吓了近处来。”
>
> 一人就应：“来了。”
>
> “莹儿哎——，高处吓了低处来——。”
>
> “来了。”
>
> “莹儿哎——，热处吓了凉处来——。”
>
> “来了。”
>
> “莹儿哎——，饥处吓了饱处来——。”
>
> “来了。”
>
> “莹儿哎——，三魂七魄上身来——。”
>
> “来了。”

奶奶还会叫出许多诸如此类的内容。她会从相对遥远的地方，一直叫到厨房里，再拿个红布包着的瓷碗盛了面，一下下按她的前心后心双肩等处。按一阵，碗中就会出现个陷坑，奶奶就说，瞧，亏损大了，就再添些面，再喊再按，直到碗中的面完全平了时，才算完成了叫魄仪式。

那时，应声的多是妈。奶奶是不叫白福应声的，因为他很调皮，叫他应“来了”时，他会说“偏不来”。这样，就意味着这次叫魄失败了，得另选吉日重叫。

我们老家的叫魄仪式就是这样的。那时节，妈妈还会在我身上坠个红布条，然后吊一根线，中间绾上几个疙瘩，魄就会拽着这根绳子，进入我的身体。

有时，叫魄要请灶神爷帮忙。灶神爷是中国传统文化中很重要的一位神灵，我们家乡过去总要祭神、拜灶神。灶神的存在，让很多人对作恶有了一种恐惧，老觉得冥冥中有神灵在监督他，“举头三尺有神明”，就不敢轻易作恶。现在人人都不管了，说是迷信，人心上的那根底线，好像也给抽掉了。

实际上，不仅仅是道家，古代的中医也认可三魂七魄的说法，还认为三魂七魄都是有名字的，它们的名字特别奇怪，其含义也很有意思，据说分别待在七个脏器（如心、胃、肾、肠、胆、肝、肺）里，主宰着人体的某种功能：

吞贼魄，会在人睡觉时消除体内的异物（如细菌微生物等）、有害物质、虚邪贼风，它就是我们所说的免疫功能。吞贼魄越强，人的免疫能力越好。

尸狗魄，代表身体在睡眠中的预警能力，也就是睡觉时身体对周围环境的感知力。有些人睡觉时很警醒，周围一有风吹草动，他就会醒来，这就是尸狗魄很强的原因。

除秽魄，在人睡觉的时候，除去身体代谢产生的废物，把它们变成大小便，人醒来后便可排出体外。据说夜尿、尿床都是因为除秽魄很弱；相反，如果睡时香甜，睡醒后及时排出大小便，说明除秽魄强。

臭肺魄，控制呼吸系统，人睡着时同样要呼吸，呼与吸之间的停顿叫息。臭肺魄越强，息越长，肺活量越大，吐纳功能越完善。据说，人一生中的呼吸次数是固定的，所以人死了叫“气数已尽”。道家之所以提倡“绵绵若存”，也跟这种说法有关系。

雀阴魄，主生殖系统，控制夜晚生殖能力的恢复。

非毒魄，主心，负责在人睡觉时驱散体内淤积的邪气。

伏矢魄，负责在睡眠时分散身体中的毒素。

道家有一种很有趣的治病之法，就是跟这七种魄对话，哪个器官有问题，就跟负责这个器官的魄对话。沟通好了，病也就好了。听说效果很好。我在兰州的时候，就接触了一个修这种法的老太太，她很有意思，不修别的，专门修这个法，治好了病，我跟她学过此法。

也有说法认为，七魄是阿赖耶识所变现的七转识：尸狗也名天冲，即身识，对应顶轮；伏矢也称灵慧，即末那识，对应眉心轮；雀阴也称气，即舌识，对应喉轮；吞贼也称力，即耳识，对应心轮；非毒也称中枢，即眼识，对应脐轮；除秽也称精，即意识，对应生殖轮（即密轮）；臭肺也称英，即鼻识，对应海底轮。其中，天冲、灵慧主思想和智慧，气、力、中枢主行动，精、英主身体、主强健，而中枢魄又为七魄的中心，掌管中枢神经，跟人的命魂关系最是密切。

还有三种说法。其一认为，七魄为人身上的血。第一是眼睛的血，是涩的；第二是耳朵的血，冷且不易凝固；第三是鼻子的血，是咸的；第四是舌头的血，是甜的；第五是身体的血，热且容易凝固；第六第七魄为内脏之血，内脏之血又分两种———一是红内脏，即心脏、肺、肝等，是腥的；二是白内脏，是胃、大肠和小肠等，是臭的。

其二与德行挂钩，认为七魄是七种功能性力量：和魄，表平衡之力，主宰身体的平衡与和谐，身体的阴阳一旦出现失衡——如肝胃不和等——人就会得病；义魄，表生死之义，让你能正确地抉择生死；智魄，表智慧，是向往智慧、承载智慧的力量；德魄，表品行，决定你德行的力量；力魄，表力量，体魄最主要的就是力魄；气魄，表正义，让人有担当、有正义感的力量；恶魄，表邪恶，属于邪恶欲望的那部分力量。

其三认为，七魄主宰人的七情，包括喜、怒、哀、惧、恶、爱、欲。身体不好，就会影响情绪，情绪不好又会影响身体，身心是互动的。

七魄的说法，非常像藏传佛教的几种气，比如遍行气、上行气、下行气、等住气、持命气等等。

遍行气遍布整个身体，它形如阳光（即圆形），是绿色的。摄气方法是把双足、双手卷在一起，把头部放在两个膝盖中间，用鼻子吸气、憋气和放气。

上行气处于胸部和鼻孔，起呼吸、说话、唱歌、发音、发热等作用。它形如大伞，是黄色的。修上行气的方法是用手封住两个鼻孔，意念从顶轮出气，憋上行气时，从耳朵、眼睛、鼻子里也会流气。

下行气主要处于下半身，形如皮火筒，是青色的，它管的是大小便、放屁和明点的吸舍等等。

等住气位于脐部、腹部，形如八福法轮，血红色，管的是增长热气、食物消化、补足阳气等等。拙火气就是通过等住气修的。摄气方法是两足盘腿，两手定结，面向大海、背靠岩石（观想即可），使劲呼吸憋气。

持命气处于胸部、心间，有使人长寿、消除寿障的作用，形如白玻璃的如意宝。修持命气的方法是心放松，身体放松，不呼吸，不思考，一动不动地坐着，即释放情绪、释放心情。

道家和密乘最相似的，就是既重智慧又重身体，且两者都久经验证，早已形成了完整的体系，很像我们熟悉的科学实验。现在，社会上有很多瑜伽，其实都是从类似的修道方法中演变而来的。只是，他们省去了最不该省的部分——信仰和智慧，只专注于身体的专修，就像道人不修道，不重视道，却专注于道术和长生一样，是很大的浪费。但很多人接受这些“残缺”的瑜伽，却不接受真正的、身心皆修、改心造命的瑜伽，让人很是可惜。

最可惜的是，中国文化里有那么多宝贝，简直就像是一个深邃的大海，很多人却迷信西方——当然，我不是说西方不好，而是说不仅仅是西方好，咱们东方也很好——遗忘了老祖宗的宝贝。

你想想看，现代人一方面有严重的精神困惑，生活在无法排解的烦恼和焦虑之中，让身心都受到了影响，但老祖宗留下的宝藏就在自己身边，就在自己的生命中，他们却一点都不知道。反而因为对外在的追求，把心弄得越来越浮躁，用饮鸩止渴的方式来让自己快乐，这能管用吗？很多人认为，自己不快乐是因为环境，但为什么有些生活在战火里的孩子，他们连一顿饱饭都吃不上、连一件新衣服都没有，还想给整条街的小伙伴们带来幸福、实现温饱呢？因为利他，他们生活得很快乐。

看不见的魂魄、精魂，实在比看得见的东西重要太多了。范蠡和文种处在相似的环境、有相似的能力，但他们是截然不同的两种命运。为什么？因为，他们在灵魂境界上有区别。所以，中国文化之中，有太多我们不该忘掉、却早已忘掉的宝贝了。

叁 修气至柔，成就婴儿之身

专气致柔，能如婴儿乎？

前面讲了魂魄合一的重要，接下来老子就告诉你，如何让魂魄合一？

“专气”就是聚气、修气，专一地修气，这是道家专门的东西。道家的功历来被称为气功，就与这有关。《黄帝内经》中也说：“恬淡虚无，真气从之。”在整个中国文化之中，气都非常重要。人说气场好，他的气色很好，这个城市气象很好，这个人有大气象、气魄很大，指的都是“气”。

中国的儒家也一直强调气，比如孟子的“养吾浩然之气”。炼成浩然之气后会怎么样？会“富贵不能淫，贫贱不能移，威武不能屈”。富贵引诱不了我，贫贱奈何不了我，威武和暴力也不能让我屈服。能做到这样，也很了不起。所以，中国儒家的养气功也很好，有机缘我也会讲一下。

“专气致柔”，就是专一地修气，让气凝聚起来，让精神和肉体都变得非常柔软。

“能如婴儿乎”，能柔软得像婴儿一样吗？婴儿一般指孩子，但一定是那些天真烂漫的孩子，不是被父母、社会、网络熏得过分早熟、实惠的孩子。婴儿是像我的小孙女陈清如那样的孩子，纯净得像是水晶，没有欲望，没有机心，我们称之为无心无欲。没有分别，心非常地柔软、柔顺，肢体也很柔软。修道人如果能达到这个境界，就修成了。但一定要注意，既要像婴儿那样无知无欲，也要有出世的智慧。没有智慧，就不是得道者。所以，不要把自己修得像婴儿、像小动物一样愚痴，像他们那么纯朴就够了。

当你气沉丹田，观想丹田，持久专一地修炼时，到了一定程度，你的下丹田就会慢慢形成一个巨大的能量团，我们称之为内丹。炼成内丹之后，人的身体会慢慢变得很好。如果经过特殊的训练，大概十个月后，你的下丹田聚气聚到一定程度，你还会怀上“婴儿”，但他不是肉体的婴儿，而是气体形成的婴儿。你继续专注地观修，婴儿就会渐渐长大。然后，你再通过特殊的训练，婴儿就会慢慢从你头顶上钻出去，我们叫出窍。这时，你就可以看到自己。“他”就是你的身外之身。

在中国道家的修炼中，想做到这一点并不难。虽然大家老是觉得羽化成仙像是神话，但经过百日筑基，经过十月怀胎，经过严格的修炼，有真正的传承、有明师的指点、知道火候，你就可以孕育出一个这样的“婴儿”。再经过三年的“哺乳期”，这个孩子就会慢慢长大，出窍。有些人这时就会扔掉肉体，依托这个身子住世，它就叫阳神。

历史上很多人都练成了这种功夫，道藏、道书中记载了很多。道家有很好的方法，它似乎超越了现在的生命科学，千年前就达到另一种境界了。借助身体本有的精气神，培养出另一个比肉体更长久的身子，这个身子能超越世俗的很多概念，比如时间、空间、重量等。道家没有生命科学的概念，也不会说自己是物理学，但实质上，它就是很多种科学的妙用。佛陀发现了诸多的妙用，证悟成佛，创立了佛教；老子也集合了前人的妙用，证得了道体，促成了中国道家的形成。西方把哲学归入科学一列，其实宗教修炼也完全应该归入科学，它只是进入了一个神秘的、超前的领域而已。就像外星人也不神奇，他们只是掌握了比我们更发达的科技，进化水平也远远超越了我们而已。也许，在他们的历史中，也有过人类形态的存在，我们相当于他们的始祖了。

有个设计师想用一块木板做出躺椅、餐桌、架子，甚至偌大的、多功能的天花板，人们都觉得他是天马行空，在痴人说梦，但不久之后，他真的证实了自己的梦想。他用一块木板告诉人们，当你接受未知的存在，接受世界、宇宙间无穷的可能性时，你的生活也许会更加精彩，充满令你惊喜的意外。

道教也是一种精彩：人们认为神仙只生活在神话中，神话时代仅仅是神话时代，它并不存在；七仙女的故事也是编出来的；所有我们童年时当真的故事，都是假的；高高的天空上也没有另一个神奇世界……但道教告诉你，不，世界上有很多很多的神奇。很多人们认为纯属虚构的东西，可能只是一种超前的科学。例如，得道者不用金属仪器，也能调动自然之力，也可以调动生命本有之力。佛教也一样。很多宗教都以自己的方式，进入了一个超前的领域。超越我们可以看见的这个世界，超越二维，超越三维，超越四维，进入不可思议之境。……人类世界充满了秘密。每一个秘密的产生，都预示着一种新的可能。在道家的话语体系中，这称为道；在佛家的话语体系中，这就叫空性。物质和元素有无数种组合的可能性，不同的条件相合也会发生不同的结果。所以，世界上永远不会有两片相同的叶子，不会有两条相同的河，人无法两次踏入同一条河流。

还有铁拐李。传说中的他不是瘸子，是个四肢健全的人。但有一天，他修出阳神了，就想借助阳神去见他师父。于是，铁拐李安排弟子看好他的身子，不要叫动物吃掉了，七天之后，如果他还没回来，再把它烧掉。到了第六天，弟子家中出事了，有人叫他回家，他不肯，说要守着师父的身子，第七天过后才能自由行动。别人就告诉他，你还等啥啊，这不都第六天了吗？你师父肯定死了，还是把那身子烧了吧，赶紧跟我回家办事去！那弟子一想，觉得也对，就把铁拐李的身子给烧了。结果铁拐李的阳神回来了，承载阳神的身子却没了。怎么办呢？刚好路边有个瘸腿乞丐，他就附在了乞丐的身上。于是，世上就没了李玄，却多了个铁拐李。这就是八洞神仙的故事之一。

所以，“婴儿”不仅仅是一种象征，它也是道人修出的阳神。

前面说过，道家的阳神很像密乘的幻身，但幻身跟阳神还不一样。在密乘的修炼之中，幻身叫空乐之身。如法修炼到一定程度，比如按照香巴噶举的拙火、幻身修法，修到一定程度，就会出现幻身。它跟阳神的区别在于，它必须与光明心双运，然后升华为终极的金刚幻身。这时，它就是无为法了，是以无为心和大手印为基础的。道教的阳神还是有为法。

肆

有慧故能看清，无执故能包容

涤除玄览，能无疵乎？爱民治国，能无为乎？天门开阖，能无雌乎？明白四达，能无知乎？

当你的身心像婴儿一样柔软，就要开始“涤除”。

什么是“涤除”呢？“涤”相当于洗衣服的洗。洗什么东西？洗去心灵的污垢，比如贪婪、仇恨、愚昧、傲慢、嫉妒，这些烦恼都是心灵的毒素，我们称之为五毒，都是需要清除的。

“除”是清除。清除什么？清除身心的杂质。清除心的杂质，叫修心；清除身的杂质，叫脱胎换骨。练气之法、打太极拳、五禽戏，包括易筋经，都是在清除身体的杂质，让身体恢复健康。

“涤除”完成之后，会出现“玄览”。“玄览”的“览”是“鉴”的意思，也就是镜子。除掉杂质之后，心就成了非常神秘的镜子。这时，道家文化和佛家文化神秘地沟通了。如果清除了所有的心灵杂质，让心灵变得像是明镜一样，就会出现一种智慧，叫大圆镜智。心像镜子，照出世界上的一切，但镜子本身却如如不动。物来则应，物去不留。你去照镜子，镜子就照出你的样子；你想走开，镜子也不会留住你，镜面上更不会留下任何痕迹。

训练到一定的程度，你就没有烦恼了。老是觉得只过了一瞬间，实际上却过去很久了。我经常讲一个故事：我想请《甘报》的一个记者吃饭，那个记者也答应了，但是当我联系她的时候，她却对我说，你是六年前约的我，我一直等你请我吃饭，怎么等都等不到，现在，我人都在美国了，你才来请我。她也许觉得等了很久，但对我来说，也仅仅是一瞬而已。

我时不时就会出现这种情况。如果你看过《一个人的西部》，就会发现我有很多有趣的故事。比如，人家来找我，我上个厕所就忘了，还到外面看书去了，第二天想起来，想跟人家道歉，结果一转眼又忘了，到我真的跟他道歉时，已是几天后的事情了。我还会经常忘记家里报平安，一下好多天都没有音信，老婆就非常生气。其实我心里没有那个概念，始终在应对眼前的事，做当下的事，就把一些事情给忽略了。有一年，有个朋友给我寄来两瓶子黄豆，当我记起要吃的时候，已经吃不成了，只能喂老鼠，因为过去好几年了。我最喜欢吃黄豆，但还是忘掉了，因为心里不牵挂。

因为我训练自己“境来则应，境去不留”，所以我不记东西。奇怪的是，虽然我不记得，但用得着它时，它又会自己冒出来。就像电脑一样，你双击一下文件夹，它就开了，里面的东西自然会展示在你眼前；如果不点鼠标、打开它的话，就不知道里面有啥。

“玄览”就是扫除一切的污垢，让心拥有明镜般的智慧。

“能无疵乎”，能没有一点瑕疵吗？能。擦掉一切污垢，就没有瑕疵、非常圆满了。做到这一点，修道就成功了。

“爱民治国，能无为乎？”老子时不时就会谈到治国的话题，他虽然退到了人找不到他的地方，但没忘老百姓。他希望治理国家的是圣人，而不是愚人或小人。当然，圣人不一定要当政治家，但要始终想着国家，天下兴亡，匹夫有责。就是说每个老百姓都有这个义务，都应该这么做，都应该有这样的德行和见识。就像曹刿，他去帮鲁庄公迎战齐国时，根本就没想过要得到什么，只是觉得当朝者不能深谋远虑，就想帮着出出主意。还有范蠡们，他们立了大功，然后转身就走，什么都不求，也是想为国家做点事，事做到了，人也可以走了，没什么甘不甘心的。这就是圣人。没有圣人的智慧，做不到这么伟大的事情。

“能无为乎”，就是能不瞎折腾吗？你记住，“无为”不是什么都不做，而是要在爱民治国的同时，做到顺其自然。你能不能做到这一点呢？能不能不要瞎折腾？老子老说，“治大国，如烹小鲜”，治大国和炒小鱼是一个道理，不要乱翻，翻多了就弄得一塌糊涂了。要小心地、轻轻地翻动它，也就是顺其自然，不要急躁，不要急功近利。

前面说过“文景之治”，汉文帝和汉景帝就是这样，他们让老百姓休养生息，不瞎折腾，所以老百姓就过得相对幸福。相反，如果一国之君喜欢折腾老百姓，动不动就建个阿房宫、秦始皇陵什么的，社会肯定会怨声载道，不会安定。历朝历代都是如此。

“天门开阖，能无雌乎”，天门有很多种说法。第一种说法认为，“天”是大自然，“天门”就是人与大自然交流的窗口：眼耳鼻舌身意。眼睛看到景物，天门就开了；耳朵听到声音，天门也开了；嘴巴说话，和外界沟通，天门同样开了……那么，当这些天门开启的时候，“能无雌乎”？

“雌”代表柔顺的、母亲一样的爱。老子经常用到这个字，他想要强调的是母性的力量——不但柔顺，而且能包容一切。它是大爱的力量，而不是暴力的力量。这就叫“雌”。所以，有人觉得，应该把“能无雌乎”改为“能为雌乎”，我觉得不是。因为这里的“无”如果理解为“无为”，就对了，整句的意思就是：当你用眼耳鼻舌身意面对世界，接受世界的一切信息时，你能不能既有无为之心，又有柔软之意呢？老子的意思是，既要对世界充满爱，也不要有积极有为的功利心，要有自然而然的无为之心。

呵呵，咱反正不急着去死。

这句话我经常说。为什么？因为，我们走得太快了，经常忘了享受生活，享受做事，享受和别人的相遇。其实，你走得那么快又有什么用呢？再快，前面也就是那个样子。所以，还是无为更好。顺其自然，学会享受世界、享受生命。无论看到什么，心里都不要在乎，不要生起贪欲。如果心里不贪，对什么都不去在乎，反而更容易用一颗慈爱之心、母爱之心去应对世界。

“明白四达”，意思是有智慧，东西南北都通达。一个人很明白，而且通达东西南北，就是“明白四达”。也就是说，这个人太有智慧了，又会办事，什么都会。那么，当一个人达到这种程度时，他可以做到没有机心吗？做到这一点时，就是郑板桥所说的“难得糊涂”。郑板桥虽然说了难得糊涂，但他自己其实并没有做到难得糊涂。“难得糊涂”只是他的向往，他写下这四个字的时候，还写了一行小字，以作解释：“聪明难，糊涂难，由聪明而转入糊涂更难。放一着，退一步，当下心安，非图后来福报也。”他写下这些字时正做知县，想要为百姓好好地做些事，奈何大环境不允许。他不但做不了想做的事，还看了太多他不认同的事，心里难受，希望自己能难得糊涂，最后还是做不到，于是退隐了。郑板桥这样的人很可贵，但他没有老子伟大。他的退隐是行为上的无为，而老子强调的是心态上无为，行为上仍然积极。这就是好人和圣人之间的区别。

人不管多好，如果没有超越的智慧，想摆脱环境的束缚，还能做些该做的事情，非常难。更多的人要么被环境改变，要么被环境排挤，就这两条路。所以，老子问，“明白四达，能无知乎？”一个人什么都看得清清楚楚，还能生起无穷妙用时，他还能做到没有机心，无知无欲吗？可以。虽然什么都明白，但他什么都不执著，所以，虽然精明，却依旧糊涂。

我现在就是这样，但我小时候并不是这样。看我小时候的日记，就知道我是个明察秋毫、眼睛里容不得一粒沙子的人，任何人都别想骗我。朋友只要一开口，我就知道他在想什么。很多时候，因为愤世嫉俗，有些人我甚至不想见第二面。后来，我的朋友也就越来越少。《大戴礼记》中说：“水至清则无鱼，人至察则无徒。”朋友交往也是这样。所以，我后来就慢慢学着不要太清醒，哪怕心里明明明白，也要装得糊涂一点。人占便宜就让他占一点，要糊弄我就让他糊弄一下，都不要紧。他们也就是一点点情绪，情绪过去就没事了。所以，虽然我知道跟我打交道的是些什么人，但哪怕对方有大毛病，我也仍然对他很好。在我看来，他有他的理由，我能理解他为啥有各种情绪。

当然，一旦你真明白了时，很多东西你也就不在乎、不愿花心思想它了，你不在乎它们，你也不在乎世界给你的回应。你在乎什么？你在乎自己的境界。你是活给自己的。不管世界怎么样，你都那样，你永远活在自己的境界里，永远享受自己的明白和觉悟。世界需要你讲的时候，你就随缘地讲一讲，世界不能影响你，你也不在乎世界对你的评价。有时也会随顺世间的一些法则，但那只是“敬”的表现，是对世界的尊重，自己并不在乎。

伍

玄德的三种境界

生之，畜之，生而不有，为而不恃，长而不宰，是谓玄德。

老子这一章讲的是玄德的三种境界。

前面所讲属于个人修养：先洗心净思，专注于修气，修炼人格，让自己内外像婴儿一样柔软，身心合为一体。这种境界很像大手印的一味瑜伽。其特点是，没有任何分别心，安住于自性，安住于空性，安住于明体。这种境界就叫“合一”。道家通过修气，同时注意清除心灵的污垢，也可以达到这种境界，让自己像婴儿一样纯净，也像镜子一样洞悉社会，但不生执著。这就是内修。

达到这种境界之后，就要把它用于贡献社会，爱民治国，顺其自然地对待别人，尊重别人所有的选择，让他们自然而然地过自己喜欢过的日子，不要横加干涉。同时，当我们通过眼耳鼻舌身意接触世界、观照万物时，要保持一颗无为之心、慈爱之心、纯朴之心，不要有过多的机心。这就是大爱、明白、无为。同样也是对内的境界。

第三个境界，就是“生之，畜之，生而不有，为而不恃，长而不宰”。

“畜”是养的意思。“生之，畜之，生而不有”就是能不能既创造了他，养大了他，又不要将他据为己有？比如，你养育一个孩子，教育他、帮助他、成全他，但你仍然不要想将他据为己有，不要老是觉得他是我的。另一种意思，就是能不能既好好做事，又不据为己有？

“为而不恃”，能不能既好好做事，又不觉得自己有多了不起，不要仗势欺人，也不要逞强，做而无做，以无为之心做有为之事？

“长而不宰”，“长”是领导、统帅、为万物做表率的意思。“宰”是控制。整句话的意思是，能不能既为别人做出表率，又不试图去控制别人，逼着别人像你那样活、那样做？

“是谓玄德”，这就是最高明、最深奥的道德和品德。

这一段指的就是成就了内在的修养之后，你要如何面对世界？首先，你就算成功了，也不能沾沾自喜，不要把自己创造的东西占为己有。即使贡献社会，也要有一颗平常心，把它当成自己的生活，不要觉得自己做出了多大的贡献，也不要依仗自己做过的事、有过的成就，便洋洋得意地欺负别人。即使别人愿意听你的话，你有了影响力和号召力，你也不能对他们进行精神控制，不要去干预他们。这是对外的品德。

换言之，就是通过扎实地炼气、聚气、专气，把生命之气、先天之气和后天之气凝聚在一起，改变自己的身心，用升华后的、知行合一的身心贡献社会，又不去牵挂，不生执著。这就是君子、圣人在贡献社会时的心态。

第十一章

心中有「空」，天地自宽

【原文】

三十辐共一毂，当其无，有车之用。埏埴以为器，当其无，有器之用。凿户牖以为室，当其无，有室之用。故有之以为利，无之以为用。

壹 「有」因「无」而生妙用

三十辐共一毂，当其无，有车之用。埏埴以为器，当其无，有器之用。凿户牖以为室，当其无，有室之用。故有之以为利，无之以为用。

你也许见过西部的大车，西部大车有两个很大的轮子，我在游记《从岭南到西部》里就写过它。老子所说的车，就是这种大车。孔子周游列国坐的是这种大车，打仗用的战车也是这种大车。中国古代没有橡胶，没有轮胎，只能用这种车子。直到今天，西部还有人在用这种大车。我们到藏区去的时候，就见过人们用这样的大车，拉车的一般是牛，因此叫牛车。牛车的每个轮子上，都有三十根木条，它们向内汇聚到一个中空的圆木圈上，看起来就像圆木圈向四周射出去的光线，我们故称之为“辐条”，也就是“辐射出去的木条”。圆木圈的中心必须是空的。如果圆木圈的中心不是空的，是满的，轮子就没法安到车轴上，不能成为车的一部分，轮子就不叫车轮，更不可能带动车子前进了。所以，轮子的关键，就是毂的“空”，有了毂的“空”，轮子的“有”才能起作用。所谓毂，就是轴心。

在人类历史上，“轴心时代”非常重要，大约公元前800年至公元前200年。在那个时代，东西方几乎同时出现了好几个伟大的哲学家，有人说：古希腊有苏格拉底，苏格拉底教出了柏拉图，柏拉图又教出了亚里士多德，他们都对古希腊文明、甚至整个西方文明产生了巨大的影响；古代印度有释迦牟尼；古代中国也有孔子和老子。实际上，在那段时期，世界上并不仅仅出现了这些人，而是出现了很多很多的大师。

比如，跟老子、孔子同时代的有诸子百家，像墨子就非常了不起，他的兼爱非攻学说影响很大，他到处去传播、希望诸侯停止战争的行为也很伟大；跟释迦牟尼同时代的也有尼乾子，尼乾子的境界很高，非常了不起，包括当时九十六种外道、婆罗门的很多大师，能跟释迦牟尼辩论，说明他们也很了不起，都在一定水平之上。

英国哲学家凯伦·阿姆斯特朗写过一本书，专门研究这个时代，叫《轴心时代》。很有意思。在那五六百年之间，大师们不约而同地将东西方文明推向了高峰。这肯定不是偶然，它是文明发展到一定程度后的必然结果。比如，老子就是集大成者，他吸收了前人的思想精华，创造出了他独有的体系。释迦牟尼也是这样，他汲取了很多来自外道的文化精髓，创建了光照千古的佛教文化，直到今天，仍有无数的人因为接触佛教而离苦得乐、改变命运。只是，两千五百年后的今天，印度文明已经没有了佛陀时代的辉煌。但印度作为佛陀的故乡，作为一块有信仰的土地，仍然是一个世界无法忽视的存在。轴心时代虽然过去了，但轴心时代的思想精髓仍然在照耀世界。

老子接下来又举了两个例子。第一个是陶土做成的器皿。现在的西部仍然有这种器皿。我小时候就经常见到这种瓷器，非常粗糙。和上一些泥，把它捏成某种形状，烧制让它凝固、变硬，就成了某种器皿。熬药用的砂锅就是这样制作出来的。当代人依然在用这种砂锅熬中药，听说因为不能用铁锅熬药，如果用铁锅熬药，药就会变质，影响药效。老子认为，器皿之所以能用，同样因为它的里面是空的，不是满的；如果里面是满的，它就盛不了东西。

另一个例子是盖房子。盖房子的时候，你必须在墙的里面和中间掏出洞来，才能安上门窗、才能住人装东西。我们去陇东采访时，就见过这样的窑洞。老百姓盖不起房子，就在山上挖出洞来。陕北的很多地方直到今天仍是这样，有许多窑洞。有了洞，人们才能住进去，要不然是没法住人的。

老子为什么一直强调空了才有用？因为，他想说明一个朴素的道理："有"许多时候都必须依托于"无"，才能生起妙用；没有"无"，生命就太满了，世界也构不成世界。天地也是这样，正是因为"空"，天空才成了天空，大地才成了大地。

但要注意，老子在这里说的"空"，不是佛教的"空"——前者是"没有"，而后者是"变化"，两者不是同一个内容。我们一定要把佛家的"空"和道家的"空"分开。一定要明白这一点，尤其在这里，空有、有无和空性不是同一个东西。这里的"无"是没有、不存在，也就是一些学者理解的那个无，它不是空性。它和有是二元对立的，它相对于器皿的有而存在，相对于辐条的有而存在，相对于门窗、墙壁的有而存在，有了客观存在的"器"，才有这里的"空"和"无"。

贰 看似无用的大用

老子看似在讲物件，其实仍然在讲做人、讲修道。

他首先讲的就是无用之大用。许多东西看起来是无用的，比如埏埴的空，门窗的空，房子的空，毂的空，但没有这些无用，就不会有它们的有用——埏埴中间是空的，就可以装东西，就成了真正的器皿；门窗中间是空的，就可以进人，也可以让你看到外面的世界；房子中间是空的，你就可以住在里面，还可以在里面放很多很多东西；轴心是空的，才可以放进车轴，把轮子安在车上。所以，这些空而无用之处，一旦跟特定的“有”配合起来，就会生起特定的大用。

最典型的就是文史哲。看起来人文的学科没有实际的功用，比如不能让你马上赚大钱，不能让你短时间生起大用，不能直接给你带来财富。但这些看似不实用的东西，在人生中其实发挥着大用。为什么？因为，它能提升人的生命质量、心灵境界，让人成为一个有智慧、有修养的人，只有这样的人，才能在各个领域里得到大成功。

耿秀彦教授讲过一个故事：他们哲学院有个教授有一次坐出租车去某个地方，出租车司机就跟他攀谈起来。那司机问他在哪里工作，他说在大学里。司机说，大学啊，那很好啊，在大学里当老师吗？教授回答说是啊。司机又问他，那你教什么呢？教授说我教哲学。这下，司机不说话了。为什么？因为他想奉承教授，但找不到可说的话，他觉得哲学没用。于是教授就问他，最近你的工作怎么样？司机说很烦。教授又问他家里怎么样，他也说很烦，麻烦事很多很多，他心里烦透了。教授就告诉他，你最好到大学里学学哲学。

哲学就是典型的无用之大用，表面看起来没什么用，却能解决人生的根本问题。文史哲学得很好的人，如果有很好的素养，也可以学以致用，像老祖宗说的圣贤那样活着，那样待人接物，他就会非常出色，不同凡响。

中国有很多这样的例子，现在很成功的人之中，大部分都有大哲学、大工程的思维，它不会去跟你计较小东西，不可能是小商人。小商人的心，永远做不成大事。

我老是谈到淘宝网、阿里巴巴，还有微信，它们都很好，乔布斯的苹果也很好。他的产品也有一种禅的味道，能产生无穷的妙用。比如，他提供的APP平台就像是四面墙壁之中的那个“空”，能容纳无数的APP，能容纳无数人的才华和抱负，能让无数人在这个平台上跟他一起成功。淘宝和微信也是这样。正因为他们有这样的胸怀，他们才有了划时代的意义。他们不仅仅是经商，还开启了一个新的时代。很多人也都随着他们的成功而成功，从而让他们变得更加成功。这就是无用之大用，也是空和有的关系。整个网络世界都是这样，因为开辟出了无，于是孕育出了无穷的有，网络的诞生也改变了世界。

还有数字中的0，看起来0是最没用的，123456789都比它大，都代表了一种存在，只有它代表不存在。但它一旦跟其他的数字配合起来，就会让这些数字发生数量级上的变化。无穷小是依托0来实现的，无穷大也是依托0来实现的。人生中好些看似无用的东西，都很像这个0。

最近，我在看老报人的一部书稿，叫《特别幸运》。他在书中讲了他人生中最大的坎坷和转折。因此，他名之为“特别幸运”。他的文字很好，很打动人，我在看他的书时，更加理解了他和他代表的那个群体。他曾经是一个很出色的编辑，掌握了很多有用的知识，比如编辑经验、新闻素养等，还是优秀的共产党员、全国百佳新闻工作者，但后来他得了高血压、糖尿病，以及诸多其他的病。当这些病向他涌来的时候，一切实用的知识都消解不了他的苦恼。更要命的是，他因为对这些病的恐惧，得了严重的抑郁症。抑郁症无数次把他推向死亡的边缘。他时时想自杀，家里人带着他到处求医，吃了很多药，被不少人骗，一次又一次进医院，痛苦不堪，生不如死。最后，几乎走投无路的时候，他儿子给他买了一套《光明大手印》，他的生命里突然就有了光明，命运也因此改变了。首先是严重的失眠好了，然后连抑郁症也好了。表面看来最无用的、人们认为最虚的信仰，却改变了他的命运。他变得越来越快乐，还做了很多很多的贡献，本该平平无奇的晚年，却变得非常精彩。信仰改变了他，也拯救了他。所以，老报人的这本书很好，可能会让很多人对人生有另一种想法。

叁 留白天地宽

所谓的无用，其实只是表面上的无用，它更接近于本体。本体是什么？是无为，是道家的顺其自然。

有一个成语叫“虚室生白”，一间空空的房子里生起了白光。它说的其实是一种意象：心中没有杂念，真的实现“无”的时候，就会出现一种清净智慧。这就是典型的“无”的境界，也是佛家所说的空性境界。心不清净、充满杂念时，智慧是生不起妙用的，就像堆满了杂物的房间里生不起白光一样。

大家知道，中国画有个特点，就是喜欢留白。很小的时候，我看过一幅画，叫《独钓寒江图》。画面非常干净，只有一个拿着钓竿的老翁，和一只小船。看得出，当时正在下雪，天地间一片白茫茫。这就是“千山鸟飞绝，万径人踪灭。孤舟蓑笠翁，独钓寒江雪。”“孤舟蓑笠翁，独钓寒江雪”很容易表达，但“千山鸟飞绝，万径人踪灭”怎么表达？鸟飞绝就没有鸟了，人踪灭也没有人。但恰好是这么干干净净的一片天地，表达出了这两句无法表达的意境。这是中国画很美的一种手段：用一种“无一物”的境界，叫你自己去生起无穷的妙有，感受那妙有中的静寂之美。我常说写东西不要喊出来，也是这个意思。有时，自己的感受，比文字能呈现的更美。最美的东西在心里。

一些志愿者的文笔并不好，但他们心里有一个很美的东西。你看他的文章时，感觉不到文采，甚至感觉不到文字，反而更打动人心，让人忍俊不禁，又回味无穷。人也是这样，越是简单，越是质朴，越容易打动人。

在各地，有一些志愿者，自发地把我的书带入各地的书展。他们虽不是专业，但非常热情。在上海书展中，有数以万计的图书参展，我的三本书，进入书展销售榜单的前三名：第一名《深夜的蚕豆声》，第三名《空空之外》，第九名《一个人的西部》。志愿者放下自己在世俗生活中的身份，全身心投入到文化传播之中。那种激情和信仰，真让人感动，他们的优秀让我自豪。人的一生中，能一起做事，成为“战友”的人不多。我很高兴能遇到他们，他们虽不多言，但总能用质朴打动世界。

人生就是这样，能做一些该做的事就够了，不要把人生填得太满。有时，朋友老是给我出主意，想让我做得更大、更强，搞培训公司。但我一次又一次地拒绝了。为什么？因为，我想留白，不想让人生填得太满，总想给自己留一个从容、逍遥、自由的空间，让自己自由地呼吸，而不愿像目前的很多成功者那样，身家几百个亿，几千个亿，几万个亿，把人生填得非常满，充满了物累、疲惫、焦虑和痛苦——当然，这些人中，也有好多人为社会做着贡献。但我还是觉得，能为人生留出一点空白，人会更幸福一些。

空，不是消极，反而可以生起大用。它可以让人生变得最有价值。因为，只要你从容地拒绝一些东西，给自己留下一点必要的“有”，让自己能自由地做出人生的选择，让自己有一份选择的自由，人生就会非常精彩。这就是老子在这一章里讲的道理。

我总是在拒绝，每到一个关键时刻，我就会拒绝，把一切能给我带来利益的东西扔掉，实践老子的“留白”。比如，当我经商非常成功，或是做某种别人认为的事业做得非常成功时，我就会毫不犹豫地抛掉它，重新选择，重新开始，为的是给自己留下一个空间。这就是选择的智慧。

现代人缺的就是这种智慧，很多人太忙、太累了，老是在吸收一些“有用”的东西，人生中没有一点“无用”的东西——不是消遣、享乐之类的无用，而是有大用的那种无用，是能提升你人生境界的东西——我们每次去坐飞机，都会看到书店里在放一些成功学的影片，老是有人在声嘶力竭地教大家如何成功，如何身家过亿。这就是很多人一辈子追求的东西。为了这种追求，许多人把人生填得非常满，没有一点自由选择的余地。所以，人要学会拒绝，不要老是追求成功，成功是一种欲望，它是没有止境的，你永远不可能比所有人都强、都厉害。廉颇虽强，也有老的一天。

留白天地宽。有了留白的智慧，人生的天地才会变得更加宽广，更加自在，你才能像雄鹰那样展翅飞翔。当你的人生既有“有”，也有“无”的时候，你的“有”才能发挥更大的用处。

所以，中国很多伟人并不追求完美，他们甚至追求不完美。比如前面讲到的曾国藩，他把书房命名为“求阙斋”，表明了自己想要留点缺憾的志向。当然，他的生活也确实不完美，他老是被皮肤病困扰，痛苦不堪，健康情况也不是很好，晚年的时候，还因为天津教案，国力悬殊，决定向外国人妥协，赔钱赔礼赔人，被老百姓骂成了卖国贼。所以，从他的个体生命来说，他的人生并不完美。很多人认为他完美，是因为人们觉得他实现了立功、立德、立言。

以前，我们西部有个非常有名的家族，就是我在《野狐岭》中写到的马家。他们从雍正时期到民国时期一直很富有，大概发了两百多年财。据说，一位书法家路过西部时去拜访马家时，题了三个字“退一步”。意思是，让自己从容一点，也即我们常说“退一步海阔天空”。

做人要懂得退一步。比如张之洞，他非常宽厚，为人喜欢退一步。有画家作画来讽刺他，人劝他报复那个画家，他却静静把画买下，结果令那画家深感敬畏；辜鸿铭老是当众奚落嘲笑他，他却不见怪，反而老是处处保护辜鸿铭，结果辜鸿铭非常感激，反而成了他最忠实的幕僚，跟随了他二十年之久；李鸿章最初和张之洞是死对头，后来李鸿章的哥哥李瀚章接替张之洞做两广总督时，张之洞却如实把盈余的银子留给了他，为他铺平了上任之路，于是李鸿章不再恨他，后来帮他躲过了一次弹劾。他每一次的退，表面上是自己吃亏，却赢得了尊重，也化解了恩怨，赢得了别人真心的帮助。这样的退，看似是退，其实是最好的进。可惜，敢于争取者、激进者很多，能够退让者却寥寥无几。

肆 一空生万有，心空容万物

以前我给朋友写过一幅字，叫“一空万有”。他问我什么意思？我说，万有是从空中生起的。表面看来纷繁的事物，都是无中生有的。空性智慧可以化现出无穷的境界，这就是“一空万有”的境界。

老是有人问我，雪漠老师，您怎么写了那么多文字？甚至有专家说，雪漠很奇怪，他写的书一本跟一本不一样，不像同一个人写的。很多人都这么说。实际上，这是因为我的每一部作品都无迹可寻，没有任何规律。就是说，我不是按套路来写的，我完全是在空中生出文章、从自性中流出语言。人进入空性状态的时候，是无我的，所以作品也无我。这就带了一点无为的味道。无为是一种无执的境界，不是什么都不做。做而不执著，没有任何强迫的东西，才叫无为。当一个人进入无为的空性状态时，只要他有足够的训练和智慧，他就会写出无数的好作品。因为，他和大自然达成了一致，我们可以称之为“天人合一”。

我们开了个创意写作班，专门教一些学生写文章。很多人都觉得很奇怪，刚开始明明不会写作的人，为什么一来就会写，而且还写得很好？是什么让他们在几天内实现了升华？秘密就在于老子的“一空生万有”。当他们通过严格的训练，进入无我、无为的真心境界时，灵魂中就会产生一种诗意。禅心诗意。这时，他的自性智慧被唤醒了，通过文字流淌而出，就成了很好的文章。这也属于“无”的妙用。

我的早期写作不是这样，我总会在脑子里构思，想好要写什么，然后再下笔。这样的写作有一个特点，就是你超越不了你自己。你怎么写，都在自己的境界里，写得多好，也是人的境界，不是“文章本天成，妙手偶得之”的那种作品。这样写，你会觉得非常吃力，非常辛苦。很多作家都是这样，总是爱打腹稿，一边写，一边推敲用词用字。最有名的例子，就是贾岛写《题李凝幽居》，他写到“鸟宿池边树，僧敲月下门”时，就挖空心思地琢磨：这里到底用“推”好，还是用“敲”好呢？犹豫了很久，才决定用敲。还有的作家，写一首诗，就要捻断好几根胡子。李白不是这样。李白的作品，一看就是一气呵成的，出自自性。他的诗就像天籁一样，“滚滚长江东逝水”，自己在自由地流淌。你可以看一下《将进酒》，那首诗实在太好了，它不像是写出来的，一看就是从自性中流出来的。这个境界明显不是一般作家的境界，而是空性境界。据说李白也向道、求道。我估计，他修道的功夫很不错，到了一定的境界，所以才能写出那样的诗。

什么境界呢？无的境界，空的境界。

事实上，中国传统文化最妙的一点，就是里面有很多精髓都是无的妙用。老子在这一章强调的，也是有的“利”和无的“用”。这里面有一种姿态。你必须明白，无论做什么事，达到最高境界时，都是让“无”生起妙用。因为，“无”是一种无功利的境界，它没有任何人为的内容，在这种境界中之时，你和大自然是合二为一的，你与世界是一体的。世界的力量会通过你的心、你的行为，源源不断地流淌出来。在无的空间之中，填上有的色彩。

我老是说“人低为王，水低为海”。是什么让水成了大海呢？低，空，无。它低到一个程度，有了巨大的空，就可以容纳无穷的水。这就是一种海纳百川的境界。真正的博大，不是“我容纳你”，而是我的心里没有门槛，也有无穷的空间，任何存在都可以流向我。不同的存在流向我时，我就会展现出不同的外相。水流向我，我就成了海；风沙涌向我，我就成了沙漠；无数的石头滚向我，我就成了大山……天地以虚，能容万物，它容得下日月星辰，容得下风雨雷电，容得下空中飞过的鸽子，容得下宇宙万物。如果天地不虚，填满了自己的东西，外界的一切就进不来。天地间就容不下万物。

这很像做人：人永远要给自己的心灵留下一点空间，用来容纳你不喜欢的东西，容纳你不认可的东西，不要老是用鸡零狗碎的东西，去填充自己的生命和心灵。否则，你永远都做不大。想要做大，就必须心包万物。

我之所以老是提起朱德，就是因为他身上有一种非常了不起的特质：非常宽广的胸怀。“肚量大如海，意志坚如钢”，这是毛泽东对朱德的评价，朱德也确实是这样的。所以，我经常说他很了不起，只有他这样的人，才能成为“红军之父”。相反，如果一个人容不下别人，无论他的能力多强，都不会有大出息，不会有大的进步。他的强大只是匹夫之勇，永远得不到大海的力量。想要得到大海的力量，就要首先变成大海，容纳形态万千的水，不要区分这个干净一些，还是那个污浊一些，无条件地接纳。让所有与你相遇的东西，都成为你生命的一部分，不要逞一己之能而拒绝团队合作，否则就是匹夫之勇。真正能成大业的人，一定能胸怀万物、胸怀世界、胸怀宇宙，什么都能容得下。

所以，与人相处的时候，你只要看看他待人接物如何，有没有一份包容心，你就能看出他将来的格局。除非他进行“无”的修炼，让自己心中的“无”越来越大，有更多容纳别人的空间。这个空间越大，他的人格境界就越大，他未来的格局也会越大。如果他不进行“无”的修炼，让越来越多的“有”填满心灵，那么他的路就会越走越窄，人生基本上也就这样了，没有什么转折的可能。

老子这一章最重要的内容，就是告诉我们，心中必须有足够的空间，能力才能发挥真正的作用。所以，“无”的修炼非常重要。

伍 「无」中生「有」

王重阳有个弟子叫孙不二，她是全真七子中唯一的女性。她读《道德经》的时候，读到这一部分，就觉得老子在讲实修的方法，比如毂是心，毂是空的，心也要是空的；辐条是肢体和经脉、经络；用空空之心来统领各经各脉、四肢、形体等。她还根据这个修法，写了很多道歌。那么她理解得对不对呢？也可以这样理解。这样修也是对的。孙不二自己就修成了。

过去，有些道人——包括一些非常著名的道教人物——都是这么修的。他们把身子当成车，先用坚固的、固定的、相对规范性的东西，让自己的身体变得健康、强壮，比如周天运行，周天运行也称为“河车搬运”，它直接是把心当成车轴，把身体当成转动的辐条，在空心之中，让修道的车轮运转，让气流沿着前任后督、气行滚滚地运作，让身体感知到气机的变化。有为之身之所以能修无为的大道，关键就在于心的空。

我给创意写作班的学生教过“易筋经”，那也是非常典型的修道之法。它的训练要点，也是心空。心一定要空，要没有执著。这有点像轴心。轴心带动了所有辐条、整个车轮的运转，就像空空之心带动了人的四肢，让人的肢体沿着固定的规范进行训练。如果没有一颗空空的心，那么你练“易筋经”就没有意义，它就跟其他体育锻炼差不多。它虽然很珍贵，但它的珍贵之处，只有在意气神或精气神合一、心中了无牵挂时，才能体现出来。在这样的状态中修“易筋经”，才能修得好它。

过一段时间，如果有机缘的话，我也许会开辟一个栏目，专门讲一下内功修炼方面的内容。因为，《道德经》后来引申出了很多内功的修法，非常好，但很多都失传了。

打太极拳也是这样，太极拳打到最高境界时，心也是空的。“周身处处是太极，一静一动皆浑然”。注意，浑然一体的前提也是心空。但这个“空”是佛家的“空”，不是学者的“空”，不是什么都没有，而是进入一种无执的境界、心中不着一物，达到了无我。

所以，在修道之中，空有关系非常重要，它们是对立统一、辩证统一的。一定要处理好它们的关系。

过去，只要你做到了心空，身体就化为了炼丹炉，上中下丹田各有一座，你的修道，就是静静观察炼丹炉炼丹的情况，让精气神慢慢汇聚到一起，产生功能性力量、改变身体基因。无论你把炼丹炉观到什么位置，它都起作用，最重要的还是“无中生有”，也就是心空为前提。没有这个前提，修道就是一种游戏，起不了真正的作用。所有的修，也包括佛家修炼，第一步就是消除杂念，让自己的心静下来。我过去修五金法的时候，就必须首先明白空性，首先修入空法，让自己进入无的状态，外空内空、内外俱空时，才能真正地修五金法，达不到的话，就修不成。因为，你只有进入无，才能生起有，也就是本尊身、本尊的坛城、三脉五轮、三脉五轮上的本尊以及这些本尊身中的坛城。层层深入，直达第七层。最后，再慢慢将一切有归于无。也就是先从无到有，再从有到无。最早的无如果实现不了，就根本进不了后面的修行。

换句话说，有些人修行的境界之所以不够、老是犯毛病，原因就在于他根本没有契入空性、不知道什么是空性。入不了空，便破不了执，执著非常多，念头也就非常多。所以，衡量一个人是否成就，你只要看看他的秉性——也就是他有没有破执就够了。没有破执，没有实现无我，没有证得空性，老是执著一些东西的话，就一定没有成就。

有些人一听到这里，可能就会觉得非常难。修道就是为了破执，但不破执就不能修道。那这里不是有一个死循环吗？这就是修道跟逻辑思维的区别。当你很专心地做一件事情、达到了物我皆忘时，你就会进入破执状态。修道的起点，是你认知那种状态，知道如何进入那种状态，然后能够自主地进入和保任。如果你做不到这一点的话，你就不可能炼出内丹，也不可能明心见性。

有些人说，道家的大周天，实质上就是明心见性。我觉得这种说法非常好。如果真是这样的话，道家的修炼就有了足够的境界。真正的大丹是明心见性，而不是有形的内丹，也不是阳神。也有说炼神还虚是明心见性的，同样有它的道理。总之，只要把道家修炼跟明心见性结合在一起，能够实现破执，而不仅仅是追求长寿，那么这个“无”就达到了究竟，修道也达到了究竟。

道教丹法最早追求的，不是明心见性，而是长生。但是，当禅宗兴起之后，道家的一些大师就向禅宗学了很多东西，融入了道家的修炼。所以，后来的道教，无论格局还是气象，都完全不同了。

明清之后，不仅仅是道家，儒家也发生了变化。最典型的就是王阳明的心学，他甚至不是创造，而是借了禅空一套话语，有点像拿来主义。熟悉禅宗的人，如果看了他的《传习录》，就一定会发现这一点。当然，儒释道相互影响是很正常的。

陆

因为虚心，才能接纳

有一种说法是“道器”，也就是承载道的器皿、载体。我们常说，这个人可以载道，这篇文章可以载道，那么这个人和这篇文章，便都是“道器”。

道器就像一个杯子，里面必须是空的，才能盛东西；杯子如果满了，你就别想倒进去东西。所以，如果一个人老是充满成见、自以为是，你就很难改变他。为什么？因为他的杯子里根本装不下你的东西，你一倒进去，他就像秋风吹过驴耳那样。所以，当他心里盛满自己的思维垃圾时，就必须先把这些垃圾倒掉。倒不掉，他就改变不了。

能改变的人，就叫道器；不能改变的人，就不是道器。

那么，如何分辨一个人是不是道器呢？

当你跟一个人相处，并诚心地指出他的一些缺点，但他却不接纳，强烈地反对、巧言令色地辩解时，他肯定不是道器。为什么？因为他在拒绝。拒绝改变的人，心是满的，你当然改变不了他。能够改变的，是那些虚心接受意见的人。所以，当你找到了善知识，不要对抗，你要学会全然接受。接受的第一步，就是清空自己的成见，清空自己的个人意志，打碎自己。

这非常难，有些人几十年都清不掉，他永远是我认为如何如何。很多人都是这样，仔细观察，就会发现有些人习惯于对抗，你无论说什么，他的第一反应都不是接受，而是反抗，跟你较真。这种人不是道器。

禅宗二祖就是道器。为什么？因为，他找到达摩的时候，达摩问他，你来做什么啊？他说，我来请您为我安心。达摩说，好，你把心拿来，我给你安。二祖凝神片刻，说，觅心了不可得。达摩就说，我已为你安心了。二祖就此大悟。

二祖得道之后，三祖也来了，三祖来干什么呢？来找二祖忏悔罪业。二祖说，好，你把你的罪业拿来，我给你忏悔。三祖也凝神片刻，说，我找不到罪业。二祖便说，我已为你忏悔了。三祖当下大悟。

三祖弘法的时候，也有一个弟子跑来找他。他问弟子，你来做什么呢？那弟子就说，我想请您帮我实现解脱。三祖问他，谁绑住你了吗？那人说没有。三祖又说，好，我已经帮你解脱了。此人当下大悟。

这几个例子都很简单，没有多么复杂的过程，但他们都大悟了。为什么？因为他们全然地接受。所谓的全然接受，就是让完完全全地打开，没有一点拒绝的倾向，也不需要逻辑上的思辨，不需要讨论什么问题，然后请对方说服自己。修道一定要注意这个东西。这是老子关于“无”的另一种解释：心里不能有成见，有成见就装不下智慧，生不起妙用了。

空为什么能容纳万物呢？因为它能受诸物。前几天，有人说他很佩服我，我问他为什么佩服我？他说，您的身边有那么多种人，几乎可以说是您什么人都能容纳，不管恶人、好人，还是善人。确实是这样的。我之所以能做到这一点，就是因为我的心是空的，没有执著。心空故能容万物。没有达到无执的境界时，你刻意地想容纳，可能都容纳不了，你会觉得自己很不舒服。比如，很多人的心不大，有人朝他发一次脾气，他就会记上一辈子。他怎么可能容纳各种不同的人呢？这种人的心里，充满了成见，充满了傲慢，容不得跟他不同的东西。

所以，我面对学生的时候，总会采取几种不同的态度。一般情况下，我会首先真诚相待，知无不言。如果他一对抗，我对他就会变得客气了，不该说的不说。如果他一直不改，我就会敬而远之。有好些人，我都远离了。因为改变不了他，他的心里盛满了成见和偏执。

为什么？因为我的话对他不起作用。一定要注意。我说了也没用的话，我就不说了，不去浪费我的时间和生命。对于说了有用的人，我可以循循善诱、诲人不倦，花点时间、付出生命也没关系。如果没用的话，就不值得我这么做了。当然，我也能容纳他，但我只会跟他做朋友，不会当他的老师。所以，我们要珍惜彼此的相遇，要做一个好学生，学会虚心地接纳、全然地接纳一切。

过去的人开始修道时，别的都不做，专门忏悔、净障。“易筋经”中的洗髓经就是净障的，佛教中的百字明、阿字净障法、大礼拜也是净障的。他们修到没有一点执著，没有一点垃圾时，你教的修法才有用。因为那时，他的心里，有了空。

比如，修香巴噶举五大金刚法时，你首先就要做到心空，对世界再也不执著，对“我”也不执著，这时，你才能“本尊入我”，也就是把本尊请到你的中脉里，和你融为一体。如果你心里的垃圾腾不空，你是不能把本尊请到心里的。否则，就等于把佛陀请到一个充满狗粪的房间里，是对佛陀的不恭敬。这是过去的一种说法。所以，净障非常重要。

不过，修净障法的前提，同样是腾空自己的身心，全然地接纳一种精神，这是非常重要的。这一点非常像格式化电脑，把过去的信息全部清理掉，然后重新装上一个纯净无毒的操作系统。修净障法的前提也是心空。做不到心空怎么办？佛教中有很多摄心的方法，比如持咒诵经等，道家也有“无欲观妙，有欲观窍”。

你衡量自己有没有进步的时候，也可以观照自己是不是做到了“无”，能不能包容，心里还有没有执著、偏见、杂念、垃圾。如果有，就净障，一直净到没有为止。当你把心中诸多的“有”慢慢扫掉，化为“无”时，你心中才有足够的空间，去迎接一种伟大的存在，去庄严自己的心。

不仅仅是佛家和道家，儒家也有类似的讲究。比如“充实之谓美”，孟子所说的“充实”，并不是道家所说的“有”，而是清空心里的杂念、垃圾，填入大善的真理，让心灵变得充实。当心灵非常充实的时候，就叫做美。“充实而有光辉之谓大”，内心充实且有光辉，能照耀世界、照亮众生，才叫做“大”。“大而化之之谓圣”，“大而化之”指的是能教化众生、教化世界、教化众人；既有一颗闪耀着圣光的心，那光芒又能照亮世界、教化世界、教化众人、教化众生，就称之为“圣”。还有一种说法认为，“大而化之”指的是进入化境，“化境”是随顺的意思，也就是扫除悟迹，相当于禅宗里的破重关；过了这一关，就再也看不出一点“大”的样子，也看不出一点神神道道的东西了。平平淡淡才是真。

古希腊的哲人苏格拉底也重视“空”，他常常对着空瓶子看。

他的学生柏拉图就老是问他，您为啥老看空瓶子啊？苏格拉底就告诉他，因为，瓶子空了，才能装东西啊。所以，东西方文明到了很高的境界时，是非常相似的。

我们也应该学习苏格拉底，经常看看我们心灵的瓶子，看看它是不是腾空了，有没有足够的空间，去容纳更多的东西。唯有如此，我们才能在生命的白纸上，画出最美的图画，写下最美的文字，我们的人生才有了无穷的可能性和创造性，我们才有超越器物的精神性。所以，要为生命留白，也要为心灵留白，不要让欲望异化了自己。

对待生活、生命时也是这样，为生活留一份从容，留一种清凉，留一点“平平淡淡才是真”的东西。让自己拥有一个看明月、听清风的空间，让轻松干净的心灵生起妙用。

因为，生命也就百十年，但物欲却是无穷的，通过满足物欲让心灵充实，是不可能的。所以，我们要学会给心灵、给生命腾出一个空间，去接受一些让生命、让人生、让生活更美好、更惬意的东西。

第十二章

如何应对纷繁世界？

【原文】

五色令人目盲，五音令人耳聋，五味令人口爽，驰骋畋猎，令人心发狂，难得之货，令人行妨。是以圣人为腹不为目，故去彼取此。

壹 为什么要出离？

五色令人目盲，五音令人耳聋，五味令人口爽，驰骋畋猎令人心发狂，难得之货，令人行妨。是以圣人为腹不为目，故去彼取此。

五色是五种原色：白、红、青、黄、黑。古时候的中国人认为，所有颜色都是这五种原色构成的，老子就用五色来代表所有的颜色。很多人将“令人目盲”理解为“色彩斑斓，让人眼花缭乱”，其实不仅仅是这样。老子主要是针对修道者来说的，所以，“五色令人目盲”，就是色彩纷繁，让人看不到世界的真相，也看不到真理的真相。

五音是宫、商、角、徵、羽这五种音调，同样指代所有的音调，不要把五音仅仅当成是五种声音。

有一位哲学家讲到这里时，曾说，“难道五音不全、只有四音才好吗？”很多哲学家还举了随身听、耳机之类的例子，说随身听听得太多、耳机戴得太多，容易导致听力下降。这些似乎有点误读了。老子所说的“五音”，是众多的、复杂的、纷繁的声音。也就是说，欲望的声音过多，就听不见质朴的真理之声，听不进清净之音了。

五味同样如此，五味是酸、甜、苦、辣、咸的意思，但老子所说的五味，仍然代表所有的味道。当你吃了很多非常美味、口味又很重的菜肴时，喝上一口没有放盐的汤就会觉得非常鲜美。古时候有个故事就是这样，有个厨师做了很多好吃的菜，最后一道汤却忘了放盐，但人们根本觉不出汤太淡，反而觉得汤非常好喝。后来就有了“大羹必有淡味”的说法。最好的汤，味道其实很淡。

吃了太多刺激食欲的东西，人们就会审美疲劳。同样道理，世界上如果充满了欲望，大家往往就会向往君子；如果所有人都追逐名利，人们往往就会向往隐士。西方自从工业化之后，有钱人就一批一批地住到乡下去了。为什么？他们的生活被欲望填满了，心实在太累了，反而喜欢田园牧歌。

如果对应修道的话，还有另一种理解：“口”可以理解为口味，包括兴趣、好恶等，不仅仅是食物。当各种欲望性的东西扑面而来时，你往往就会失去对大道的品尝能力和兴趣。

“驰骋畋猎，令人心发狂”，过去，畋猎指的是打猎，但老子指的不仅仅是打猎，而是所有的户外活动、娱乐消遣。意思是，如果老是参加欲望性的娱乐活动，人往往就会失去宁静之心。

我的一个朋友就是这样。他曾经是非常好的作家，后来上了大学，到了另一个城市，当了记者，也做了很多事情。结果，他慢慢就被卷入大城市烦嚣的氛围中去了。有一天见了他，我问他为啥不写东西了？他说，我静不下来啊。

很多人都是这样，我们之前还谈到一个作家，获奖之后，他就失去了宁静的生活，连读书的时间都没有了。读书也是需要安静的。我如果参加了过多的活动，也会有一种读不进书的感觉。人就是这样，如果你过多地看手机信息、过多地进行浅层阅读，就很难进入深层阅读，很难静下来跟灵魂对话，思考一些心灵层面、生命层面的问题。要知道，阅读能力也会丧失的，这有点像“五味令人口爽”，太多太杂的东西，会让你对美失去分辨能力。

我常常跟朋友们谈到一些很好的作品，但我觉得很好的作品，一些批评家有可能读不进去。很多人也读不进我的《西夏咒》，包括一些有名的学者和大学教授，但很多孩子却读得如痴如醉，有些初中的女孩子就跟我说过，她们非常喜欢《西夏咒》，觉得《西夏咒》太好了。这种现象非常有趣。当我发现朋友们读不进好书的时候，就很想告诉他们，这是因为他们读的书太杂了，如果浅层次的阅读太多，读了太多欲望化的作品，胃口就被搞坏了，再也读不进那些触及灵魂的东西了。就像吃惯了臭豆腐的人，如果吃上一块不臭的豆腐，反而会觉得不习惯一样。“口味”是会变的。

尤其是那些过于活跃、喜欢上蹿下跳的人，他们再也回不去了。我说的回不去，是找不回那个宁静的灵魂家园，把心灵的故乡给丢了。我曾在一篇文章里写过在北京上学的经历。那时，我在北京上了几个月学，结业时，几乎是逃跑似的离开了北京城。回去之后，我有很长一段时间进不了写作状态。当然，这不是北京不好，相反，北京有很好的人，有很好的朋友，也有非常好的老师。但北京城里太喧嚣了，有一种非常强大的磁场，它远远超过了个人的力量，会把你裹挟进去，让你在不知不觉中迷失自己。

不过，不仅仅是北京，整个世界都迷失掉了。功利文化席卷了世界，很多城市都有一种被裹挟的趋势，尤其是一些大城市。我们在美国的时代广场时，看到很多人在狂欢，我们也会有一种想狂欢的冲动。当你觉得你在跟着人群一起狂欢的时候，其实你已经迷失了。目前，整个世界都在流行一种实用的、功利的东西，很多人都被这种东西给裹挟了。修道者需要远离这种裹挟。

“难得之货，令人行妨”，稀有难得的东西——也包括金银珠宝——容易让人失态，也容易让人不守规矩、产生障碍。

据说，殷纣王最初是个奋发有为的君主，但有人给他送了一对象牙筷子，而他又经不起诱惑，喜欢上了这对象牙筷子。当时，一位有见识的大臣就说，人的贪欲往往是从一个小细节开始的。后来果然如此，纣王有了象牙筷子，就觉得过去那个简朴的碗不好，配不上这双筷子，就换了个碗；换掉碗之后，纣王又觉得简朴的桌子配不上碗筷，又换了张精美的桌子；桌子太精美，反衬得房间里的其他家具太过普通，又换了家具；家具焕然一新之后，反衬得宫殿非常简陋，于是就大兴土木，建筑豪华的皇宫……由于最初的那对象牙筷子，殷纣王一天天变成了一个昏庸暴虐之君，最后，商朝就灭亡了。这就是“千里之堤溃于蚁穴”。

“是以圣人为腹不为目”，所以，圣人只追求基本的生存，知足常乐，不去追求那些愉悦眼目的、花里胡哨的、欲望性的东西。

“故去彼取此”，拒绝能勾起欲望的东西，守住简朴的大道。

当你明白了这些道理，想要远离欲望的裹挟时，你就有了出离心。对修道者来说，出离心是非常重要的。它是一种对生活方式的选择。你可以选择热闹的生活，选择在充满喧嚣的地方生活，也可以选择一个宁静的环境，选择一种非常朴实的生活。可以远离享受，远离很多让人心累的欲望，远离诸多的诱惑。这种选择，就叫“去彼取此”。

贰

修道者的选择

选择对修道来说太重要了。

我经常思考一个问题：假如我十八九岁的时候，不是生活在贫穷的乡下，而是生活在喧嚣的大城市，我会怎么选择？假如我不是出生在农民家庭，而是出生在富有的家庭，父母都是当官、做生意的，我会怎么选择？假如我最初不是清贫的小学老师，而是进入了一个热闹的、充满诱惑的环境，我又会怎么选择？假如我还没有证得心灵的自主，就接触了诸多的繁华和精彩，我还能像最初那样，守住宁静和质朴，脚踏实地地走到今天吗？不好说。现在，我觉得我的定力已经很好了，但时不时仍有诸多诱惑扑面而来。一般人稍不注意，就会被裹挟而去。

我也时常发现，很多人在大城市里待久了，或是跟一些精明的城市人——尤其是成功人士——聊天，就会自然而然地谈到关于成功、财富、事业的话题。这时，人们往往就会产生强烈的目的心和功利心，想做一番惊天动地的事业。于是他们就给自己找出无数借口，让自己失去平衡、失去理性、追逐所谓的梦想、追逐所谓的成功。最后，他们往往会迷失自己，失去方向。

这就是典型的“五色令人目盲；五音令人耳聋；五味令人口

爽；驰骋畋猎，令人心发狂；难得之货，令人行妨”。所以，老子非常了不起，他说出了如何在红尘里保持出离心，如何守住质朴的大道。他虽然没有说出“出离”二字，却很好地说出了如何出离。

很多人对这一章的解读也都很好，包括朱元璋。

朱元璋对《道德经》批注得很好，但他自己的有些行为却很糟糕。他没有按照老子所说的，无为而治，他的统治中有很多血腥的味道，尤其是杀掉开国功臣这种做法，体现了他内心的残忍。他是个欲望极重的皇帝。在对贪官的处罚方面，他也用了非常极端的酷刑——剥皮揎草。他设了专门的剥皮场，在剥下的人皮中填满稻草和石灰，立在继任官员公堂上的桌座旁边，以示警戒。据说，他在任三十一年，发动了六次大肃杀，杀死了十多万贪官。他还处死了对他忠心耿耿的一些大臣，看来批注《道德经》并没有改变朱元璋的残忍。

汉文帝、汉景帝和窦太后治国时，用的都是黄老之术，国泰民安，出现了文景之治，汉文帝和汉景帝是爱老百姓的，他们都是典型的用老子思想改变社会的例子。

一位朋友对我说，有些作家的作品虽然很优秀、很感人，但读完也就完了，雪漠作品却不是这样。你读完雪漠作品，会发现自己的生命改变了，价值观变了，待人处事的方式也变了。心一变、命也就变了。这个朋友还说，这就是艺术家和思想家的区别。艺术家感动人，思想家可以改变人。

老子就能改变人，他改变了无数人。仅仅是这一章，就不知道改变了多少人的生命轨迹，改善了多少人的生命质量。他是中国最伟大的思想家。

我上高中的时候，最喜欢背的就是《道德经》和《庄子》。我十八九岁时最着力的，也是《道德经》和《庄子》。其中的大部分内容，我直到今天还记得，它直接改变了我后来的生命程序，让我远离了一些喧嚣。

很多朋友问我，如果想读传统文化经典，应该先从哪里入手？我告诉他们，最好从《道德经》入手。他们问我，读不懂怎么办？我说，读不懂也不要紧，仍然最该读它，因为，你只有登上山顶，才能窥得万相。读了《道德经》，你眼中的世界就不一样了，很多事你就会清楚明了。当然，虽说《道德经》可以改变人的生命，但要是只读不照着做，它的改变也很有限。朱元璋就是一个例子。

能不能从根本上改变生命，不是由经典决定的，而是由人自己决定的。

如何决定？选择。“是以圣人为腹不为目，故去彼取此。”

叁 简朴地生活，做该做之事

简朴地生活，是修道的重要选择。

“静以修身”，安静、静心以修身；“俭以养德”，用简朴来培养自己的德行，形成自己的品德；“淡泊明志，宁静致远”，淡泊欲望，让自己静下来，得到智慧。这些东西都是老祖宗留下的宝贝，它们都在告诉我们，心不要太满，不要被欲望吞噬。

生命像一个杯子，空间有限，每个人都是这样。被一些事情占去太多时间，就没有时间装该装的东西了。所以，君子一般会拒绝一些东西，选择另一些东西。

过去，我多次地面临这样的选择，也包括对挣钱的选择。我有多次赚钱的机会，可以赚到很多钱，但我没有那样选择。因为我明白，我这辈子，不是来挣钱的。如果我用生命去挣钱的话，会花去很多时间，会牵扯很多精力。如果我的心还不属于自己的话，挣钱还会把我卷进去，毁掉我的道业。我会从一个想要利众、想要传播文化的人，变成一个生意人。虽然这也很好，但我的选择不是这样。“故去彼取此”，所以，我总是在生意有机会扩大、能赚更多的钱时抽身，以免被裹挟进去。

我还编了一副对联：“静处观物动，闲里看人忙。”静静地待着，观察世界的变化；把心腾空，让自己有一颗闲心，不要让眼耳鼻舌身意带来的欲望把心给填满，无论做什么，都有一份惬意、一份悠然，用闲心观照世界，体会动静之中的变化。

当然，我也发生过很多变化。以前，我看朋友有一副对联“避人得自在，入世一无能”，曾经觉得层次太低，为什么躲着别人才能得到自在，进入世界就装无能？后来，我发现，这句话太了不起了。为什么？因为，每个人在一开始都不能自主心灵，在不能自主心灵的时候，人很容易被群体裹挟、被眼耳鼻舌身意带来的欲望裹挟，得不到自在。这时，他就需要远离一些东西，通过拒绝，来减少自己心中的贪恋。

我自己也经历过这样的阶段。刚开始，我拼命地躲着别人，不断地远离一些群体，同学请我，我都不去；朋友请我，我也不去；无论是喜事还是丧事，我都不去。所以，我就得到了自在，当然也引来了很多人的误解。很多人远离了我。于是，我的生命就空出来了。我并不是不在意他们，但我不得不为自己的心灵腾出一点空间。那时，如果不那么选择，我就会一点一点被吞没，失去超越环境、超越自我的追求。而我心中那个纯净、神圣、美好的世界，也会对我关上大门，这才是最可怕的。所以，我做出了选择。

慢慢地，我证得了心灵的自在，能自主心灵了，这时我开始接触世界，广结善缘。那大概是2009年的事情。在接触世界的过程中，我学到了很多东西。

如果我省去“避人得自在”的阶段，直接入世、学习，行不行？不行。当你没有智慧的时候，你会不知不觉地被一些东西污染，你的心会变得浮躁。很多人就是因为心的浮躁，所以一直进不了真正的修道。

这一关确实很难过，很多人都过不去。有些人一辈子都静不下来，心就是不听话。为什么？因为他总是给自己找很多借口，总是不拒绝欲望，所以，他老是没有定力。这个一来，他的心就动了；那个一来，他的心又动了。他的心时时刻刻都在动，这样是生不起智慧的。所以，当你定力不够时，要靠拒绝和远离，让心得到清净。清净是一颗种子，它需要慢慢地成长，它不是一清净就永远不会被污染的。它只是一个孩子，老是摔倒爬起来，摔倒爬起来，它需要成长、长大的时间。一定要注意，修道是需要时间的。

在八十四大成就者故事中，我们经常看到“十二年后，他证得了大手印究竟成就”“十二年后，他成就了大手印”之类的说法。最初我不太理解，为什么十二年后才证得成就呢？而且很多人都是明白心性之后，又修了十二年，才证得成就。到了后来，我才发现真是这样的。想要证得究竟成就，不是那么简单的事情，它不是突然就能实现的。孩子长大需要十多年，一棵树的成长也要很长的时间。

比如，我的小孙女陈清如一两岁的时候，我们老是护着她，生怕她受到一点点伤害。为什么？因为她还很小，不懂得保护自己，不知道什么是危险，很容易就会伤到自己。我们就轮流看着她，不让她拿尖东西，不让她爬到床边摔下去，不让她乱摸东西，不让她碰带电的插孔，平时出去用小车载着她，怕她摔跤，她学走路时也让她扶着东西……总之，就是让她远离危险，健康平安地长大。修道、修心也是这样。

到了现在，我又开始避人了。因为我发现，我接触的很多东西虽然对我的生命起了作用，但也占去了我大量的时间。比如，在北京上学时，几个关系很好的朋友老想给我介绍一些人，说那些人一句话就可以如何如何。后来，我真的认识了很多人，但真正在我生命中起作用的，不足百分之一，大部分人都是过客。过上一段时间，那些有权势的人不是退休了，就是去世了，我并没有像朋友期待的那样，因为认识了那些人，就办成了多少事。当然，这跟我自己也有关系，因为我从来不求人。有人想要跟我一起做事，我就随喜，但我不去要求，仅仅是随顺因缘。

再后来，我就开始躲人了，除了一些非常必要的交往，我基本上都不见人。我现在只见两种人：一种是老师级别的，我总能从他们那里学到东西；第二种是学生级别的，我总能教给他们一些东西。其他的朋友，我见得很少。我又回到第一个阶段，“避人得自在，入世一无能”。之所以“入世一无能”，是因为我一无所求。

最后，我得出了一个结论：很多你非常在乎的东西，其实根本用不着。

所以，很多朋友可以做的事情，我就请他们代我去做了，我自己把时间省下来，做一些只有我能做的事情。比如接触人、应酬之类，基本上都让朋友代我去做。在这儿，我也想向很多帮助过我的朋友道谢！感谢你们为我节省了生命，我才有时间写该写的文字。

庄子说“不以人灭天”，不要用人的心思去伤害自己的天性；苏辙说“不以物伤性”，不要让外物把自己的本性、自性给伤害了；范仲淹说“不以物喜，不以己悲”，不因外物的好坏和自己的得失或喜或悲；禅宗也说，“外不著相，内不动心”，不被外相牵引，自己的心就不会乱。这些都是修道的秘密。

当你不懂如何选择，不懂如何处事的时候，就多看看传统文化的经典。儒释道都有可学之处。实际上，儒家曾经向佛家汲取过营养，佛家也曾经向道家汲取过营养。有人甚至认为，禅宗就是佛道结合的产物，这种说法有它的道理。

肆 身心坚守，外息诸缘

修道者对语言、眼睛和耳朵的要求是非常严格的。

传说，有个修道者活了几百岁，人们几乎从来没有见他睁过眼睛。他走路也闭着眼睛，给弟子们上课也闭着眼睛，始终闭着眼睛。他之所以这样生活，就是从“只为腹不为目”中得到了领悟。他知道，人活着，只需要满足基本的生存，其他的享受都可以不要。有一天，弟子实在好奇，因为他们从来没见过老师睁眼睛的样子，就请求老师睁开眼睛，让弟子们看一看。他就把眼睛睁开了，睁开的一刹那，大家看到了一道闪光，还听到了霹雳声。这个故事中是这么说的，也许是真的，你也可以当成一个神话、一种象征。但最重要的不是故事本身，而是修道者对眼目享受的拒绝，这是修道者独有的生活方式。不修道的人可能很难理解。

日本有个禅师也是这样，一次，一个朋友送了他一幅画，把画挂在他的墙上。过了一段时间，那个朋友问禅师，画怎么样，你喜欢吗？禅师却说，我没看过那幅画。画就挂在他房间里的墙上，为啥他没看过？因为他从来不东张西望，那幅画在他的视线以上，所以，这么长时间，他一直不知道画里有什么，也不知道它画得怎么样。

我在前面也谈过自己的一个生活习惯，所有我要吃、要用的东西，都必须放在我眼前。为什么？同样因为我专注于当下的世界，既不去想别的事，也不去看别的东西。如果东西不放在我眼前，我就忘掉了，想起来的时候，很可能已经坏了。这是对眼睛、包括对思维的一种控制，它训练你永远只关注当下的东西，不去管当下之外的东西。这就是老子的一个观点：不该看的，就不要看。

这里面还有一个戒律的问题。佛教的戒律，就是让人远离一些会勾起欲望的事物。老子和孔子也是如此，他们都不赞成毫无选择地接触世界。比如，儒家说“非礼勿视，非礼勿听，非礼无言”，就是不该看的不要看，不该听的不要听，不该说的不要说。要求你禁语、不乱看也不乱听。它有它的道理。

为什么？因为，你可能会因为眼贪美色而忘记世界的虚幻本质，耳贪美声而听不见真理的声音，鼻闻美味、舌尝美食、身受妙触、想入非非也是如此，都会扰乱你心灵的宁静，让你忘掉真理，认假为真。最后，你就会失去辨别能力，行为失去约束，心也慢慢地发生变化。所以，佛家将眼耳鼻舌身意称为“六贼”，也就是盗取你快乐、自由的贼。

所以，达摩教禅定时，这样教授：“外息诸缘，内心无喘，心如墙壁，可以入道。”“外息诸缘”，就是不要让眼耳鼻舌身意在你心中投射的信息干扰你，让它们在你心中自然平息，不要进入你的心，不要在你的心中留下痕迹，不要引诱你去攀缘；“内心无喘”，喘代表心的波动，不要有杂念，让心像墙壁一样直直地立着，就可以入道。但心不动还不是道，它只是入道之门。

我在《无死的金刚心》中也写了几首道歌，专门讲了如何对治：

由眼贪美色生起掠夺之心，夺美人夺宫殿掠人之美。
耳听美声同样消解了智慧，无论娇声颤语还是天籁之音。
那诸多的诱惑皆从六门而入，像六个贼寇来劫掠主人。
光明的镜子因此蒙灰，再也无法照彻晴空。

身执是众生最大的烦恼，贪恋享受而放逸耗神。
修道者当以苦行为业，便是想破除身执而超升。

其实那欲破者同样执幻为实，此身本来虚幻如水中之影。
源自四大后散归于四大，地水火风消散便了无踪影。
……
你要将山河大地都视为幻化，它们也都是本尊的化现。
凡所化现无不是镜花水月，于无执中洞悉那假中之真。
……
那大锣发出巨响声震天地，表面看来确实石破天惊。
但你静观那声响之处，却找不到一点儿不坏的本体。
那惊世的高名如同这锣声，看似有形却如空谷回声。
它们轻烟般渐渐远去，终于消散于遥远的碧空。
那辱骂虽叫人难以接受，其实质等同于幻化的锣声。
骂声方起便消于无迹，智者不会将它牵挂于心。
所有毁誉如同空中的鸟鸣，如大风吹过呼哨时的余音。
你何必在乎它打扰清净，澄然不动视若镜中幻影。
闲谈同样无益你应远离，你高谈阔论何益于修行？
捣弄是非亦无丝毫效用，徒增烦恼更是空耗生命。
清净的语教授远离俗意，只将本尊心咒挂在心头。

你身如空竹心无纤尘，用咒声填满生命的时空。
你眼中的诸声无非是空性，空性也便是本尊的清音。
无论情器世界的哪种声音，你都视为心咒仔细来品。
你看那天空又掠过了雁鸣，声声哀唤又声声凄清。
我听来却是那亘古的梵歌，一晕晕来自那本尊的坛城。
那风声鹤唳虽另有含意，我眼中它们也无别于本尊。
世上诸声都当如是观修，这样才是清净的修声。
你耳闻那声音眼观那形色，你鼻嗅那咒意舌品那声晕，
你身触那声波心想那咒意，你督摄六根才接近那本真。
要观世上万物无非是咒声，情器世界皆化为声音。
宇宙间空空荡荡无一丝实质，无一莫不是咒声的品性。
你也将自己融入那空意，那空空中却承载诸佛的功能。
诸声虽然无常却能载物，正是它延续着智慧的传承。
将所有声音都视如佛的密意，将所有声音都观为圣谛的变形。
它们现无自性湛然空寂，你清明中体会声音的妙能。

老子虽然说出了修道者该如何选择，也知道为什么要这么选择，但他没有说透，仅仅是点到为止。佛家则是直接告诉你：为什么要这样选择?

比如我的道歌，它们就在告诉你一个道理：声音是虚幻的，美色是虚幻的，身体是虚幻的，触觉是虚幻的，什么都是虚幻的，眼耳鼻舌身意在心中的投射都是虚幻的，你根本就执著不了。虽然谁都想舒服一下，谁都想睡个懒觉，但那舒服同样是虚幻的，迷住你的外境和你此刻的痴迷都是虚幻的，就像是镜中花水中月，顷刻间

就会消失，你无法永恒地拥有。身体也是这样。很多人送我养生的东西，希望我的身体更好，我也希望我的身体更好，但我在锻炼身体、注意身体的同时，也明白这身体其实是虚幻的，一切都是某些元素的组合而已，看透了，也就没什么好贪恋的了。因为你知道，你不管如何贪恋，它都会变化消失。我们可以通过努力，让它保存的时间长一点，但不可能期待它的永恒。如果道人的修道是为了永生，他就找不到真正的永恒。

美味也是这样，不管什么样的味道，三寸喉管往下就没有感觉了。哪怕你吃的是山珍海味，也跟白开水一样。不信你可以试一下。如果你吃得太多、吐了出来，那么更加糟糕，你就算吃了山珍海味，你吐出的东西也不会有人想要，连你自己都不想要。

还有那些美声、高名、甚至辱骂，也都是虚幻的，就像锣声，似乎存在，但片刻之后就会消融于虚空。虽然我们知道那么多圣贤的名字，但是，相对于整个人类群体，这些名字真是沧海一粟。大部分人身体还存在，人还活着，名声就淡了，谁都把他忘了，死去之后就更加什么也不是了。战国时期那么多人忙着追逐名利，甚至丢掉了性命，连累了亲人，背叛了朋友，但他们得到的根本就不可能永恒，只不过是空谷的回音。佛家说，它们是没有自性的，也就是没有不变的本体，随时都在消失，都像空谷中的鸟鸣，所以不值得选择。

什么是真正的苦行呢？就是拒绝一切虚幻的东西，连身体也不在乎，什么都不在乎。也不要老是聊天，最好能禁语。

最近我陪一个朋友出门，有人陪他聊天，我觉得我不必说什么了，就在一边闭目养神。有个志愿者问我，雪师，您的朋友专门来看您，您怎么不陪他聊天呢？我说，该聊的在聊，该说的也说了，不如闭目养神。

我很少聊天，从小就是这样。我信奉“有话说话，没话待着”，把时间用于聊天实在浪费，所以，一到这种场合，不需要我说话时，我就会闭目养神——当然，我也不是睡觉，有意义、该说的时候我也会说话；没有意义就懒得闲聊。

这样训练下去，久而久之，你就会无私无欲，没有杂念，一切随顺因缘。因为无求，外面就没人会伤害你，你的心也就慢慢地定下来了。定中便能生慧。

这些都是清净的语教授，它提倡我们“远离俗意”——远离庸俗的东西——“只将本尊心咒挂在心头”。为什么？因为，本尊心咒代表了觉悟的向往，始终把这种向往挂在心头，你才能不在乎一些虚幻的外相。

伍 圣人如何修定？

这一章非常好，它重点讲的是对欲望的拒绝和远离——不是战胜，战胜是后来的事。

我经常谈到佛教的一个故事：有个喇嘛到了一个地方，当地人不让他过去，逼着他要么杀羊、要么跟女孩同居、要么饮酒。喇嘛觉得，淫戒不能破，杀戒也不能破，破了他就不是僧人了，就选了喝酒。谁知道，他喝完酒醉了，把女孩强暴了，把羊也给杀了。该守的戒律都破了。所以，他根本就不该喝酒，或者根本就不该去那个地方。

我们不要高估自己的定力。修行之初，你必须生起真正的出离心，不去接近污染源，远离它，这是第一步。

在佛教的传统中，这一步非常重要，有很多具体的要求。比如，释迦牟尼死的时候，很多老弟子问他：世尊，如何调服恶性比丘？恶性比丘就是坏和尚、破戒的和尚。释迦牟尼说，默摈之。也就是默默地远离他们，不要跟他们说话。为什么？因为，你不但教育不了他，还会被他给污染。这就是远离和拒绝。

为了做到这一点，在香巴噶举文化中，就提倡一门深入，并将这作为一条戒律。对于不遵守这条戒律者，你可以尊重他的选择，但不能作为文化传承者培养。所以，一位学生总喜欢到处乱跑乱学，我就告诉他，我尊重你的选择，但你不要带坏我的其他学生。为了写《大悲梦》，我采访过一些武术门派，他们也将不听师命乱学他派者，当成是背弃师门，这是很严重的破戒。

佛教中还有一种说法：踩了破戒之人的影子，或者梦到破戒之人，都是不吉祥的。我最初觉得不可理解，但后来也就慢慢地理解了。因为，当你梦到破戒之人时，他的恶在你的潜意识里已经种得很深了，他给你留下了一颗恶的种子，所以很不吉祥，你必须把它清洗掉。

按禅宗的说法，初关一破，明心见性，你就要闭关。为什么？因为“五色令人目盲，五音令人耳聋，五味令人口爽，驰骋畋猎令人心发狂”。所以，要“去彼取此”，远离它们，安住清净道场，开始闭关，让自己的心稳定下来，将智慧打成一片。

打成一片之后，才能破除对闭关这个行为的执著，然后才出去接触世界。那时，就叫进入红尘历炼，也就是在红尘中调心。

禅宗二祖就是这样，他把衣钵——也就是法脉交给三祖之后，就去屠门妓院里调心。为什么？因为，他要看看自己能不能定住。人家不理解，看他一个和尚跑到妓院里来，就骂他；他也不在乎，还说：“我自调心，关你何事？”到了这个地步，他的智慧再也不会退转，他的心再也不会污染了，才有调心一说。这是修行的第二个阶段。

第三个阶段，就是他调心调到如如不动了，出淤泥而不染。这时，他哪怕跟坏人、恶人混在一起，也不会受到干扰，更不会变坏。没到这个阶段，你一旦进入红尘，就有变坏的可能。所以，有些人进入红尘之后，如果信仰偶尔动摇一下，也不要紧。这是很正常的。只要能找回自己的心，找回自己的追求就行。

最早的时候，我们的老祖宗只要想修行，就会出家，佛家道家都这样。有些不出家的道人，家里也都有专门坐静的净堂、静室。

西部的所有大户人家，也都有堂屋，堂屋里供了祖宗牌位，还有古书、经典等，有佛像的人家还会供佛，每天上香磕头。这个房子不能乱住人，只能住修道的、干净的老人，也能住小孩子，但女人不让进去。因为，堂屋是静室，是男人们坐静、静心的地方。小时候，我经常跟着舅舅去采访一些道教高人。他们总会把我们带到堂屋里去。他们的堂屋都非常朴素，但里面的家具很好，都是很好的木头做成的。

过去，每到初一、十五，或是一些重大节日，人们都会斋戒沐浴，男女不行房事，夫妻不一起住，也不吃葱韭苔蒜，不吃刺激性的食物，让自己保持一颗清净心。西部人每次祭神、祭祖宗都要这样。父母死后，有很长时间也要这样。过去都是这样的，这属于传统文化的要求。这段时间，正好可以清心寡欲，静静地修心。

儒家也是强调坐静的。朱熹强调“半天读书，半天静坐”，他的弟子用半天来读书，用半天来静坐，他自己也是这样。王阳明也打坐，他一直在修定。很多人不太了解儒家，以为儒家不重视坐禅，其实儒家也重视坐禅。无论什么领域，如果你不坐禅，就没有静力、没有定力，容易浮躁，浮躁的人根本不可能成功，也成不了大器。所以，定力非常重要。

你可以观察一下，那些非常活跃的人——无论是学者、作家还是明星——有多少真正优秀的东西？很少。他们身上所有的光环，几乎都是营造出来的。为什么？因为他们太热闹了，太浮躁了，早成泡沫了。我说的泡沫，是相对大海而言的。有智慧、能定下来做事的人是大海，靠吆喝应酬、定不下心的人就是泡沫。时代的飓风一卷，消失的都是泡沫，大海哪怕晃出惊涛骇浪，它的本体还是不变的。一旦风和日丽，大海就会像过去那样静寂深邃，孕育出无穷的精彩和奇迹。那些没有任何名气，但非常优秀的大师就像大海。人们可能不知道他们，但不妨碍他们的成就。

“真人不露相，露相不真人”就是这个意思。要是常接触声色犬马，心必然会浮躁，必然静不下来，不可能成大器。

所以，任何人想要成功，都必须有静功，他要能沉下来读书、沉下来做事，不能老是心猿意马。西部民间的那些道人，想要拥有某种能力，他们就必须坐静，基本要求是坐静一百天。我小的时候，就经常跟着舅舅坐静。舅舅的法本是一些很旧很旧的手抄本，他们一般都把法术抄在本子里，自己平时照着修，比如画符。虽然道人画的符看起来很复杂，但画符在道术中并不复杂，它更重要的是坐静的功夫。如果你静不了心，你就算学会画符，也调动不了宇宙间的暗能量，你的符咒就没有力量，仅仅是一个图案而已。即便是简单的画符，也需要首先坐静七七四十九天，各种法术都是这样，都要观想，都要持咒。而且，七七四十九天是最基本的，要求再高一些，就是一百天。因为受舅舅的熏陶，我从很小的时候就喜欢坐静，后来定力很好，也跟这个有关。

练武、练内功也是这样，你要想炼出真东西，就必须让心静下来。一百天的筑基是最基本的要求，筑基阶段你必须闭关一百天。因为，只有在拒绝世界的时候，你的心才能沉淀下来。在一些教派之中，有些人甚至终身闭关，人家可能不知道他，但他一旦出来，就是大师。

比如密勒日巴，他的后半生基本上都在闭关，行脚十万——也就是走了十万里路，平时住在山洞里，没有任何享受，但他很是逍遥自在，非常快乐。他的避世一点不影响他的伟大，直到今天，人们还在读他留下的那些道歌，很少有人能超过他在道歌中展示的境界。他的境界，就源于他的静修，和他对欲望的拒绝。

当然，我说的拒绝不是叫你不接触世界，不跟世界发生关系。我的意思是，在你没能力拒绝世界的诱惑时，就给自己一个能静静地独处的空间，不要频繁地接触世界，更不要陷入红尘之中。当你有了足够的定力和智慧，再入世做事，再去接触世界。到了那个时候，你才懂得如何面对花花世界。

历史上有很多这样的例子。

据说，就连孔子都是这样。孔子到卫国的时候，曾见过卫灵公的夫人南子。南子出名貌美，但也出名风流。《史记》上说，南子敬仰孔子，邀孔子相见，孔子无法拒绝才去拜见南子，后来学生子路质疑，说老师您怎么能这样？孔子就发誓，说我如果如何如何，天杀我，天杀我。这么一说，反而显得他心虚了。也许，当时南子见他一表人才，跟他调笑了几句，他也有些动心。这是根据心理学的一种推测。有人也有另一种看法，说孔子当时不是赌咒发誓，而是在教调学生，告诉他们南子并不是非得敬而远之的人。但从《史记》的叙述来看，这样的理解似乎有些不太贴切。他如果真是在教调弟子，很可能是另一种语气和说法。后来，卫灵公邀孔子跟他们同车而行，卫灵公和南子坐一辆车，孔子坐另一辆车，孔子发现自己就像陪衬一样，老百姓都在看南子，根本没有人注意他，于是感叹道，我没有见过喜爱品德就像喜爱美色一样的人，然后离开了卫国。

当然，哪怕孔子真的对南子动过心，他也仍然是一个圣人，因为他做了很多事。他非常了不起的一点，就是他走过那么多地方，却从来没有忘掉自己要干什么。他一直在收集素材、学习知识、传播文化、培养弟子，后来他收集的素材就编成了《诗经》。所以，孔子的定力也很好，否则他不可能成为中国的圣人，早就半途而废了。

庄子的定力也很好。庄子说，“且举世而誉之而不加劝，举世而非之而不加沮”，意思是：就算全世界都夸我，我也不会格外积极；就算全世界都骂我，我也不会格外沮丧。世界怎么对他他都不在乎，所以庄子的定力非常好。他的《齐物论》《逍遥游》，非常了不起，可惜，这么好的书，现在读的人却不多了。

孟子的定力也好，他说“富贵不能淫，贫贱不能移，威武不能屈”。就算有钱我也不会变坏，就算穷困潦倒我也不会改变志向，就算人们以武力来威胁我，我也不会屈服。

文天祥也是这样，忽必烈不忍心杀他，非常希望能让他归降，但他就是不归降，他唯一的要求，就是让他以死殉国。他死前还留下了一句话：“孔曰成仁，孟曰取义，惟其义尽，所以仁至。读圣贤书，所学何事，而今而后，庶几无愧。”意思是，孔子说成仁，孟子说取义，只要忠义至尽，也就做到了仁。读圣贤书，为的不就是这个吗？从今以后，我算是问心无愧了。古代先哲把信念看得比生命还重要，这也是一种了不起的定力。

所有的定力，都是从拒绝声色犬马、拒绝外界的诱惑开始的。不学会拒绝，就不可能成为大师。比如南唐后主李煜，他爱好诗词，虽然不至于无心朝政，但也不可能在政事上有很大的建树；陈后主陈叔宝更是这样，他不但爱好诗词，整天跟人饮酒作诗，也无心朝政，贪图享受、贪图美色，仅仅在位七年，就做了亡国之君。

还有秦始皇，秦始皇建了阿房宫，把六国美女全都掳掠到宫中，把金银财宝也都装进宫中，结果怎么样？还没顾上享受，他就死了。如果他把修建阿房宫的钱用来回报老百姓，他的天下会不会那么快灭亡？很可能不会，他不把老百姓逼得活不下去，老百姓是不会铁了心造反的。

所以，贪图欲望只可能失败，拒绝欲望才可能成功。

当然，有些人虽然没有拒绝世界，但他们也没有被欲望污染，红尘能带给他们许多烦恼，但不能动摇他们的本体，他们的追求始终不变。这种人就是出淤泥而不染。当你能做到这一点时，也可以留在红尘中积极地做事，不用远离红尘。因为，远离红尘很容易，真正难的是在红尘中做事。

所以，我非常尊重那些虽然有烦恼、有毛病，但始终在积极做事的人。他们是真正的智者。

第十三章

宠辱不惊，身心兼修

【原文】

宠辱若惊，贵大患若身。何谓宠辱若惊？宠为下，得之若惊，失之若惊，是谓宠辱若惊。何谓贵大患若身？吾所以有大患者，为吾有身，及吾无身，吾有何患？故贵以身为天下，若可寄天下。爱以身为天下，若可托天下。

壹

片片宠爱意，隐隐受辱心

宠辱若惊，贵大患若身。何谓宠辱若惊？宠为下，得之若惊，失之若惊，是谓宠辱若惊。

“惊”一般是吃惊、受惊的意思，但我觉得，这里或许更应该是“意外”的意思。比如，惊喜就是意外之喜。那么，“宠辱若惊”，就是无论受宠还是受辱，都会让人觉得意外，措手不及，不知如何应对。

什么是宠？比你地位更高、更有权势的人，对你非常好，就叫宠。宠是一种自上而下的礼遇。换句话说，你被人宠爱，说明你的身份比他低，你在他之下。这就是“宠为下”。

“得之若惊，失之若惊，是谓宠辱若惊”，得到的觉得很意外，心想：“我怎么会受宠了呢？”更害怕自己会失去这份宠爱。失去的也觉得很意外，因为他原以为自己会一直受宠的，结果不但不再受宠，反而还受辱了。这时，他也觉得很痛苦、很失落。明明不该发生的事情，却发生了，所以“若惊”。

过去，我也觉得受宠和受辱是两回事，但过了很长一段时间之后，我发现它们原来是一回事。所有得宠者，其实都是在受辱。

我举个小小的例子。过去，我在教委工作过一段时间，办过报，帮过一些人。在我帮过的人里，有个老师，他经常带上老婆孩子，买点小东西来看我。后来，他对我进行了疯狂的报复。我这才明白，他把我对他的好，当成了我的一种施舍，一般人觉得我在宠他，他反而觉得："凭什么你这样对我？"所以，不管我对他多好，他都觉得我在侮辱他。有些人，当他当着别人的面巴结你时，心中其实是有屈辱感的。这说明，不要轻易给别人一种他不需要的恩赐和关怀，因为，这对他来说，可能是一种伤害。

我再举个例子。过去，我们一旦出去吃饭，就会把没吃完的好吃的打包，拿给一些没一起去吃饭的人。但后来我们就不这么做了。因为，我们发现得到这些饭菜的人并不高兴，也不觉得光荣，反而把它当成了一种侮辱，觉得"凭什么我要吃你剩下的东西？我又不是吃剩饭的"。

这样的例子很多。如果你的家庭条件很好，你去关怀一个家庭条件不好的孩子，而且又没有用对方能接受的方法的话，就有可能让对方觉得很不舒服。觉得"你凭什么这么对我"。很多人之所以不懂感恩，就是因为这种心态。受宠、得宠之后，他会觉得自己的地位低下，有一种屈辱感。

所以，我们一定要明白，即使好心帮助别人，也要注意分寸。一定要给予别人需要的帮助。

有个故事很有意思：唐僧很细心，他老是照顾弟子们。有一天，他发现孙悟空的裤子上有个洞，就默默地把洞给缝好了。但第二天他一看，发现怎么缝好的洞又开了？他就再一次把洞给缝上。第三天又是这样，他就又缝了一次。他虽然无怨无悔，但孙悟空后来火了，他很不耐烦地说："师父，你不要多管闲事行不行？你把洞给我缝上，叫我的尾巴往哪里放？"

很多人就是这样，他们觉得自己是无怨无悔地付出，但事实上他们做的是对方不需要的事。别人不需要你这么做，你却这么做，反而给别人添了麻烦，让别人不开心。

一定要分清楚，你该不该这个时候对别人好？他需不需要你对他这么好？不要盲目地、施舍一样地帮助别人。

受宠都这样，何况是受辱呢？所以说“宠辱若惊”。

贰

如爱身般爱天下

何谓贵大患若身？吾所以有大患者，为吾有身，及吾无身，吾有何患？故贵以身为天下，若可寄天下。爱以身为天下，若可托天下。

关于“贵大患若身”有很多种说法。有人觉得应该是“贵，大患若身”，“贵”是看重，“大患”是大的祸患，像对待大祸患一样对待自己的身体，重视大祸患像重视自己的身体。这种解释最流行，但我觉得宋徽宗的解释更为到位，也更接近老子的本意。宋徽宗认为，“贵”是荣华富贵的意思，它代表权威、威势和得到尊重，是一种对富贵的向往和渴求之心。这样解释的话，前后文就浑然一体了。所以，我觉得，老子想说的更可能是后者。也就是说，“贵大患若身”指的是荣贵是有大祸患的，就像人的身体一样。人有了身体，就有了祸患；人向往荣贵，也会招来祸患。

有意思的是，宋徽宗虽然喜欢老子，虽然喜欢道家，退位时还自封教主道君皇帝，研究《道德经》也研究得很好，但他跟李后主一样，也是个艺术家，在书法艺术上的建树，要强过他做君王许多。后世评价他时，就说了这么一句话：“宋徽宗诸事皆能，独不能为君耳！”宋徽宗什么都做得好，唯独是当不好皇帝。岳飞的《满江红》很多人都知道，里面写到“靖康耻，犹未雪；臣子恨，何时灭”，靖康耻的主角就是宋徽宗、宋钦宗两父子。

我在《空空之外》里写了一段话，刚好可以回答这个矛盾：

真信仰者，有高远而具体的发心，有正见智慧的指导，有持之以恒的精进，有如理如法的修证。他不仅仅是学者，更是行者；不仅仅是利众精神的传播者，更是彻底的实践者。他的一生，是为了践约那精神，他的目标持久而专一，他的目光远大而务实，他可以舍弃一切的虚幻外相，而直奔精神的内核。那内核，就是他们的信仰，也是他们的发心。

老子很有意思，他明明是在讲修道，但《道德经》的五千字中，偏有那么多关于治国、关于天下的说法，所以，老子不仅仅是哲学家，他也是帝王师。他的《道德经》也教人如何治国。从这一点上，我们就可以看出老子的一种情怀。他也是“天下兴亡匹夫有责”，跟那些隐居山林的隐士不一样。隐士们对官场失望，于是无可奈何地隐居山林。隐居时，他们心里是否还有愁怀没有解除？山野林间的闲适生活，能不能冲淡他们不能一展抱负的失落？说不清。但老子是逍遥自在的，虽然他有一种悲悯之情，并不是置身事外的，他知道世界就是这样，他不会强求世界照他认为正确的方向发展，他只说他该说的话，把自己做好。有人来找他，他就教，把该留的东西留下来。他也不管对方是孔子，还是尹喜，弘扬的是儒家思想，还是道家的学说，他只管传道授业解惑。如果真正地学习了《道德经》的精神，并能用于行为，人肯定会改变的。可惜在中国几千年的历史之中，做到这一点的君主并不多。很多皇权在手的人，都放不下那些荣贵地位。人就是这样的，不经过脱胎换骨的实修，是不会变的。仅仅把智慧当学问来研究，虽然也有它的意义，但是，对个体生命来说，其作用实在太微弱了。

接下来，老子开始解释“贵大患若身”。他说，“吾所以有大患者，为吾有身”。我之所以会有大患，是因为我有身体。人所有的烦恼都源于身体，如果没有身体，就没有诸多的欲望和攀比，很多烦恼就不会产生。最明显的就是生存的烦恼，肉体享受带来的烦恼，眼耳鼻舌身意都会带来烦恼，各种美好的东西都会让人生起贪心，得不到，就会痛苦。身体本质上也是痛苦，因为身体是多种元素构成的，它有生必有灭，你无论多么小心，它都必然会得病，必然会衰老，没有例外。这是人类最为困惑的问题。我们国家现在进入了老龄化社会，到处都能看到老人，一个人无论他年轻时多么风光，老了之后都会显得非常可怜，如果他还得了大病，躺在医院的病床上，就更可怜了。

最近，我回甘肃看了一位老师，他得了很重的病，快要死了。他以前是一位名作家，做过很多事，但我见他那时，他躺在病床上，垂垂老矣的样子让人很心酸。而且他非常痛苦，疾病带来的疼痛很折磨人。这时，过去所有的荣誉都救不了他，过去所有的精彩都不见了。属于他的，只是一个很快也会消失的躯壳，一个行将就木的身体。他刚生病时，还有很多朋友去看他，到后来，很多朋友也不去看他了。他孤零零躺在病床上，陪他的，只有疼痛的肉体。

每个人都有这么一天。健康时，人有很多麻烦，因为有太多的期待和计划，也有太多的攀比；得病时，人会更加烦恼，因为肉体的衰弱和死亡无可抗拒。所有老人都害怕这一天。但一旦人知道自己很快就要死了，就会看破很多东西。他的世界会被一种虚朦的氛围所笼罩，就像《白虎关》中的月儿，也像《大漠祭》里的憨头。如果你想知道人面对死亡时的心情，你可以去看这两本书。

每个人的一生中，有件事是必须要学会的，那就是面对死亡。

人可以不结婚，可以不生孩子，可以不恋爱，甚至可以不进入社会，可以过田园牧歌的生活——当然，这种生活也在消失——但他不可能不衰老，不可能不死亡。人不可能拒绝的存在之一，就是死亡。一旦他的人生被死亡的阴影所笼罩，他就会发现任何东西都没有意义，因为他带不走什么。这时，他和健康的人就像生活在两个世界里——他很快就要退出历史的舞台了，但世界仍然在喧嚣，一片喧嚣之中，人们听到的永远都是欢乐之声，人们是看不到死亡的。

求不得更是这样。贪图美的东西，得不到就会痛苦；爱别离也很痛苦，明明想要天长地久，想永远在一起的，偏偏到不了一起；怨憎也会痛苦；肉体病了也痛苦；再加上内心、五蕴、肉体的各种感受，都会让人痛苦。所以，人类绝大部分的痛苦，都跟身体有关。

年轻的怕衰老，健康的怕得病。很多人一旦体检，等待体检报告时，心里就会出现诸多联想，我的身体究竟怎么样？一旦身上出现疼痛，马上就想到会不会是癌症？因为癌症太多了，到处都有，癌症带来的痛苦也太多了。所有人都有这样的忧虑。“吾所以有大患者，为吾有身”。

对荣华富贵的向往也是这样，它跟执著身体是一样的，都是人生的大病。

反之，“及吾无身，吾有何患”？要是我没有身体的话，我有什么好忧患的呢？一些久病之人往往能看开，能看破生死。因为他知道自己的身体已经这样了，他也就不再担忧生死问题了。这时候，要是遇上善缘，他们也可能会成为智者。

“贵以身为天下”也有多种解释：其一是，为了治理天下而珍惜身体；其二是看待天下超过自己的身体；其三是像爱身体那样爱天下。三者都有它的道理，都可以“寄天下”。

爱惜身体，是做人最基本的东西。

以前，我们经常请一个朋友做些事情，结果有一天，我看他的日记，发现他开车的时候希望自己撞死。他总是在想“我要死、我要死、我要死”，我们后来就不敢用他了。为什么？因为我们怕出事。连命都不要、连身体都不爱的人，是不可以托付大事的，除非他是智者——也就是说，他已经真正地破除了身执，破除了我执。为什么？因为，珍惜身体是人的天性，如果连身体都糟蹋，他还会爱谁呢？

历史上有个著名的“杀子以适君”的故事：齐桓公有个厨子叫易牙，他做的饭非常好吃。有一天，齐桓公随口说了一句，我什么都吃过，可惜还没吃过人肉。结果易牙就把自己四岁的儿子给杀了，蒸熟给齐桓公吃。齐桓公知道之后很感动，甚至想让易牙继任管仲之位，但管仲告诉齐桓公，易牙是个小人、奸臣，叫齐桓公一定要远离这种人。齐桓公问为什么？管仲说，爱儿子是人的天性，易牙为了取悦您，连儿子都能杀害，还有什么事不能做呢？后来，易牙果然和另一个小人一起，趁齐桓公得了重病，把齐桓公活活饿死在宫中。

同样道理，我们也不能糟蹋自己的身体，爱惜身体也是人的天性。所以，老子一直强调爱身、惜身。他甚至认为，“爱以身为天下，若可托天下”。当一个人像爱惜自己的身体一样爱惜天下人，或者为了治理天下爱惜自己的身体时，你就可以把天下托付给他。老子说得非常有道理。

叁 在破执中惜身

道家很重视身体，所以有很多健身之法，追求长寿、强身健体。它源于老子惜身的理念。身体是精神的房屋，身体是神庙，肉体是神灵的宫殿，所以，对身体的热爱是必要的。但佛家有另一种观点，佛家追求破除对身体的执著，首先破的就是身执，也叫我执。佛家把我执和身执作为人生中最大的敌人。最明显的就是苦行僧。当然，佛教更提倡中道。

我看过很多关于苦行僧的资料，最早的时候，和尚头上烫戒疤，后来出现了燃指供佛。所谓的燃指供佛，就是把手指头放在火上烧，来供佛。这种行为很极端，一方面代表了行者的虔诚心，另一方面也表达了对身体的不在乎。有一个九指头陀，他是个诗人，他对信仰非常虔诚，他之所以叫九指头陀，就是因为他燃指供佛。还有个和尚，他用胸膛当烛台，点上酥油灯供佛，最后在胸膛上烧出了一个大洞，甚至能看见心脏。后来，此人被称为高僧，很有名。

诸如此类的做法，都是在表达自己对身体的不在乎。

还有一个例子也很有名：二祖向达摩求法时，达摩说，除非天降红雪，否则自己是不会传法给他的。于是，二祖马上就砍断了自己的胳膊，鲜血染红了雪地，也等于天降红雪了。

我的《光明大手印：实修顿入》中，有段偈颂，源于一个非常有名的传承，它体现了佛道两家在追求上的区别：

“心极法依止，思维暇满时。无常若现前，除法无依止”，极致的心灵训练要以正法为依托和依靠，要多想一想：如果这个身体毁坏了怎么办？我们还能依靠什么？我们只能依靠正法——也就是真理，才能解脱。你可以想一下，那么多人拼搏了一辈子，什么都有了，家庭也很美满，突然有一天，他猝死了，他的事业地位和财富也都不属于他了，他生前的好名声也会慢慢地消失，他什么也留不下。怎么办？佛家知道人必然有这么一天，所以不追求保全肉体，只是依靠正法。但道家却注重修炼身体、以求长生。

“法极穷依止，沦为乞丐时。亦不舍正法，永无退转时。穷极死依止，牺牲身命时。一心系正法，富贵勿贪痴”，不管修道多么困难，哪怕沦为乞丐，吃不饱、穿不暖、没地方住、不被人尊重、甚至饿死，也没关系，也不舍弃正法、一心一意追随真理，永远都不后悔退缩，永远不贪恋富贵权位。在这里，佛道两家有相通之处，就是都不追求富贵权位。但佛道两家的底线不一样，正法也不一样。道家是惜命的，道人希望能保全身体和性命，他们的正法是丹道等；佛家的正法是解脱的空性智慧，也就是真理，佛教信仰者为了追寻真理，可以舍弃一切，连命都不要。

“死极依荒沟，弃尸荒野时。如狗无尊严，正念无顾忌。”死了怎么办？大不了被弃尸荒野，狗见了叫狗吃掉，狼见了让狼吃掉，没关系，哪怕没有丝毫尊严，我也不会舍弃正法、动摇正念。香巴噶举的训练是可以超越肉体的，因为它有一种中阴身修法，就是说，你到了中阴身，仍然有解脱的机会，就算没有肉体也没关系。但道家的修道必须依靠肉体或阳神。这是佛家和道家的另一个区别。

“事前无牵累，事后无愧悔。同行无执著，金刚无能摧。”在这一点上，佛道两家是相通的，因为佛道两家都追求宠辱不惊。做事前不会瞻前顾后，事后也不会一直牵挂，既不会后悔，也不去愧疚，做了就做了，坦然接受一切。只要没有执著，就连金刚钻也摧毁不了你的道心。虽然佛家和道家在这里有相通之处，但他们的程度还是不一样。道家的修依托于身体，但佛家只注重自性。

“出于人群日，入于狗伍时。舍弃诸尘累，圣位正晰晰。”不管是在人群之中，还是与狗为伍，都不要紧，能舍弃红尘中的一切，那么超凡入圣就指日可待了。

过去有个狗大师，叫古古如巴，香巴噶举的玛哈玛雅法就源于古古如巴。古古如巴就是与狗为伍的人，人们称之为狗大师。他老是跟狗在一起，吃饭在一起，睡觉也在一起。有人也说，这其实不是一群狗，而是化现为狗的空行母。《玛尔巴传》中记载，玛尔巴曾经去毒龙岛——也就是狗大师的所在——向古古如巴求法。当时，古古如巴像鸟一样蹲在树下禅修。古古如巴问他是谁的弟子，他说他是那诺巴的弟子，古古如巴就开玩笑说，那诺巴哪有资格教弟子，他能给弟子教什么？然后就把教法传给了玛尔巴。玛尔巴回去之后，把古古如巴的话跟那诺巴说了，那诺巴就反唇相讥道，古古如巴那么丑，连个空行母都找不上，只能找一群母狗。其实，那诺巴也在开玩笑，他和古古如巴心里都很尊重对方。这故事说明，佛教修炼超越了一切外相，超越了所有的二元对立。

不过，道家也很了不起。道家炼丹多能长生。很多人先修命后修性，先修好身体，再提升智慧和境界，所以，道家有很多长寿者，上百岁的有很多。不过，全真七子不长寿，他们大多五六十、六七十就死了。他们的长生是靠阳神来实现的，他们全都修成了阳神。据说，这个身子一旦修成，他的肉体就算腐烂了也没关系。如果他们接着往下修，炼神还虚、炼虚合道，也能修成大罗金仙，也能解脱，只是有志于此的人很少。大部分人都会执著身体。如果执著于身体，就容易变成守尸鬼，得不到终极解脱。

中国最伟大的贡献之一，就是内丹修炼之法，这是生命科学领域的一个了不起的发现，也是中国对人类最伟大的贡献之一。但有时，对身体的执著，也会障碍解脱，所以，到了清朝时期，道教开始学习禅宗，强调明心见性，强调心性训练，强调长生后的破执，出现了许多非常了不起的人。这是中国道教的一次革命。

最有意思的是，我修密乘时，发现密乘和道家有很多相似之处。比如，道家的武火，有点像密乘的宝瓶气；道家的存想，很像密乘的观修；道家的天尊，很像密乘的本尊。注意，实际上本尊和天身合在一起，就是天尊。

我还看过一个资料，公元4世纪前后，印度有个叫吉祥狮子的人，他是莲花生大师的师父，他不是印度人，而是中国人，他精通道教的丹道。当时的印度有一种大支那功，被认为是一种来自中国的法门。我觉得，佛道两家在那个时候，曾经在印度有过相遇。我说的“相遇”，就是相互学习、相互影响的意思。

所以，到了后来，佛道两家是你中有我、我中有你，大家都有对身体的训练。密乘中的动功，如大礼拜，还有香巴噶举的奶格体操等，都是对身体的训练，也都是非常朴素的瑜伽。它们的目的，都是打通中脉，有点像道家的导引术。佛家也有很多长寿的高僧，比如虚云老和尚，他活了一百二十岁，琼波浪觉活了一百五十岁，热罗多吉扎活了一百八十岁，唐东喇嘛也活了一百二十岁。他们都是在破执境界中实现长生的。佛家也有长寿法，比如香巴噶举就有长寿法的传承，它跟道家有点相似，都强调身体。

在现在这样的时代，我们过分强调身体不好，不在乎身体也不对。比如，有些人过分爱惜身体，吃很多保健品，老是干预身体，结果把身体给吃坏了。相反，我年轻时很不在乎身体，每天睡得很少，更多的时间用于禅修。如果定力很好的话，禅修可以代替睡眠，那么就没关系；如果定力不够，睡眠时间过少，会影响健康的。所以，我提倡中道，过犹不及。

要适度地爱护身体，按时作息，科学饮食，每天锻炼，像《黄帝内经》所说的那样，遵循身体的规律养生。因为，身体是生命的载体，我们必须尊重它、爱它。同时，我们要像爱自己的身体一样，珍惜自己的事业，爱惜别人。老子说爱天下，我们就把家庭、事业、朋友和家人当成天下，像爱惜自己一样爱惜他们，也像爱惜他们一样爱惜自己。慢慢地，我们把对自身的爱放大、让它遍及出去，也把对天下的爱收摄于心，让两者达成一味。

生命非常脆弱，每个人都必然慢慢老去，不要为一些未来不可能发生，或永远不会发生的事担忧，从容地活好每个当下。身心皆修，让自己的生命成为道的载体，让世界变成调心的道具。久而久之，我们就能宠辱不惊、物我两忘、逍遥自在地度过一生。

肆

消除分别心，宠辱随风飘

很多人都向往“宠辱不惊”的境界，但很多人认为自己达不到。为什么达不到？因为，大家心里都有一种对贵的向往，比如我们非常在乎的尊严。尊严是好东西，但好东西同样会束缚人心。当你很在乎尊严时，有人侮辱你，侵犯、干预、否定你的尊严，你就会怒火中烧。生气对自己不好，既对身体不好，也会让自己失态，也可能让你做出不能挽回的事。所以，希望自己有权威、有威信、尊贵、高贵、富贵，都是很正常的心理，甚至有些人提升自己的修养，就是为了得到这些东西，但我们还是强调要破除它。

如何破除它呢？首先要了解它的本质。

贵是什么？贵是地位、权威和敬仰，富仅仅是财富，两者不是同一个东西。就算你得到了财富，也不代表你就变得高贵了。

比如很多煤老板，他们非常富有，但他们没有社会地位；很多屠户也非常有钱，他们也没有地位。还有很多暴发户，他们也很富有，但他们同样没有社会地位。社会接受他们的挥霍和消费，但并不在乎他们。张飞和关羽在遇到刘备之前，都是社会最底层的老百姓，张飞是屠夫，杀猪的，关羽也干苦力。他们的武功再好，也没有地位。那么刘备呢？刘备没钱，但刘备是皇叔，他有地位，有影响力，有号召力，受人尊重。所以，他虽然不富，但他贵。好多人也明白这一点，所以才花很多钱来搞慈善，目的之一，就是为了赢得社会的尊重，让自己变得贵。

但事实上，执著贵跟执著身体是一样的，都是大患。在修道之中，它是必须破除的。

我在《无死的金刚心》中写过几个成就者，他们的最后一关都是对“贵”的破除。比如琼波浪觉，他曾是本波的法主，司卡史德就把他卖到神庙，去服侍那些神婢（也就是另一种风尘女子）。神庙里还有个叫巴普的人，是个看破红尘放弃王位、专心修道的国王，他的上师卢伊巴让他到神庙里去做仆人，也是为了破除他的贵执。所有曾经拥有很高地位的人，很容易执著贵。为了破除这个贵执，他们的上师会用很多常人不太接受的方式，比如让他们做妓女的仆人，服侍妓女的起居饮食，甚至做皮条客，为妓女们找客人。而卢伊巴自己也曾是国王，他的最后一关也是破执尊贵，就会有净垢分别心，喜欢美食，不喜欢肮脏食物。所以，他专吃别人丢掉不要的鱼肠来对治。当然，他的吃不是一般人的吃，而是安住在空性境界中吃，慢慢地消除自己的净垢分别心，消除自己对贵的执著。这样坚持了十二年，他才证得了大手印究竟成就。他就是把贵和身都当成了生命中的大患，用对待灾祸的心来对待它们。在佛教中，这样的故事非常多。

如果他们不愿破除贵执，能成就吗？不能。这种人是修不了道的。不能忍辱的人都修不了道。因为，只要有人挑战他的“道”，他就会“若惊”，得之若惊，失之若惊，很难入道。他只有破除自己的这种心理障碍，让自己和光同尘，像大地一样，藏污纳垢也没关系，被所有人踩在脚下也没关系，什么都能接受，才可能证得成就。

我经常谈到一个例子。过去，有个批评家总是批评我，在一般人看来，他的有些话甚至是恶意的，但我仍然对他很好，面对他的批评时，我总是心平气和。他就说，雪漠的姿态很好。我告诉他，我不是姿态好，我并不认为你在批评我，也永远不觉得你在侮辱我，你只是说你自己的看法而已，这是老天赋予你的权利。至于他说啥，我听听就好，说我好也罢，说我不好也罢，都很正常。我的小说是一个客观存在，从我写出它的那一天起，它就变成独立于我的一种存在了，不同的人面对它时，都会有不同的感受，就算他们的感受不好，也很正常。

对于我本人，也一直是这样，有人说好，也有人说坏。但我不在乎，我并不觉得自己受辱了。因为我不执著贵，我没有那种希望别人不要欺负我、不要凌辱的想法。有分别心，才会有这种想法。

文化大革命的时候，有些人活下来了，有些人自杀了。为什么？因为有些人看得破，有些人看不破。看不破的人心中都有一种贵执，他们容忍不了不公平的待遇，就要用死亡来维护自己的高贵和清白。但他们一死，他们的家人就会痛苦，爱他们的人也会痛苦，他们再也不能继续为世界做贡献了。比如傅雷，我尊重他，也尊重他的高贵，但我始终觉得，要是他活着，能多为世界翻译几本好书，或许会比他死去更好。一切都会过去的。到了现在，没有任何人记得、在乎那时人们怎么看他，人们只记得他翻译的那些书。他为世界贡献了一种自己对那些大师的理解。所以，他的死虽然保存了他的高贵，也确实很感人，还变成了“傅雷”这个名字的一部分，但我对此还是有些遗憾。

我向往的，是佛教所提倡的自由：无一物可以干预、可以摧毁的自由。在我看来，这才是真正的高贵。我在《西夏咒》中，写过一个乞丐，那个乞丐坐在凉州街头，风餐露宿。但是，当我买来蛋糕、放在他面前时，他却说，拿开，那是我睡觉的地方。他一直没有碰我给他的食物。在我眼中，他是凉州城最高贵的人。他有点像孟子说的贫贱不能移，他并没有因为生活的困窘，而失去尊严。

我很欣赏古人的一副对联："宠辱不惊，看庭前花开花落；去留无意，望天上云卷云舒。"这就是一种很好的生活态度。宠也罢，辱也罢，都不觉得有什么值得吃惊、意外的，任它来者自来，去者自去。同样道理，有钱也很好，没钱也很好，都不要紧，因为我们吃不了多少东西，用不了多少东西，东西太多，还要不断地送人，或是扔掉，否则家里没地方放，搬家的时候也很麻烦。这就是物累。没必要为了这种太多就会变成物累的东西，浪费我们的生命。闲下来，就看看庭前的花开花落，听听风声鸟鸣，看看月亮太阳，看看天上飘来荡去的白云，多么逍遥惬意。甚至朋友也是这样，朋友太多，你没时间应酬，不主动来往还会得罪朋友，让大家不开心。所以，朋友去也罢，留也罢，都随他们。没必要执著。不如"静对古书寻乐趣，闲观云物会天机"，静静地在读书中寻找乐趣，看天边的云忽而卷过去，忽而卷过来，让自己的心和大自然融为一体。

很多人在这一点上都做得很好。比如有个傅大士，他过去很有钱，后来他想修道，就把所有家产都沉到江里去了。当然，他这样也不好，如果想破除对财富的执著，他可以把财产分给老百姓，做些慈善也行，直接沉到江里，固然不用牵累他的心，但也有些浪费。

还有一个孙不二，她家很有钱，人也长得非常美，王重阳给她传了法之后，她就想离开家，到外面去修道。但她怕到了外面，会因为长得太美被浪荡子欺负，就烧了一锅滚油，再倒下一碗冷水，结果滚油炸了她一脸，她马上就毁容了，变得奇丑无比。然后，她就扮成一个老乞婆，远离家乡，远离老公，住在一个非常破烂的土屋，苦修多年，修成了阳神。这时，她借神通之力，发现过去的老公、现在的师兄马钰还在经营家业，整天待在是非堆里，处理各种琐事，修道也成了做样子。他之所以修不进去，是因为有太多的牵挂，他的家业太大了，他放不下。孙不二看他这样，就劝他说，你看我都修成了，你还在折腾什么呢？还是放下家产，专心修道去吧！这时，马钰才把财产都散掉，专门修道。当他放下一切之后，过了几年也修成了。他就是全真七子中的马丹阳，丹阳真人。

所以，成道前拥有太多的财富，会影响修道的。

对贵的依恋也会影响修道。所以，我们要超越人间荣辱，安心于对真理的实践。哪怕别人叫我们做牛、叫我们做马，也不要紧，心不为所动。富贵也罢，荣耀也罢，屈辱也罢，潦倒也罢，都不在乎，都不动心。得时不得意，失时不气馁，光明来了就是光明，灰尘来了就是灰尘，那么，总有一天，在污泥中也能长出自己的莲花。

第十四章

用身心融入得道者的境界

【原文】

视之不见，名曰夷；听之不闻，名曰希；搏之不得，名曰微。此三者，不可致诘，故混而为一。其上不皦，其下不昧。绳绳兮不可名，复归于无物。是谓无状之状，无物之象，是谓惚恍。迎之不见其首，随之不见其后。执古之道，以御今之有。能知古始，是谓道纪。

壹 在「视听搏」中感悟道

视之不见，名曰夷；听之不闻，名曰希；搏之不得，名曰微。

很多哲学家和解读者都认为，这一章是对道的本体的表述，这种说法很有道理。那么，“视之不见，名曰夷；听之不闻，名曰希；搏之不得，名曰微”是什么意思呢？有两种解释。

第一，没有任何色相、肉眼看不到的那部分存在，就叫“夷”。夷是无色的。在现代科学中，它也许可以称为暗物质、暗能量——科学家们发现，宇宙中有许多不可见的存在，它们占了所有物质的96%，科学家称之为暗物质、暗能量。换句话说，夷是你想看也看不到的那部分世界。

那么“听之不闻，名曰希”呢？耳朵听了，但听不到声音，便称为“希”。就是说，耳朵听不到的那部分声音，就叫“希”。有个成语叫“大音希声”，可能跟老子的这个观点有关系。事实上，很多声音都是耳朵听不到的，比如超声波，还有一种次声波。人类的耳朵只能听到某个范围内的声波，超出这个范围，人就听不到了。

咒语就是这样。有个翻译家说，如果你用某种特殊的方式念诵咒语，你念咒的声波就能传到比较远的地方。我也不知道这种声波具体是什么频率，或是什么原理，但它确实存在。它属于一种心灵咒语，也是一种咒语的妙用。

“搏之不得，名曰微”也是这样，摸了但摸不到的那部分存在，就叫“微”。它也是“道体非有得，不可有为求”的意思。《金刚经》说：“若阿罗汉作是念，我得阿罗汉道，即为着我、人、众生、寿者。世尊，佛说我得无诤三昧，人中最为第一，是第一离欲阿罗汉。世尊，我不作是念，我是离欲阿罗汉。”他如果觉得他得到了阿罗汉果，他就没有证得阿罗汉果。真正的阿罗汉果，是实无所得的。实无所得，就是搏之不得。这就是夷希的境界，得道、证道的境界，它湛然合大道。

有人也认为“搏之不得”是“抟之不得”。抟是捏的意思，用抟也有道理。道教历史上有个很有名的人，叫陈抟老祖。他的“抟”，也许就源于这个版本的《道德经》。后来，宋太宗还给他赐了号，叫“夷希先生”。

无论是“搏之不得”还是“抟之不得”，都一样，指的都是一种触摸不到的世界，小到极点的世界。这个世界是由原子、分子、离子、中子、微中子，以及后来发现的超弦所构成的。这些粒子非常小，有些显微镜可以看到，有些连显微镜也看不到。它们都属于微观世界。有些科学家甚至认为，灵魂由微中子或超弦构成，物质世界是由光和波构成的。我们看到的实物只是一种幻觉。这是物理学对“道”的解释，“万物都是活动的粒子”。

很多暗能量是看不到的，但能感受得到。任何修道者，在生活中都有这样的体验。他感觉到了一种巨大的能量，但他未必看得到它。当然，有些人也可以看到，我们称之为开了天眼。类似的说法有很多。

第二，不取于相、如如不动的境界。就是说，你看到了眼前的景象，但你执著它们。很多证道者证道之后，对纷繁的世界也就视而不见了。

据说，有个高僧曾应皇帝之请，到宫中面圣。见到皇帝的时候，皇帝问了他一个问题：你一路上见到了什么？高僧回答，我什么都没看见。注意，这时皇帝又问了一个随行的小太监，小太监说，路上各种东西都有，有玩杂要的，有卖小吃的，还有人在唱戏。皇帝一听就很生气，觉得高僧在骗他。但高僧不动声色，还提了个要求。什么要求呢？他请皇帝找来一个死囚，让死囚端着一盆醋，站在唱戏者的身边。要是醋洒掉的话，就立刻杀掉死囚；如果醋一点都不洒出来，就赦免那死囚。皇帝照办了。戏演完之后，死囚手中的醋一点都没有洒出来。高僧就问他，刚才那场戏讲了什么啊？死囚说，我不知道。人家就在他身边唱戏，他怎么会不知道呢？因为他一直盯着那盆醋，没有一刻走过神，所以，他就算能看到旁边有人，也不知道人家在干什么。修道者修到这一步，就是视而不见。

“听之不闻”也是这样，只要你非常专注于某个东西，就会进入这种状态。这个状态叫“专一瑜伽”。我二十多岁的时候，刚从道家的修道转入佛教净土宗的训练，那时，我念阿弥陀佛。我的专注力很强，专一瑜伽已经完成了，所以，我念了没有多久，就达到了念佛三昧的境界，在很长一段时间里，耳边都是漫天漫地的“阿弥陀佛”，听不到其他声音，整天沉浸于佛号之中。后来，我进入了密乘，就开始持诵本尊咒，我持本尊咒的时候，也是这样，漫天漫地的本尊咒，听不到别的声音。这就是专一瑜伽的境界。

但它不是最高境界，修道者修到这里时，再往上修，就会进入“大圆镜智”的境界——心如明镜，如如不动。到了那个时候，他能看到一切，但一切都干扰不了他。这也是一种“视而不见”的境界。这里的“不见”，指的是不执著于所见之物，不认为自己看见了什么，知道自己无论看到什么，都仅仅是不断变化的现象，这时是这样的现象，一会儿就变了，所以不在乎，也不往心里放，故而不见。

黄帝悟道的故事就有点这个味道。据说，有一天，黄帝看到两个人很像在抛球，却不见球的踪影。黄帝觉得很奇怪，就问他们，你们在做什么？他们说，我们在抛球啊。黄帝说，但你们手上没有球啊？两人说，有啊，空气不就是球吗？这时，黄帝突然有了一种感悟，觉得世事就如抛球，只有抛的动作，却没有一个实实在在的、值得你抛的对象。为什么？因为世界一直在变化。

“搏之不得，名曰微”也是这样，你触摸到各种物质，生起各种觉受，但你不执著，它们就很像这个空气做的球，空中能生出万种妙有，但种种妙有都终将归于虚空。所以，你感受到风的轻柔，但你不执著它；你触摸到水的清凉，但你不执著它；你抚摸孩子幼嫩的脸蛋，你也不执著它；你碰触到自己松弛的皮肤，你同样不执著它……你触摸到一切，感受到一切，但你心里不生执著。因为，你知道一切都像那个空中的“球”，生于虚空，也会消融于虚空。这有点像释迦牟尼讲经说法四十九年，却没有说过一个字，也像赵州老和尚活了一百二十岁，吃了那么多饭，开悟后却说没咬过一粒米。

我在《无死的金刚心》中也有一段表述：有个空行母拿着金簪，在水面上划了一下，划时水面开了，金簪一离开水面，水面又合住了。就是说，道就像水一样，你可以接触它，但你干扰不了它。这也是“搏之不得”。

这些表述看起来抽象，似乎很难理解，但你只要把它放进证道者的境界，你就可以解释得通。所以，它们确实是得道者的境界呈现。

贰 超脱纷繁，混元为一

此三者，不可致诘，故混而为一。

夷希微三者都是不能穷究其妙的，故而混合为一。

不能穷究，就是不能追究的意思。为什么不能追究？因为，就算你追究，也追究不到尽头。量子力学创立百年了，还没有研究到尽头，至今仍在不断地发现新东西。

前些天，我坐飞机时又看到了一个化学界的新消息：今年年底，元素周期表中很可能会添加四种新元素，由美国、俄罗斯和日本的科学家在实验室里发现。但这肯定不是科学探索的尽头。随着科学的进步，元素会不断被分解再分解，打碎再打碎，在无限小中再找到无限的更小……科学探索是没有尽头的，道也没有尽头。无论在多么稳定的元素之中，还是在多么不稳定的元素之中，都有道的存在。一个个条件的组合、离散、重组，让世界充满了纷繁的现象，而那万千变化、万千现象的背后，都暗藏着道。所以，修道者不管那么多现象，他们只管“混而为一”。

过去有很多种修道方法，比如修前任后督、奇经八脉等。还有一种混元功，不管各种变化，只求那个最本质的东西——道的本体。抓住那个本体，进入那种境界，就叫混元功。“混而为一”也是混元。这是一种快刀斩乱麻的修法，不管你听到还是听不到、看到还是看不到、摸到还是摸不到，只追求道，混元为一。

《列子》里有个故事很有意思，也很有意义，它正好说出了道的不可穷究性。

据说，在战国时代，郑国有个神汉叫季咸。这个季咸很厉害，能看出人的生死祸福，还能准确地知道人的寿命，所以，郑国人都很怕他，一见他就逃跑，生怕他给自己相完面，告诉自己何时会死，那么自己就算本来不会死，也会被吓死。列子却很欣赏他，甚至对师父壶子说，有个人的道术很厉害，恐怕比您还要厉害！壶子告诉列子，我还没教给你真正的道，你才会让他相出你的真相，你让他来给我相相面吧。于是列子就带上神汉来见壶子。神汉一见壶子，转身就走，列子追上去问他原因，他告诉列子，你师父快要死啦，他面如死灰，没有一丝生机，估计活不过十天。季咸在这种事上从来没有说错过，所以列子很伤心，他流着泪把季咸的话转告壶子。壶子却哈哈大笑，他说，那神汉看到了我观想的大地（地水火风中的地）之相，一片沉寂，毫无生机，才会以为我快要死了，明天你再带他来见我。第二天季咸又来了，一见壶子又掉头走了。列子就追上去，问他相出了什么结果？季咸告诉列子，你师父活过来了，有了一线生机。列子将这番话告诉了壶子，壶子说，这是因为我安住在一种境界之中，观想一道生机从脚底沿脉络进入身体，他看到了那道生机，你明天再带他来见我。第二天季咸又来了。这次，壶子展现出一派紊乱之相，季咸就又走了，还跟列子说，他师父神情恍惚，心迹不定，我无法给他相面，等他稳定下来再相吧。壶子告诉列子，这仍然是自己观想出来的境界，又叫列子再带季咸来看。季咸就又来了，但这次，他一见壶子掉头就跑，没再等列子来问话。列子追不到神汉，就回去问师父，原来，壶子这次呈现出合道的状态，季咸已经摸不清虚实了，他知道对方不是一般人，就赶紧逃了。

佛教也有一个类似的故事：释迦牟尼住世时，遇到过一个通天眼的婆罗门。这人一看到骨头，就知道他的主人去了六道中的哪一道。于是，他就指着面前的几堆骨头，说这个去了哪里，那个去了哪里……但有一堆骨头他说不出，因为他什么都看不到。释迦牟尼就告诉他，这是阿罗汉的骨头，阿罗汉已经超越轮回，进入涅槃境界——也就是道的境界了，没有超越轮回的婆罗门当然看不出。只有同样证道的人，才能洞悉得道者的境界。

它和壶子那种合道的境界很像，但壶子的故事除了道的无法穷究之外，还讲了另一个道理：观想的意义。

无论在道教还是佛教之中，观想都非常重要。壶子观想什么，对方就接收到什么：他观想自己无生机，对方就以为他无生机；他观想自己有生机，对方就认为他有生机。这就是得道者在通过观想随心化现，通过观想传递信息。

俄罗斯科学家做过一个实验，在两个相距几千公里的地方，各组织一些东正教教徒，让其中一个地方的教徒观想某个图案，另一个地方的教徒在同一时刻，将脑海中浮现的图像画出来，两边一对，发现结果完全吻合。实验内容是当天决定的，双方都没机会把答案告诉对方，可见那结果是客观、科学的。它说明，观想有思维波，还可以传到很远的地方。

它是一种带有正念和信仰性质的成像，也是一种作意。那些东正教教徒知道某个图案，然后观想某个图案，佛教训练有时则是知道某种状态，然后观想某种状态，让自己慢慢进入那种状态。我们修生起次第也是这样。首先，就要让自己入空，把所有杂念都清理掉，心无旁骛，然后化现出诸般境界。这就是在空中生起妙用。但修到最后，你还要让这些妙用再归于本体。

做大礼拜时，也是这样，也要观想。不一定观想图案，也可以观想状态，观想发心。它实际上是一种正念。你有什么样的正念，就会有什么样的受益。

有些人不懂大礼拜在修道上的意义，将它当成了运动，用它来锻炼身体。其实不该这样。不能觉得自己是在锻炼身体。要明白，大礼拜的第一个作用，是为了清除我慢、培养谦恭心；然后是让你对信仰对象生起净信，表示尊重恭敬；第三是清除你的业障；第四是增加你的福报。除此之外，大礼拜还有很多功效，锻炼身体只是附带效果。但是，如果你做大礼拜时没有正念和信仰的成分，单纯把它当成一种运动，它就只能帮你锻炼身体了。所以，大礼拜也需要观想，而且是带着正念、带着信仰地观想。如果没有这些，就不叫修道。

当你修到一定的时候，视之不见、听之不闻、搏之不得，就暗合大道了，叫“夷希微合大道”。大道既不能用眼睛看，不能以色相理解，不能由声音呈现，也是摸不到的。在《金刚经》中，释迦牟尼同样说过：“若以色见我，以音声求我，是人行邪道，不能见如来。”注意，这个表述跟老子的表述非常相似。我在《无死的金刚心》中也写过一首道歌，讲得更详细一些：

> 语言的功能已全部消失，就像盲者的视和聋者的听，
> 就像哑巴的话静默的声，没有语言可以描述什么是什么。
> 那至妙的大味无法用味觉描述，那至妙的声音无法用音符

再现，

那至高的形象不再有色彩，那至大的境界没有了身形。

纵然是一口吸尽三江之水，也咂不出心中想说的滋味。

纵然能吁出万顷波涛，也无法道出那静寂的声音。

虽然我们唱了诸多的歌谣，但智者了然迷者依旧迷茫。

即便是有了万千的言语，那心头的觉悟依然离于言表。

只有你尝到那妙法的滋味，你才会梦中醒来恍然大悟，

你才知所有的真理不是语言，真理是概念之外的那个本体。

“那个本体”是什么？就是“此三者，不可致诘，故混而为一”。

老子的很多思想非常接近佛家的境界，在某些方面，他虽然有显现上的不究竟——注意，之所以有这些不究竟，是为了应世。用佛教的话来说，就是方便之说。道家的本质智慧也是非常好的，尤其是庄子和老子，他们的境界非常高，远远超过一些历史上有名的禅师。不能因为自己是禅宗，或自己是佛教，就觉得道家一定不究竟。一定要明白，道教固然有不究竟的地方，但它也有究竟的内容。比如炼虚合道、虚空粉碎都是非常究竟的。《道德经》中关于道体的很多表述，也都是究竟的，是老子境界的呈现。

叁 斩断红尘累，怡然赏佳音

其上不皦，其下不昧。绳绳兮不可名，复归于无物。是谓无状之状，无物之象，是谓惚恍。迎之不见其首，随之不见其后。执古之道，以御今之有。能知古始，是谓道纪。

老子开始表述道体了。

“其上不皦”，也有说“其上不皎”的，前一个皦是清晰的意思，后一个皎是清晰明亮的意思。也就是说，就算道处于最高的境界，也不能增加它的明亮；即使日月星辰照耀着它，也不能增加它的光明。“其下不昧”，即使在瓦砾、屎尿之中，道也仍然存在，多么低下的境界也不能让它变得愚昧、昏昧。

“迎之不见其首”，想要迎接它，却看不到它的头；“随之不见其后”，想要跟随它，又看不到它的尾。

这有点像《心经》中的一段表述：“不生不灭，不垢不净，不增不减。是故空中无色，无受想行识，无眼耳鼻舌身意。”

“绳绳兮不可名”，“绳绳”就是绵绵不绝，像一团一团的绳子，无穷无尽，也像是乱麻。凉州有个说法，叫“乱麻缠了鸡脖子”，意思是事务太多、诸事缠身。比如，有个人准备到小岛上隐居，想要过一种简单的生活，但小岛上有很多老鼠，老是咬坏他的书和衣服，他就决定养只小猫；小猫要喝牛奶，他又养了头奶牛；

养了奶牛之后，需要有人帮他放牛，于是他又找了个放牛人；这个放牛人太孤独，他就给放牛人找了个老婆；给放牛人找了老婆之后，放牛人就和老婆生了个孩子……总之，就是各种各样的麻烦无休止地出现。

所以，修道者才要出家，斩断红尘。红尘中有很多享受，但他们仍然要出家清修。他们必须为心灵腾出一个空间，为生命减少一些可以减少的负担。多一事不如少一事，多好的享受也不要。为什么？因为，多一种享受，就多一份麻烦，永远都是这样。你如果接受了一种享受，就必须接受那享受给你带来的麻烦。

“绳绳不可名”就是这个意思，事情接连不断，无穷无尽，纷繁复杂，纷涌而来，充满变化，难以名状。但不管什么事情，不管什么事物，最终都会归于寂灭，都是幻化，都会在变化中走向“无”。

“复归于无物”，“无物”就是“无”。有人认为它是虚无，但它不是虚无，而是道家的无。

“是谓无状之状，无物之象，是谓惚恍。”它没有任何形状，也没有任何外相，是无形无相、若有若无、没有任何局限、形而上的。什么是“形而上”的？精神是形而上的，道体也是形而上的，看不见摸不着的东西就是形而上的；相反，肉体、物质、看得见摸得着的东西就是形而下的。形而上虽然谓之上，而且无形无相，但它需要形而下的东西作为载体，来承载它、显现它、展示它。我们之所以说道无处不在，就是因为万物都在向我们诉说着道，无数种物质的变化都在提醒我们道的存在。

前些时，我出门了一段时间，回到关房时，发现杯子里长毛了，该长毛的地方全都长毛了。并不因为我忘了这些东西，心里不装它们，道就不在它们身上体现。不管我怎么样，它们都会变化，变化是无处不在的，一切都在生生灭灭。这种生生灭灭的规律，是不以人的意志而改变的。任何一个地方都会发生。它们的背后，有一种原动力存在，这个原动力就是“道”。

“无物之象”也是这个意思。

“是谓惚恍”，有些地方也叫恍惚。过去，恍惚和惚恍是一个意思，但现在的恍惚已经不太对了。现在，凉州人说“我也恍惚了”，意思是我也记不清了，我也糊涂了，我的记忆也模糊了；但古文中的“惚恍”和“恍惚”指的都是一种不清晰、似有相似无相的状态，气功称之为“练功态”、“气功态”，是得道或入道时感受到的一种境界，它有一种恍恍惚惚、惚惚恍恍的感觉。有一首道歌中说，“先天气，后天气，得之者，长似醉”，这就是恍惚的境界。佛教修炼中也会出现这种境界，当你修得很好时，你会有一种非常陶醉、非常喜悦的感觉。例如伊斯兰教的苏菲派，他们进行近主修炼——也就是接近真主的修炼时，就会出现这种状态。密乘修拙火的时候也会出现这种状态。它是一种大喜大空的状态。老子用“惚恍”来形容，释迦牟尼说“缘起性空”。

一定要明白，《大藏经》浩瀚如海，其实只讲了几个字：苦集灭道。它也解释了道——道是什么？道就是“缘起性空”。你说它存在，但它会变化，不会永恒；你说它不存在，它又确实有显现上的存在。所以，释迦牟尼总是用幻化来形容“缘起性空”，有时也用戏论，幻灭等，跟“惚恍”的意思相若。我觉得老子的表述非常高明。

我的讲课内容，有时会有相似感。为什么？因为不同的文字，它们承载了同一真理，只是入道口不同。面对不同的人时，我总是根据他们适合的路子，来选择我的讲法。有根器高的人适合的入道口，也有根器低的人适合的入道口，不可能所有人都从同一个地方进入。

我说的“进入”，是进入一种离苦得乐的状态，让他们得到智慧和慈悲，得到终极自由，这是我写作的终极目的。所以，我的书中就出现了很多不同的入道口。讲《道德经》的时候，同样有很多入道口，这是我解读的核心。如果不讲这个内容，不帮助别人解除痛苦，讲也没有意义。

所以，你一定要明白，我所有文化著作最主要的目的只有一个，就是直指人心，直指心性，解决你人生的问题。当然，还有一个目的，就是定格即将消失的文化，定格即将消失的存在，这些都是文化层面的。但我的作品除了文化层面的意义，还一定会有心灵、信仰层面的意义，否则，我的写作也就没什么意义了。

也正因为这样，有些人喜欢“雪煮”的东西，觉得雪漠煮出了新东西，煮出了能指导当代人生活的东西——这也是我的目的——有些人却不喜欢雪漠说教。但他们所谓的说教，就像托尔斯泰、陀思妥耶夫斯基作品中的那些议论一样，如果没有那些议论，他们的作品就没有那么大的价值，甚至可以说他们也不是他们了。我也是这样，没有直指人心的智慧，没有随顺时代的妙用，就不是“雪煮”了，我既然花时间讲这些课，写这些书，就要讲出独特的、只有在我这里才能得到的东西。煮不出独特来，就没意思。

我学任何经典都是这样，永远“古为今用”“经世致用”“为我所用”，所有古人的智慧，都要用于指导当下的生活。这也是古代先哲们写这些书的目的。他们不是想让后人研究他们的学问，而是想要留下自己一辈子积累下的智慧，让后人学了之后妙用、活学活用。所以，在解读《道德经》时，我也会涉猎证道境界的呈现。我觉得，老子很可能也有这个想法，所以，他才用了那么多表述性的语言。这也是历代注释中缺少的东西。

每次讲《道德经》，我都会把我能收集到的《道德经》讲义看一遍，然后补充他们没讲的东西，重点讲一下怎么用。过去，我读过无数次《道德经》，但一直觉得没怎么用上，当然，它直接影响了我选择的方向，但今天看来，里面的很多东西都是我可以用，但没有用的，主要是那时候看不懂，也没有人讲自己是怎么用老子智慧的，所以，现在轮到我讲了，我就想讲一下当年我觉得缺失了的东西，希望老子智慧能指导当代人的生活，让大家把伟大但古老的经典与当下生命结合起来。我觉得，解读经典的意义就在这里。

“执古之道，以御今之有。能知古始，是谓道纪。”说的也是这个意思。我们探求古人的智慧、历史中的规律，都是为了能更好地服务今天。就像《资治通鉴》，司马光写它的原因，不仅仅是记录历史，也是为后来的皇帝留下一些先人治国的经验和教训，希望皇帝能从中汲取营养，更好地治理国家，这就是古为今用。古书看得越多，经验汲取得越多，我们的管理也会更成熟。比如，比起秦始皇那个时代，明清的治理不知道先进了多少，而我们今天的管理又不知道比明清好了多少。为什么？因为“执古之道，以御今之有”，以古人的经验为镜，正我们自己的衣冠。当然，我们也会发现，有一种规律从古到今都是如此，这就是道纪。

当我们遵从道纪，就是修道；当我们有了分别心，也就是你好我坏、你是我非之类的对立概念时，就远离了道体。我们不要管那么多道体以外的东西，哪怕纷乱的世界像乱麻一团，我们也不要管它，只要安住于道体，任世界纷纭变幻。荣也不管它，辱也不管它，因为在道体之中，荣耀不能增加你的光明，不能为你添彩，侮辱也不能让你愚昧、让你堕落。所以，一切看得见看不见、听得见听不见、摸得着摸不着，都不要管它，安住于道之本体，也就是夷、希、微的境界，就能进入“此三者，不可致诘，故混而为一”的状态。

肆 证道的十四个特性

这段文字虽然很短，但老子讲出了证道的十四个特性。

第一，模糊性。证道不是清清楚楚地得到了什么，不是一加一等于二那样清晰，而是模糊的，惚惚恍恍。破除了所有名相和执著，超越了二元对立之后，你自然会进入这种浑然一体、但如梦如幻的境界。

第二，混成性。混成，就是由多种东西混合而成，它不是单一的。佛教称之为明空不二、乐空不二、智悲双运、止观双运等。也就是你中有我，我中有你。如果只有一种，就不对了。阴阳调和才是大道，有阴无阳，有阳无阴，有明无空，有空无明，都不对。这是证道的第二个特点。和光同尘也是这个意思。

第三，本质性。证道者必须证得道的本质、本体，不能只在显现上下工夫。什么叫在显现上下工夫呢？就是在表象上、具体行为上下功夫，我老说纸上的火炬点不亮你，就是这个道理。纸上的火炬就相当于显现，它是一种形式性的东西，就像一个空荡荡的杯子。杯子其实不是最重要的，最重要的是杯中要有水。杯中有水，就是证道；只有杯子，没有水，只有显现没有证得本体，就不是证道。

第四，无相性。“迎之不见其首，随之不见其后”，就是无形无相。

第五，非局限性。“无状之状”“无物之象”，都代表了它的非局限性，它不是局限于某个形体、某种状态，它可以有无限的显现，它可以超越一切相，完全地破相。即使有相，证道者也能窥破相的虚幻性，不会被一时的相所局限。简言之，证道者不会“一叶障目，不见泰山”。

第六，灵动性，我们称之为活性。证道之后，他必须是灵动的，不是死的。就像列子的老师壶子，他可以呈现出无穷的状态，随缘实现、随心而化，所以才会把季咸吓得落荒而逃。证道不是造出一个僵死的模子，然后把众生一个一个套进去。

有个高僧讲《楞严经》时说：“我吃饭时是没有感觉的。”有人就问他，不对吧？没有感觉，不就像木头一样？高僧说，怎么能像木头呢？木头能吃饭吗？他讲得对吗？不对。没有感觉就是没有活性，没有活性就是没有证道。这说明他的修道有问题。无论他有多大的名声，都不代表他说的就是对的。证道必须是有活性的，它有完全的、很好的生命觉知，他只是不执著而已。如果没有觉知，就说明他不俱足三身五智，他就没有证道。

第七，它是柔软的，不是坚硬的。得道者的心非常柔软，而且是真正的柔软。很多得道者动不动就痛哭流涕，比如很多人讲法的时候，讲着讲着就哭了，他不是装的，他是真的受到了触动，因为他的心太软了。有些人有时会觉得自己很奇怪，动不动就感动，不知道为什么。实际上这是很好的，说明他的心变软了。得道者的心必然是软的，它不可能是坚硬的。得道者绝非木石，他的心就像面对病儿时的慈母一样，充满了温度。

第八，终极性。得道是一种终极解脱，也就是最彻底的解脱，它不是中转站之类的解脱，就是说，它不是往生。你得到了终极智慧，彻底消除了无明，不再迷惑堕落了，才叫证道。最开始你做不到，你要积累资粮，让自己见到真理、见道，然后通过修道一步步往前走，最终就会得道。得道的时候，你证得的东西就是究竟的。

2016年我出了一本书，叫《空空之外》，那是大手印的精要，里面详述了佛教解脱的五个次第，也就是五个阶段：资粮道，加行道，见道，修道，无修道。它非常清晰地指出了到达终极目标的途径。它就是“道纪”，证道的规则、规律。千年来，香巴噶举历代祖师以及世世代代的成就者们，就是照上面写的那样，一步步走向解脱的。我把他们的经验浓缩其中，也加入了自己的实修经历，于是便有了这本纲领、道纪性质的书。有缘者可以看一看。

第九，证道的至上性，也就是究竟性，指的是没有比它更高的了。道的本体是最高的，所以证道者的智慧也是最高的，是究竟的、了义的。所以，老子也罢，释迦牟尼也罢，智慧只要到了一个层次，就会殊途同归。

第十，普广性。它是既广泛又普通的。因为道不是他一个人的，而是人人都有的，他能证到，别人也能证到。每个人证得的道都是一样的，每个证道者的智慧也都是一样的。它没有特殊性。当然，它有层次性——比如佛家有十地之说，道家也有它自己的说法——不同的层次有不同的标准和特征。通过这些，你可以知道自己到了什么层次，但它不是个性化的。几千年来，所有证道者证得的终极的东西都是一样的。

第十一，实用性。道绝对不是没有用的，道是能用得上的智慧，是能生起妙用的智慧，而不是虚无缥缈的、不能用的装饰品。它面对世界的时候，能生起无穷的妙用。禅宗为什么对中国所有的艺术形式都有影响？就是因为禅宗的智慧能装进任何一个杯子，它也有点像白糖，不管杯子里装了什么水，它一旦被丢进里面，就能化开，与杯中水融为一体。

第十二，概括性。就是说，证道者的智慧一就是万，万就是一，一个证道跟一万个证道是一样的。他就像细胞，可以克隆出无数个证道的细胞。一个细胞足以承载道体的全息。

第十三，体的形而上。注意，证道者追求的是形而上的精神，它就是道体的体的形而上。它不可能是形而下的物质追求。它是灵魂层面的，而不是肉体层面的。

第十四，虽然体是形而上的，但它的用又是形而下的。它无论遇到什么形而下的东西，都能生起妙用。证道者可以当木匠，可以当伙夫，可以当工人，可以当管理者，也可以当政府领导，也可以做商人……无论做什么，他证得的智慧都能生起妙用。将来解读的古印度八十四大成就者的故事，里面就有很多这方面的例子。

第十五章

穿行于红尘的圣者

【原文】

古之善为道者，微妙玄通，深不可识。夫唯不可识，故强为之容：豫兮若冬涉川；犹兮若畏四邻；俨兮其若客；涣兮其若凌释；敦兮其若朴；旷兮其若谷；混兮其若浊。孰能浊以静之徐清？孰能安以动之徐生？保此道者不欲盈。夫唯不盈，故能蔽而新成。

壹 像猴子一样谨慎小心

古之善为道者，微妙玄通，深不可识。夫唯不可识，故强为之容：豫兮若冬涉川；犹兮若畏四邻；

古代的修道者——在这里特指得道者，非常的神秘、不可捉摸，又拥有一种玄妙通达的智慧，看起来深不可测，让人摸不清底细。在这里，我也只有勉强地形容一下。

“豫兮若冬涉川”，“豫”和“犹”是两种动物，它们都非常多疑、迟疑，处事小心翼翼。因为相似，它们就被组合成一个词：犹豫。犹豫也是迟疑、小心翼翼的意思。得道者为什么多疑呢？因为，他知道世上有无穷的可能性，害怕有人害他，所以非常谨慎，就像在冬天里过河一样。初冬里过河有两个难题：一是河水完全结冰，走在冰面上很容易滑跤，要小心翼翼；二是冰面有可能没有完全结冰，有些冰层很薄、很脆弱，你如果不知道，踩了上去，冰层就容易塌，人就会掉进冰冷的河水之中。所以，人在初冬里过河必须小心谨慎，上古的智者也是这样。

这里的小心谨慎，指的是做事的态度。你也可以理解为一种尊重。智者做任何事都很谨慎，很认真，从不马虎随便。他要么不做，要么就必然尊重世间规则。所以，从外相上看，他非常小心谨慎，也就是做事很郑重，很慎重，尊重世界。如果任何事都大而化之、马马虎虎，他可能就不是得道者。但这只是他做事的态度，不是他心灵的态度——如果是他的心态，那么他也不是智者——影响不了他心灵的自由。换句话说，智者是不冒险的。

诸葛亮就从来不冒险——当然，他离老子说的智者还有很远——他六出祁山的时候，魏延想以奇兵出子午谷直逼长安。现在看来，那样做很可能会偷袭成功，但诸葛亮不准。这正是因为他不想冒险。

“犹兮若畏四邻”，刚才说过，“犹”是一种动物。什么动物呢？一种猴子，它非常多疑。它行动的时候，总是会东张西望，显得非常胆小，时刻警惕着周围有可能发生的事情、有可能存在的危险。所以，这里的“犹兮”，就是戒备、警觉的意思。上古的智者像猴子一样警觉。“若畏四邻”，看起来非常害怕自己的邻居。在老子的时代，邻居也有邻国、敌国的意思。因为，当时每个国家都腹背受敌，所有国君几乎都窥视着霸主的宝座，都想占有其他国家的城池。所以，智者必须戒备、警觉。这是智者非常重要的特征，它相当于明空智慧中的明，如果没有警觉性，就相当于没有明，就是顽空、无记，他就不是智者，而是愚夫、呆子。换句话说，智者一定有敏锐的洞察力，就像自己处在一个非常危险的地方一样。

有些人也认为，“四邻”是外魔的意思，指的是眼耳鼻舌身意带来的烦恼。所以，修道中要高度警觉，保持一种清醒的觉性，知道自己在干什么，知道自己的行为心念如不如法，符不符合正法。无论上座还是下座，都要如此。如果一个人不丢掉觉性，在日常生活中明白什么是觉性，那么他就有了主体性，就成了心的主人。这时，世界就是他调心的道具，而不是制约他的枷锁，他就是智者。如果没有觉性，没有主体性，他就是愚夫。

至于做事的快慢，他并不在意。他非常小心，宁可慢一些，不着急。他把一切都交给变化的时光，交给时间，让时间去玩变化的游戏，等时间给他答案。智者知道很多东西急不来。所以，他绝不会拔苗助长。释迦牟尼横穿印度弘法时，那段路途是多么漫长。他们没有车，没有便利的交通工具，所有的出行靠的都是他们的双脚。但他们不着急，始终没有那种赶着完成什么的心。他们每天都走一段路，累了就坐下禅修，在附近化缘，吃了饭，再继续往前走。就这样，从从容容地，也就横穿了印度大陆。

我也常说，我们又不急着去死，为什么不从容点做事呢？留一份从容，就是对自己最好的善待。所谓事缓则圆，任事情慢慢发展，它自然就会圆满。如果你太着急的话，地基打不好，所有的努力都容易落空。古人说，欲速则不达，就是这个意思。老祖宗验证过无数次的东西，我们要学会去实践。所有追求速度的，退转、退步的都很快。很多人修佛一年佛在眼前，修佛两年佛到大殿，修佛三年佛到西天，原因便多在于太着急。真正的佛法，是一种活着的方式。换句话说，真正的修佛、学佛，是一辈子的事情，是一点点删除有毒的生命程序，为生命和心灵装上一套清净的程序，然后一辈子过一种清净的生活。所以，不要着急。

老有人问我，雪漠老师，我最近怎么不如以前了？我就老是劝他们别着急。小女孩不可能一下就变成大人，她的长大需要时间；小树的长大也需要时间。不要着急。每天按时吃饭，不要绝食，不要感染致命的病毒，小女孩总有一天会长大成人的。修行也是这样。能顺从自然，慢慢来，是智者的标志。

贰 保持距离又贴心贴肺

俨兮其若客；

“俨兮其若客”，态度非常端庄、庄重、不敢随便，看起来就像做客一样。“俨兮”指的是他身上那种端正、端庄的态度。“若客”只是一种表征，实际上智者哪怕一个人的时候，也是非常端庄，不会随随便便的。他不是一个得意忘形的人，独处也罢，群居也罢，都是那样。注意，他始终有分寸，对待任何人都有分寸，懂得尊重和敬畏别人，也会保持适度的距离。他不像一些小人那样，一见面就你拍我我拍你，把谁都当酒肉朋友。

君子之交淡如水也是这个意思，君子交往时，绝不会黏黏糊糊、死拉活扯，他其实是非常有分寸感的。我待在凉州的时候，跟我最好的朋友也不过几个月见一次面。为什么？因为我明白，当你跟谁没有距离感、过于亲密时，就是你们疏远的开始。所以智者不会这样做。我也经常提醒一些朋友，你们不要太近了，保持适度的距离，保护自己的友谊。

有个“豪猪理论”说的也是这个道理：豪猪身上有刺，每逢冬天，它们就会靠在一起取暖。但它们总是保持一定的距离，既能感觉到对方身上的温暖，又不会扎疼对方，就能度过整个冬天。君子和智者非常懂得这一点，他知道，对任何人都要有一份尊重，给他留一个属于自己的空间。所以，他从不有意为之，但跟任何人之间都有一个适度的距离。你可以理解为慎独，慎独也是这样，哪怕自己独处的时候也这样，有人、没人他都如此，都不放纵自己。

这一点孔子就做得很好，他的弟子在《论语》中记载，孔子见到国君的时候，总是小心翼翼、不敢大声说话，非常恭敬，连门槛也不敢踩，有种大气都不敢出的感觉，因此被后来人笑话，说他一见当权者就失态。他其实不是失态，只是尊重对方。敬神的时候也要这样，也要有一份起码的尊重。中国的儒家和道家都有这个要求，他们都讲究正身，身体要正，心也要正。“修身齐家”的“修身”就有这个意思。

佛家的要求更多，佛家的戒律全是为了实现这个目的。比如，和尚不能光着膀子进人家里，不能搭着衣服进人家里，也不能哼哼唧唧唱着歌进人家里，要是做了，就是犯戒。为什么？因为，和尚必须尊重自己身上的袈裟，尊重袈裟代表的东西，既然穿上了袈裟，成了佛教的代言人，就要有三千威仪八万细行，因为你代表了佛教的庄严。我看过佛教对戒律和威仪的要求，非常细致。一个有道德守戒律的僧人，能让人一看到他就生起恭敬心。所以，注重威仪非常重要。

两千五百年前，释迦牟尼佛住世的时候，他和弟子们出外化缘或经行时，很多人都会赞叹。因为，他们一看就非常有教养。但现在的和尚不是这样了。有些南传佛教的人到了我们国家，参观了一些寺院之后，就说中国有很多僧人都不守戒。他为什么这样说？因为那些僧人没有威仪，缺乏端庄之相，缺乏僧相。即使撇开戒律不谈，如果你缺乏庄严相的话，也是没有办法代表佛门的。“俨兮”

就是这个含义。

智者一定很庄严，因为他有相当好的修证。他的内证功德散发出来，就能让你肃然起敬。有个故事很有名：释迦牟尼刚成道的时候，第一件事就是去鹿野苑度他过去的几个伙伴。那几个伙伴不随喜佛陀不修苦行，改行中道，觉得佛陀不好好修行，就说好不理他。但佛陀一到他们面前，他们还是不由自主地站起来，不由自主地行了礼。为什么？因为，佛陀的内证功德震慑了他们，让他们肃然起敬。人们一般都非常尊重智者，也是这个原因。智者身上自然而然地散发着一种让你不敢懈怠、不敢怠慢的气质。

但这个东西也源于你心中的敬。它是恭敬，是虔诚，也是敬畏。我们修虔信瑜伽，就是为了增强自己的虔信和敬畏，让自己的生命中出现一种神圣的、高于一切的、你愿意永远守候的东西。仰望智者的人心里有，智者心里也有。智者对待任何事物都是这样，总是恭敬对待，充满敬畏，像对待自己的信仰一样虔诚，其中还有一点谨慎小心的警觉。他会尊重所有世间规则——不仅道家，儒家也很强调“敬”的问题。儒家说，“敬神如神在”，就是一种敬畏心；“勿以恶小而为之，勿以善小而不为”，也是他们的敬畏，很多智者心里都有敬畏心——他尊重一切的存在。

几年前，陈亦新结婚，我给他办了隆重的婚礼，有人问我，您还在乎这个吗？我告诉他，我不在乎，但新娘子娘家人在乎，很多社会上的人也都在乎。既然这样，我们就尊重社会规则，不要觉得自己不在乎，就可以忽略别人的在乎。经商就要尊重经商的规则，当官就要尊重官场的规则、尊重政治伦理。做任何事都是这样。这是智者的一个基本标志。

叁 智者的另外四种德行

涣兮其若凌释；敦兮其若朴；旷兮其若谷；混兮其若浊。

“涣兮其若凌释”，“涣兮”是自在随意，“若凌释”就像冰融化为水一样。圣人已经放下了一切，破除了所有执著，自在随缘，就像冰融为水般逍遥。这看起来跟谨慎小心有点矛盾，其实不矛盾。为什么？因为，行为上的严谨和小心，只是智者面对世界的态度，不是他们的心态。他们的内心非常柔软，非常自由，没有任何拘束。你会觉得他们非常随和，就像冰雪融化一样自然，没有任何作意的东西，也不装腔作势，既不作秀给人看，也不作秀给自己看。他们的心属于自己。他们知道自己这辈子是为做事而来的，所以会做很多事，但他们不注重结果，更不会为了某个结果而作恶。他们明白，没有任何东西值得背离大道，用罪恶的方式去追逐。哪怕这种恶非常细小，非常普通，人们已经习以为常、不认为是恶了，他们也不做。他们会守住道体，不执著结果，自在随缘。多就多做，少就少做，没有就不做，他都不执著。

“敦兮其若朴”，因为无所谓，所以智者特别敦厚、淳朴、实在，就像没有开凿、未经雕琢的璞玉，虚而有容，虚心之中有巨大的包容心。他们看起来并不聪明，有一种愚愚的味道，但他们不是真愚，而是大智若愚。他们有大谋略，没有小心机。或者说，他们不愿有任何心计。什么是谋略？方向就是谋略，知道往哪儿走。《道德经》中就有很多大谋略，最有名的谋略就是无为而无不为，无为的目的，就是无不为。小心机是走路时的互相算计。智者不算计，他待人一片真心，心里一片朗然光明，哪怕他骂你的时候，你感觉到的也是他心中的大爱。他不会谋取私利，所以身上有一种大地般的敦厚之气，能厚德载物。

朱德就是很典型的例子，他的敦厚长者之相非常明显，不管士兵、元帅还是将军，都觉得他很好，任何人都觉得他好。因为，他待人以诚，即使在一些必要的场合，他不得不说一些昧心的话，大家也可以理解他。

智者必然敦厚。如果做人不厚，他的很多行为就是投机取巧，不是智者。真正的智者之所以敦厚，是因为看破了，知道所有的心机和技巧都没有意义，一切都会过去，一切都是幻化的，一切都会变成记忆，他不在乎。有，他是那样；没有，他也是那样。他只管做好自己，完成自己，完成生命的整个过程。所以，他不投机取巧。

“旷兮其若谷”，他的胸怀就像豁达、开阔的山谷一样。我们老说虚怀若谷，就是这个意思。他和光同尘，没有任何分别心。在他眼中，世间万物都有它存在的道理，存在即合理。所以，他一般不会用狭隘的民族、个人喜好去辨别、判别一些东西，也没有是是非非、鸡零狗碎，永远淳朴、包容、海纳百川，没有明显的好恶，非常圆融。这种圆融不是圆滑，不是世故，而是平常心，是得道者的智慧，也是得道者应有的德。如果到达不了这个程度，他就没有德，没有得道。因为他还有分别心，有分别心就没有得道。没有分别心的时候，他的包容就是没有概念的包容，他不觉得自己在包容，他觉得诸相都是平等的，诸法都是平等的，万法归于空性，都是条件的聚合，没必要执著，因此不会厚此薄彼。内证功德到了这种程度，他才可能虚怀若谷。

“混兮其若浊”，他看起来非常朴实，没有心机，也看不出有什么智慧，就像浑浊的河流一样，看不清河底有什么东西。和光同尘也是这样，遇到光明就融入光明，遇到灰尘就融入灰尘，永远跟他所在的世界浑然一体，毫不扎眼，从不标新立异。这才是真正的智者。很多看起来就很杰出的人，不一定真的很杰出；相反，看起来不杰出的人，但也有可能其实很杰出。

关于这个特点，你可以理解为“藏”，换一种说法，就是韬光养晦。和光同尘，自然就能韬光养晦，将自己的锋芒隐藏起来，不是因缘所致，就不要显示自己的智慧，否则就是卖弄和炫耀。如果你发现自己想让别人知道你有智慧，知道你多么厉害，那么你就不是真的智者，你就是执著的愚夫。

“鹰立如睡，虎行似病”，真正的雄鹰蹲在架子上的时候，经常像是睡着了一样，但它真的睡着了吗？没有，它非常警觉，只是看起来像是睡着了而已。一有动静，鹰眼马上就会睁开，它马上就会行动。真正的猛虎平时走路很慢，一摇一晃，好像生了病一样，一点都看不出它有多么凶猛。可一旦遇到猎物，它就会箭一样射出去，在很短时间内就把猎物拿下。真正的猛兽都是这样，平时不声不响，只有在关键时刻才施展本领。只有卖艺的人才会时不时吆喝几声，“有钱捧个钱场，没钱捧个人场”，凑热闹的人越多，他们赚钱的机会就越大。这就是他们咋咋呼呼、招揽顾客的原因。智者无求，不需要得到什么，所以智者从来不吆喝，他老是躲在一个地方，或是隐入人群，你根本看不出他是智者。除非有特殊因缘，社会需要他著书、讲课、立说，那么另当别论。

我曾说过，智者就像一口大钟，没人敲时，它是不会自己响的。智者不会拿着个喇叭对着人群喊：“我是智者，我来度你们咯！”否则，他就是个疯子。少正卯可能就是疯子，他非要在孔夫子对面办学，讲课又讲得很好，结果孔夫子的学生都给他抢跑了，据说只有颜回没有去，后来孔夫子当上鲁国的大司寇，他就被孔夫子给杀了。孔子会不会杀老子？不会。因为老子平时根本不说话，人问他，他才说话；不问他，他就静静地待着。他绝不会跑到孔夫子面前，积极主动地向孔夫子传道授业解惑，他更不会跟孔子抢学生。否则，孔子如果当上周朝的大司寇，就会像杀少正卯那样杀掉他。

佛也是这样，佛经中大多是弟子问，佛陀答，只有少数经典，如《佛说观无量寿经》等，佛才不问自答。但事实上，连这些经典也有人在问。谁在问？众生在问。这就是佛的敦厚——尊重世间一切的存在，不用真理的棒子揍任何人，但又随缘地帮助一切众生解除痛苦。

佛既像静静立在那儿的大钟，也像深渊之水，你永远不知道他到底有多少智慧。特别注意，修道者就要这样，不要好为人师。很多时候，人的祸患就在于好为人师。有人总喜欢教训别人，这是一种毛病。智者不会这样。如果没有人问，智者就会像达摩那样面壁，面壁九年，没人找他也不要紧，因为智者不是为别人活着的。

智者藏气于物，把自己的气藏于万物之中；藏气于身，把智慧之气藏于生命之中。总是伺机而行，相机而动，不会上蹿下跳。

禅宗里有很多这样的大德。破了初关，再破重关，最后连牢关也破了之后，他们就和光同尘了。这时，他们就像寻常的老头子，你看不出他们已经开悟了。藏地也有很多类似的故事。有些饭头僧——也就是做饭的僧人——最后往往是大成就者。为什么？因为他们总是默默地做事，没有人知道他们的修证，他们也不去卖弄。他们把修道融入了生活，从不争红尘中的名利，总是默默地劳作，默默地禅修，默默地守住自己该守的那个东西，把世事的纷繁都扫出心外。有些人死后，人们发现他们的肉体虹化了，才知道他们原来是大成就者。活着时，人们是不知道他们的。这就是扫除悟迹，平常心是道。

《庄子·达生》中有个故事很有意思：齐宣王喜欢斗鸡，就叫纪渻子为自己训练斗鸡。纪渻子是个非常厉害的驯鸡师，他知道最厉害的鸡是什么样子。十天之后，齐宣王问他，鸡驯好了吗？纪渻子说，还不成，它急躁得很，一见到对手就想扑过去把对方撕碎。又过了十天，齐宣王又问，纪渻子说，不成，它一听见响声就叫，一看到影子就跳。再过十天，鸡仍然没有驯好，但又十天之后，纪渻子告诉齐宣王，这下成了，别的鸡不管干什么、怎么变化，都干扰不了它的心，它看上去就像木鸡一样，但一招就能要对方的命。这就是“呆若木鸡”的由来。后来这个词的意思变了，变成了纯粹的“呆”；实际上真正厉害的斗鸡不仅不呆，还灵敏到了极致，它表面的“呆”，其实只是一种静气。

日本也有一个类似的故事：江户时代有位有名的茶师，他的主人是位显赫的人物，有一天，这位大人物要外出公干，但又舍不得留下茶师，于是就叫茶师换上武士的衣服，跟上他一起到京城里去。当时的京城很乱，有一天主人有事，茶师一人在外，结果有个浪人挑衅他，想要跟他比武。茶师说自己只是茶师，不是武士，不懂武功。浪人却说，那你就是在侮辱武士的这身衣服，更该死在我刀下了。茶师觉得武士说得有道理，就让武士到一个地方等自己，他去京城最著名的一个武馆，找里面最大的那个武师，请他教自己一种最体面的死法。大武师觉得很奇怪，人人都求生，为什么这个人反而求死呢？就问他。茶师就把事情一五一十地说了。大武师听完，就请茶师给自己泡一次茶。泡完茶之后，大武师告诉他，你不用死了，你只要用泡茶的心态去比武，肯定能赢。茶师不明白，但还是照着去做了。在举着刀的浪人面前，他微笑着、非常从容地摘下帽子，脱掉衣服，整整齐齐地叠好放在身边，然后不紧不慢地把袖子、裤脚扎好，最后才从从容容、心平气和地举起了武士刀。就在这时，浪人突然满身大汗地认输了，他觉得对手太强大了，他根本打不过对方。实际上，茶师没有任何功夫，他只有一种绝代高手才有的静气，正是这股静气把浪人的意志给击垮了。

“每临大事有静气”就是这个意思，即使到了生死存亡的关头，智者仍然沉得住气，因为他不怕失去任何东西，心非常宁静。这是智者的另一种德行。

肆　智者的四种能为

孰能浊以静之徐清？孰能安以动之徐生？保此道者不欲盈。夫唯不盈，故能蔽而新成。

得道的境界呈现偏向于内，得道者的德行和能为则偏向于外。

老子专门说出得道者的七种德行，是为了让你知道什么样的人才是得道者，但你别想看穿得道者，因为得道者是深不可测的，就像无底深渊一样。你也不用看穿他，因为得道者是无害的，他不会伤害别人。如果你想修道、得道的话，你可以尽量向他们看齐，在行为上学习他们那样做事。

前面我们说了得道者的七种德行，接下来，我们就说得道者的四种能为。

“孰能浊以静之徐清”，谁能在浑浊中安静下来，让泥沙慢慢沉淀，让水慢慢变得澄净呢？这里的意思是，谁能在浊世中保持心的清凉？智者。智者有点像莲花，出淤泥而不染，既能保持自己的清凉，也能给世界带来清凉。

“孰能安以动之徐生”，“徐”，隐隐的，涌动的，暗藏的，当然也可以是缓慢的。谁能在非常安静的同时，涌动、暗藏着无穷生机？——这就是我们所说的妙用。如果没有生机，没有妙用，他的安静就是枯禅，他的智慧就是死的，就没有被激活。智者绝不是枯禅和尚，他是在定中生起了智慧，由智慧生起了妙用。所以，智者是典型的“静如处子，动如脱兔”，一静下来，就凝神安住于一点；只要一动，就立刻会焕发出勃勃生机，也给世界带来勃勃生机。因此，中国的道家和道教发挥了非常大的社会作用。比如前面说的文景之治，后来窦太后之所以能延续景帝时期的昌盛，用的也是黄老之术、无为而治。这些都是道的妙用。

“保此道者不欲盈”，“盈”是满的意思，杯子满了，再往里倒，杯里的水就会溢出来。保任大道的人不会自满，不会过分，不会过犹不及。

什么叫过犹不及？就是比真理多了一步。比真理多一步的是什么？是谬误。智者永远不会过犹不及，他甚至不追求太满——也就是过于完美——做人不要太满，追求也不要太满，永远留一点清醒留一点醉，享受残缺之美。懂得为人生留一份空白，留一点回旋的余地，才是智者。

我虽然不一定是别人认可的智者，但我做到了这一点，永远从容地做事，时不时就停下来休息一下——我说的停下来，是让自己的心灵不要太满，把自己的心放空，永远让心空空荡荡地应对万物，永远随缘，永远不要追求任何事物的十全十美。更不要过，过了，跟不及是一样的。

我年轻的时候崇尚苦修，那时大概二十岁，道家要求收功时叩齿三十六次，但我每次都远远超过这个数字，每天最多时叩两千下，最少也叩四百下。结果我的牙都给磨坏了。人不比老鼠，牙是不会再长的，所以，后来我明白了凡事都不能太过，过犹不及。

很多人追求锻炼，这本身很好，但有些人偏偏过犹不及，比如一些老年人，一旦退休，就抓紧时间旅游登山，结果磨坏了膝盖。有些人更严重，不锻炼还活着，一锻炼却死了。为什么？因为他过度了。得道者永远知道适可而止，任何事都是适可而止，做什么都知道分寸。有分寸感，是智者一种典型的觉知。

“夫唯不盈，故能蔽而新成”，因为他不自满，所以他可以去粗取精、去伪存真、与时俱进。还有一个意思，是从旧东西里生出新东西。无论什么事物，只要它衰败了，就必然会出现一种新事物来取代它。得道之人也是这样，得道之人懂得打碎自己、与时俱进。最明显的例子，就是佛教在日本和中国的传播，道教在中国的传播，都是“山重水复疑无路，柳暗花明又一村”。

传播到今天，佛教已经演化为三大语系：巴利语系为南传佛教，藏语系为藏传佛教，汉语系为汉传佛教。一定要明白，佛教是按语言来分的，所以，如果把我的作品归入宗教文化著作的话，它就属于汉传佛教的内容，不属于藏传佛教。为什么？因为我是用汉语来写作的。真正决定了它的分类的，是其传播语言，而不是其传承，哪怕它的源头在尼泊尔，它也仍然是汉传佛教文化著作。因为，我在第一届香巴文化论坛上就说过，我们所传播的是香巴文化，它属于中国传统文化的一种，而不是某个宗教教派。

当然，这是题外话了。

伍　素女采桂子

关于“本来就这样”，我在《光明大手印：实修顿入》中有另一种表述：“我本无事人，不慎涉红尘。搅得三界乱，六道闹纷纷。今日悟本然，无死亦无生。悠然退林下，再做无事人。”这就是“本来就这样”的境界。

我解释一下这首偈子。

我心里本来没什么事，但是因为进入红尘，因为各种偶然的机缘，有了无数的烦恼，心里也有了“事”。这搅乱了我的心，让我老是忐忑不安，心里非常难受、非常浮躁喧嚣。到了今天，我终于明白了本然之心，悟到了本然之心，还能安住于本然之心了。这时，我才发现世上一切都“无死亦无生”。我的心里整个轻松了，悠然了，什么也不牵挂了，所以我干脆隐入深山老林之中，做一个快乐自在的无事之人。

这就是智者的境界，这种境界跟老子上面表述的境界是一样的。老子把它分成几个特点来讲，但“我”放在一起，用一种境界来表述了。

当然，对于这同一种境界，我也有很多的表述，比如“俗女即素女，扬尘在俗途。惬意三潭月，不求契如如。吾为大素子，款款缱素女。洗净心头觉，西湖采桂子”。这首偈子的意思是：虽然红尘中很多事看来很庸俗、很寻常，其实它们都承载了朴素的真理，万法都蕴含了道。“素女”源于《素女经》，它象征了一种真理性的东西，有点像藏传佛教所说的空行母。

我再详细解释一下：

“扬尘在俗途”，往返于红尘之中，游戏于红尘之中。

“惬意三潭月”，西湖有个“三潭映月”的景致很美，但这里的“三潭月”指的不仅仅是西湖的三潭月，而是美好的大自然，也代指自然之道。心向往自然之道，但“不求契如如”。

“契如如”是寻求觉悟的意思，“不求契如如”就是不寻求觉悟。

为什么不寻求觉悟？因为智者修到一定程度了，他不再寻求觉悟，把心中关于道、关于真理的概念也给扫掉了。他不求觉悟，但也不生迷惑。没有迷惑，也就没有了跟迷相对的觉，所以“吾为大素子，款款缱素女”——自己也是大自然的一部分，是道的一部分，自由随缘地过着和光同尘的日子。隐居也行，在闹市中生活也行，无论什么样的环境，对我来说都是逍遥的仙境，我已不用求仙了。

既没有觉，也没有迷，就是“洗净心头觉，西湖采桂子”。把心中关于觉悟的概念也丢掉，自由自在地在西湖边上采采桂子、采采莲子——也就是用圣者的平常心，做一些很寻常的事。这也是老子所说的得道者的境界。

当然，虽然老子的境界很高，但很多道人并没有达到这个境界。很多道人还被“道”的概念束缚着，没有破除最后的执著——即使在《道德经》中，我们也没有看到对“道”的破除，老子始终在强调“道”——所以，总体来说，佛家更为自由，也更为究竟，完完全全地消除了所有执著，一丝牵挂都没有了。

道家的老子和庄子是道家的两座高峰，我在谈道教人士的境界时，其实并没有将老庄包含在内，老庄不是宗教人士，而是哲学家，但他们也实证了自己的哲学观点。道教从“五斗米教”——也就是张道陵创立的天师道——开始，发展到明清时代就有了很大的提升，比起唐宋时期的道教，上了一个层次。虽然不一定能超越老庄，但那时道教的境界一直在上升。到了清黄自元的时期，道教出现了很多有名的丹道家，当时的道教可以说达到了顶峰。

道教的丹道学说跟其他学说一样，也有一个发展过程。一定要明白这一点。它就像科学一样，一直在积累经验，作为一种思潮，它一直在发展、进步着——我们说的不是道教的实修功夫，而是道教那种实证性的学问。至于道教中的成就者多不多，这另当别论，但肯定有。

第十六章

融入虚静，以笃诚滋养人生

【原文】

致虚极，守静笃。万物并作，吾以观其复。夫物芸芸，各复归其根。归根曰静，静曰复命。复命曰常，知常曰明。不知常，妄作凶。知常容，容乃公，公乃王，王乃天，天乃道，道乃久，殁身不殆。

壹 修道中的「虚静笃」

致虚极，守静笃。万物并作，吾以观其复。

前面我们讲过敬，这里老子又专门再讲了一遍。为什么？因为，这是修道中最重要的东西。甚至在整个中国文化之中，这也都是很重要的，它相当于基础。这个基础在这一章里体现得最为重要。

首先是“致虚极”，虚极是虚的顶点和极致，虚到极致时，就进入了无为法的境界，非常像佛教所说的空性。这里的极致，跟世间法的极致不一样。我们前面说人不要追求十全十美，不要追求极致的、过度的完美。但是，只有虚到了极致，你才能完全接受其他东西——包括你自己的不完美。因为，虚到极致便没有任何执著了，你只有在无执的境界之中，才能做到真正的随缘。

这时，你就会“守静笃”，守住你那极致的宁静。

“笃”是一种品德，脚踏实地、稳固纯粹、虔诚笃信，都是“笃”。很多人讲这一段时，对这个字的重视都不太够。实际上，在修道中，这是很重要的一点。既要守静，也要守笃，你在静中能生起“笃”——也就是恭敬心、虔诚心——才是真正的虚极。大手印虔信瑜伽最重要的就是这个内容，很多时候，如果你心里没有笃，那么即使你形式上在修，你也没有修的实质。换句话说，没有“笃”，就没有修道，更没有信仰。破执破到极致、没有任何牵挂和执著，又在极致的宁静中有一种并非作意的虔诚，才是真正的修道。

所以，老子是有信仰的，道家文化之中，也有一种信仰的内容，它不是单纯地追求长生。所有的修道，都必须有信仰，包括儒家，如果有虔诚心和信仰性，修道就有意义；如果没有虔诚心和信仰性，修道就失去了意义。

中国的儒释道三家都强调“笃”，不仅仅是道家。

佛家的“笃”我们说了很多，这里说一下儒家的“笃”。

孔子强调过很多关于“笃”——也就是“敬”——的内容，他总是做过祭祀再吃饭，每顿饭都这样。祭什么呢？祭天、祭鬼神。那么孔子信不信鬼神？有人说儒家是信鬼神的，孔子也是信鬼神的，但我觉得不一定。因为，每次有弟子问他，世上到底有没有鬼神？孔子都说，鬼神之事吾言难明。鬼神的事情，我也说不清。说不清是什么意思？就是他也不能确定。他还说，“敬神如神在。”他说要尊敬神，就像神真的存在一样。这说明他不一定相信。因为，假如神本身就在，他就不会“如神在”了。我的父亲死后，每次吃饭，母亲仍会装一碗饭给父亲，要是孩子的碗打翻了，她还会训斥父亲，叫父亲不要跟孩子抢饭吃。她不是“如丈夫在”，而是“丈夫本来就在”。西部人心里觉得鬼神确实存在，只是自己看不到而已。这是一种习以为常的思维。就像我们知道空气里有细菌，有灰尘，但太小我们看不到而已。我们不敢胡乱吃地上的脏东西，知道东西掉在地上之后，会招惹细菌，就像西部老百姓相信世界上有鬼神，哪怕我们生活在一个空间，只是我们看不到而已，这是真的信。所以，孔子许多时候不一定信鬼神，但也不是不信鬼神，他可能处于一种不确定的状态。但有一样他是确定的，那就是“敬”，他心里确实有一种尊敬、尊重的态度。

儒家提倡慎独。在人面前，他心里有敬；一个人待着时，他心里也有敬。对万物、对大道、对天地、对鬼神，儒家都有一种尊敬。这是儒家思想的特点。

很多人看到道人炼丹，佛教徒打坐，就以为儒家不修行。实际上，儒家也修行，祭祀就是他们的修行。每次吃饭前，孔子都带头祭祀。我不知道现在山东还有没有这个习惯，如果有的话，也许源头就是孔子。这不是宗教意义上的祭祀，而是一种文化意义上的祭祀，就像我们国家祭黄帝陵，祭孔子，祭周公一样。祭是儒家的一种修行礼仪，非常像佛家的做道场。这是儒家的第一种修行。

儒家还有一种修行，是念诵。我们有时候看古代电视剧，会看到一些古代的读书人拿着书，摇头晃脑念书。为什么？它就像搞音乐的人打拍子，也是读书人念书时的一种韵律。儒生念书时也是有节律的，他们讲究诵读出声，“子曰”如何如何，一般都有差不多的调调。古人写文讲究平仄声，就源于儒家。我听过一些人诵读儒家经典，他们诵读的声音很悦耳，有点像和尚们念经，原因就在于平仄声，有一种缓缓的、不紧不慢的味道，就像流水一样。其目的跟佛教的诵经、持咒一样，也是为了摄心——让心安定下来，得到智慧。

让心安定下来，就会渐渐进入宁静到极致的状态，但这种状态之中，除了虔诚和向往，还有一个要求，就是观察。观察什么？观察万物和自己一同生长。这时，就有了智慧。如果你观察不到万物，那么你的状态就不对，哪怕你静到了极致，也是一种休眠状态，智慧是死的，因为你在下意识地压抑自己的念头。

这种潜意识里的压抑很难破除，你必须破除执著，证得无分别，否则你就有好恶之分，就有善恶之分，就有二元对立，你就会下意识地压抑自己。我在一首偈子中，用“下厌而上欣”来描述这种误区，它是需要对治的，不对治，不破除这种分别心，你的心就得不到自由。

管仲病重的时候，齐桓公想任命鲍叔牙为丞相，但管仲不同意，他说，鲍叔牙虽然是君子，但不适合当丞相，因为鲍叔牙嫉恶如仇，他容不下别人。鲍叔牙自己也知道这个毛病，当易牙告诉他，管仲不让齐桓公封他做丞相时，鲍叔牙就直截了当地告诉易牙，这是对的，说明管仲了解我，要是我当了丞相，首先就要灭了你们这种人。

当然，压抑的原因有很多，但不管什么原因，它都不对。

一定要注意，如果你观察不到万物，说明你修死了。

很多修行的人都修死了，他们很像没有联网的手机——就算手机可以用，如果它没有联网，你也没法用它跟别人联络，那么它就是一个独立的个体。有些顽空更糟糕，跟死机的电脑一样，虽然没念头，没烦恼，但死机了。相反，如果手机联网了，你就能用它跟外界交流了。这就像你的智慧开了，你可以观察到万物的生长了。

在虚无、虚空、无执、纯净的虔诚状态之中，和万物一同生长，就是“万物并作”。你的心即使静到了极致，没有任何执著，也能观察到万物的生长，体会到自己跟万物之间的关联性，知道自己是世界的一部分，是变化的一部分，自己和世界、和大自然是浑然一体的。自己的一举一动，是变化中的一环，就像小石子掉进水里，溅起水花，水面会荡起一圈圈的涟漪一样。这就是因缘的流动性。修道不能把自己当成一个独立的个体，不能认为自己是独立于道之外的、需要用一种旁观者的眼光观察道。

“吾以观其复”，在观察万物跟自己一起生长的同时，还要观察万物周而复始、成住坏空的规律，观察万物循环往复的变化。这就是佛家的“苦集灭道”中的“道”。

满足了这几点，才是真正的修道。

过去，有些人找不到修道时的师父，就观察万物的变化。当他在没有杂念的状态下观察万物，就会发现万物一直在变化。树叶由绿变黄，然后落到地下，腐烂，融入土壤，树上又抽出新枝、冒出新芽……一切都在变化。成住坏空是整个宇宙的规律，而自己也是宇宙的一部分。那么，他就会慢慢地破除执著，最后解脱。这种人，佛教称之为辟支佛，也叫独觉罗汉。没有佛出世时，修道者就是这样修道的。

这些都是修道中最重要的内容，但很多哲学家没有实修的经验，不知道这一章的重要性，所以，他们讲到这一章的时候，大多几句话就带过了，也就错过了老子思想中很多微妙的内容。当然，这也可以理解。只有修道者，才知道修道中会遇到什么问题。哲学家不修道，他们只能从字面上来理解老子。

贰

在红尘中寻找那唯一的永恒

夫物芸芸，各复归其根。归根曰静，静曰复命。复命曰常，知常曰明。

“物”是什么？物与心相对，心在观察，就一定有一个被它观察的对象，这个对象就是物，是纷纭变化的万物万相。这里的心，指的是精神意义上的心，除了心之外，一切都是物，包括人的肉体。所谓的心物一体、心物一理，就是让心和外物融为一体，浑然一体。当你达到心物一体的境界时，你就进入了“虚静笃”的状态，在极致的宁静之中，有一份无为、一份向往、一份清净的虔诚心，还有一种明明朗朗的智慧眼光，可以发现万事万物的纷纭变化，还有那生生灭灭的规律。这个规律就是“夫物芸芸，各复归其根”。

“芸芸”，非常多、非常复杂，潮起潮落，不是单一的；“根”则是本源、本来的东西，也是“复”，即生生灭灭的规律：从何处来，就必然回到何处去；来于自然，就必然归于自然；来于无，就必然归于无；万物都是无中生有，万物也都会复归于无。没有任何例外。这就是“各复归其根”。

有一首歌叫《潇洒走一回》，里面有句歌词：“红尘啊滚滚，痴痴啊情深，聚散终有时，留一半清醒留一半醉，至少梦里有你追随。”它正好写出了世事的纷繁万变。滚滚红尘就像随风涌动的云层，但不管多么复杂，有多少变化，都会潮起潮落，都有聚散离合，都会生生灭灭。

庄子的老婆死时，惠子去看他，本来还打算安慰他的，结果到了一看，庄子正坐在地上敲着盆唱歌。惠子就愤愤不平地说，你有没有良心啊，你老婆毕竟跟你一起生活了几十年，现在她死了，你不哭也就算了，怎么还唱歌呢？庄子说，我本来也伤心的，但一想到她是从无中来、又归于无，便觉得这顺应天地之法，我并没有失去什么，那么我还有什么好哭的呢？为什么不能唱歌呢？

当你窥破万物的本来面目，知道它们一定会变，一定会归于空性，不再执著那些变化，心不再追逐那些生生灭灭的现象时，你的境界就叫“静”。这就是“归根曰静”。当你明白万事万物最终归于空寂、归于无常、归于本来面目，于是看破假象不再执著的时候，就叫“静”。这就是清净心。有了智慧之后，才会有清净心；如果没有智慧，你就不可能有清净心。你修死了、没感觉的那颗心不叫清净心。一定要明白这一点。

你还要明白，老子在这里所说的，都是他得道境界的呈现，而不是哲学的思辨。他是安住在得道的境界之中，用智慧观照这个世界，然后说出了《道德经》中所有的表述。如果你离开本源，讲一些文字的东西，就不是《道德经》——当然，我们也允许别人这样讲，但并非老子的本意。他不是学来的，也不是想通了，而是本来就如此。

“静曰复命”，静到一定的时候，就会“复命”。什么叫“复命”？有两种解释：一是归于本有的清净状态；二是静中有新的生机出现。我倾向于后一种。静到极致，就会出现新的生机。这可能更符合修道的原理。

因为，如果静到极致，又没有活泼泼的东西出现的话，修道就走错路了。有些人像块石头坐在那里，因为没什么念头，也就没什么烦恼，就觉得自己好像开悟了。其实不是。很多禅僧都讲过，真正的禅定之中，一定有活性的东西，它不是死的。

我为什么开创意写作班呢？因为，我既想让大家明白真心状态，也希望大家的智慧能活起来。如果你能认知真心，并且妙用真心，你的心中就会充满无穷的诗意和生机，当你让它们流出来，让它们化为文字的时候，你就是在妙用智慧。很多人虽然见过真心，但他们的真心不能生起妙用。为什么？因为他们没有进入真正的“静”的状态，他们以为的真心，很可能不是真正的真心，他们也没有智慧。

“复命曰常”，回归本有状态，就叫常。常是永恒不变的东西，世界上只有真理是永恒不变的，所以常就是真理。在《大般涅槃经》中，释迦牟尼讲过“常乐我净”这涅槃四德，其中“常”就有点像“复命曰常”的“常”。

释迦牟尼首先讲了四法印，四法印是“诸行无常，诸法无我，有漏皆苦，寂静涅槃”，当你进入大清静时，就进入了涅槃的境界。进入涅槃境界之后，就出现了“常”，红尘中没有常，只有超越红尘的诸多现象，才会发现“常”的存在。当你真正地发现“常”，进入“常”的境界时，你心中的万物就回归本来面目了。你的心就会满足“常乐我净”四德。它们是对应红尘世界的。世界是无常的，涅槃是有常的；世界是无我的，涅槃是有我的；世界是苦的，涅槃是乐的；世界是热恼的，涅槃是清凉、清净的。这同样不是文字可以表述的境界，它是一种得道之后、证得涅槃之后，自然出现的境界。当你真正地发现世界的“无常、无我、苦、不净”，就会追求“常乐我净”的涅槃。因为人类所有追求的本质，都是“常乐我净”，只是很多人不知道这个境界，不知道怎样可以达到这个境界，也不一定相信这个境界的存在罢了。不过，它其实是一种生命本有的境界。你把内心所有的欲望之火都熄灭了，彻彻底底地明白世界上没有可以永恒之物，斩断了所有背离真理的追求时，你自然就会进入这种境界。所有的佛教信仰者所追求的，也正是这种境界。这是人类唯一可以叩问和期待的永恒。

我在《西夏的苍狼》中写了一个奶格玛，但她不完全是香巴噶举的首传祖师奶格玛，她是一个追求永恒的外星人，她们家乡的人本来就有虹身，但他们的虹身也不永恒，一旦远离他们的星球，他们的能量就会越来越弱，他们身上的光就会越来越淡，最后消失。但他们的星球很快就要毁灭了，所以，她到地球上来找永恒。她是一种象征。我们的星球也终将会毁灭，它也是不会永恒的，人类的很多科学家都在寻找让人类延续下去、不要毁灭的方法。他们不断在宇宙中探索，寻找适宜居住的星球，希望赶在地球毁灭之前，给未来的人类找一个避难所，或者说一个新的家园。我们的地球非常美，那么多美丽的高山大川，那么多美丽的海洋岛屿，还有那么美的天，那么美的地，还有形形色色的人，但总有一天，这一切都会被无常吞噬。我们苦心经营的家园，终究会毁于一旦。如果所有的人类都明白这一点，还会拼命地买房，拼命地建楼房，拼命地做房奴吗？但即使人类知道自己终究会死亡，富贵不可能永恒，也很少能在盛时就想到衰。很多人都没有老子“不求太满”的智慧，永远在追求人生的高峰和精彩，但所谓的精彩是什么呢？是烟花，它无论多么璀璨，也终将消失。

《红楼梦》的故事多好啊，有那么多美好的、有才情的女子，有那么多或荒诞、或感人的故事，就像舞台上一出唱了很久的戏。每个人在看戏时，都没想过有一天这场戏会落幕，就像秦可卿的灵魂对王熙凤说的那番话，很多人在贾家盛时，是不会想到贾家的衰。谁都仗着一时的权位找乐子，有些人还伤害了别人的性命，但最后剩下什么呢？“一片白茫茫大地真干净”。精彩的大戏落幕了，那么多鸡零狗碎的故事都消失了。男儿女儿们的缠绵也罢，相互之间的争风吃醋也罢，都变成了淡淡的影子，一阵风就散了。值得人类用生命去追求的，难道是这种易逝的东西吗？

老子不追求这些，他追求的是真正的“常”，是静到极致、归根复命时发现的那种不变的规律，是一种永恒的东西。所以，他最后证得了那个规律。这就是“复命曰常”。

你感悟到这种规律的存在，叫悟道。当你真正地回归大自然的本有状态，用生命感受到那种规律性、发现变化的必然和恒常时，就叫证道。两者之间是有距离的。因为，单纯地悟道之后，你不一定能控制你生命最深处的那个东西，你还是会渴望永恒，还是会抗拒无常的真理，还是会抗拒变化。如果是这样的话，你就得不到解脱。解脱的心是坦然的，是无求的，也是没有一丝牵挂的。如果有牵挂，有喜恶之心，你就没有证道，更没有跟道合二为一。

“知常曰明”，当你明白这种真理性的东西时，就是“明”。“明”就是明空智慧；无明就是没有智慧、愚痴的状态。所有人的烦恼都源于无明，也就是没有智慧，轮回也源于无明。

我在《光明大手印：实修顿入》中解释过什么叫“明空智

慧”，今天也简单地讲一下。

“明”有两种含义：第一是明白真理；第二是感受到真理的玄妙。你仅仅明白真理，还没有尝到真理的滋味，这不叫明。明空智慧就像一杯茶，你不但看到它，而且尝了它，知道它是什么味道，这才是明。真正地明白之后，你就能参透万物背后的玄机，感受到真理的妙处，还能妙用它。

理解它，是道理上的“明”；能用它，是实践中的“明”。对于后者，佛教有一种表述，就是佛的五种智慧：第一是法界体性智，认为世界是变化的，不去执著它；第二是妙观察智，能像老子说的那样，清晰地发现、感受到万物的规律、变化、不同和归宿上的相同，就是妙观察智；第三是成所作智，你虽然知道世界在变化，但你明白该如何取舍、该怎么做；第四是当你明白了万事万物最终归于空性、最终是无常的，你就会觉得什么都是平等的，这叫平等性智。第五是大圆镜智，心如明镜，朗照万物，镜子却如如不动。佛的五种智慧，是具体的、对“明”的表述，清晰地感知到“明”的这些特点，就叫“知常曰明”。这个明和明空的明一样，你也可以理解为光明，真理的光明。当你明白一种不变的真理性的东西时，就叫见到光明，也叫“明”。

所以，老子很有意思，他的很多东西与佛教的非常相似。可见，哲人到达最高境界时，智慧是相通的。

有人曾经问我，雪漠老师，您讲《道德经》的时候，能不能讲一些跟您之前的书里不一样的哲学？为什么您讲着讲着，又讲成大手印了呢？我告诉他，我讲的不是大手印，是道，老子证的道和佛陀证的道肯定是一个道。名相不同，本质一样。如果老子没有证到这个东西，那么他就没有证道，他的修行就不究竟，但老子很究竟。大家一定要知道，老子的智慧是非常高的，和佛陀在许多地方都非常相近。他们之间的差别，在于对世界的影响和不同的呈现方面，其证到的本体，定然相若。

叁 人如何才能做到宽容？

不知常，妄作凶。知常容，容乃公，公乃王，王乃天，天乃道，道乃久，殁身不殆。

什么叫“不知常”？不知道万物运作的规律，不知道万物总会变化，就叫不知常。凡夫之所以是凡夫，就是因为他们“不知常”。一般老百姓不知常，才会追逐许多很快就会消失的东西。世界在不断地变化，它会不会像我们想象的那样，说不清。一切都终究会变化，钱会消失，房子会消失，家人会消失，自己的肉体也会消失，什么都会消失。陀思妥耶夫斯基有那么好的天分，人们说他是天才，他能不能不消失？不能，他的肉体已经消失一百多年了。但他的作品没有消失，一百多年后，仍然有很多人在读他的书，仍然有很多人被他感动。这是他的一种不朽。但这种不朽也不是绝对的，它需要条件。比如，必须有人看他的书，必须有人印刷他的书，必须有人为他的书做宣传……最重要的一个条件，就是人类必须存在。如果整个人类都消失了，那么他的书也就消失了。这就是无常的绝对性。当你明白这个真理，不去执著任何事物时，就叫“知常”。如果你还能因为这种明白，用有限的生命创造无限的可能性、无限的价值，创造一种精神性的东西，你就是智者。相反，不知常的人就会胡作非为，该做的也做，不该做的也做，这就叫“妄作凶”。“妄”有迷乱的意思，痴心妄想就是乱想。“妄作”就是没有规矩地瞎作、乱作。凶，就是不吉祥。

“知常容”，当你明白这个真理时，你就会包容。因为，你发现无论包容还是不包容，世界都是那样，终究会变化，于是你也就放下了，不去执著一些现象性的东西，所以能包容。你知道，现象始终是现象，终究会消失的。所以，包容不是因为肚量大，而是因为智慧高，看破了，觉得：“大家就这样一辈子，没什么好争的。”你就会有包容心。

老是有人跟我谈到一些事情，好的，不好的，我都会告诉他：“谁都得吃饭，不过是一个念头嘛，不要管它，好也罢，坏也罢，都过去了，不要在乎。”一切都在飞快地消失，我们追也追不及，留也留不住。有了这种生命体验时，就不会再去计较了。不计较，就是包容。“海纳百川，有容乃大。壁立千仞，无欲则刚。”看破了，不再追逐欲望，不再执著不值得执著之物，包容心就生起了，自己也就慢慢地博大了。这就是“知常容”。

“容乃公”，包容心大到一定程度，能包容很多很多事物时，就会出现“公心”。所谓的“公心”，我们前面也说过，就是天下为公之心，和私心相对。因为不再有私心，所以才能包容；有了包容心，说明他没有私心。孙中山的“天下为公”很多人都知道，民国就是这一思想的指引下诞生。

孙中山专门解释过“民国”二字的含义：“民国者，民之国也。为民而设，由民而治者也。”中国的历朝历代，都认为“普天之下莫非王土”，天底下的土地都是皇帝的、皇家的，老百姓只是奴仆。那时候，不管谁当皇帝，国家都是私有的。这导致中国不断地出现很多问题。孙中山参考西方的经验，提出了“三民主义”思想，认为只有推翻清政府、彻底结束封建制度，才能解决中国的问题。最初，孙中山的思想没有被社会理解，只有一百多人跟随他，大部分人还是对清政府寄予希望的，希望能通过改革解决中国问题，不要革命。只有在维新变法失败之后，人们才意识到革命的必然性。孙中山的伟大，在于他一辈子坚持和强调“天下为公”，一直有一颗公心，不追求私利。辛亥革命非常了不起，革命成功推翻清政府之后，最初建立的北洋政府，实现的正是目前西方的民主选举制度，各省派代表选出大总统，从此，中国才有了民主监督的观念，解决了国家私有化产生的许多问题，比如中央集权、臣子篡位所引起的诸多政治斗争，甚至战争等等。孙中山自己在当上大总统的时候，也始终以身作则，廉洁奉公，以百姓公仆为己任，不把总统视为地位和特权，总是挂心总统该有的责任，努力让国家独立富强，让百姓过上好日子。这就是公心。

权力为什么没有让孙中山变质？因为他有包容心，包容心大到一定程度，就会出现公心，变得公正，不再为私。他明白，私的东西无论多好、多吸引人、能给自己带来多少利益，都留不住。无论如何想要留住它，也不过是自己心里的鸡零狗碎。世界始终在变化，所有存在都会被无常吞噬，何况那一点点利益？让过去很多当权者变质的利益，其实只是阳光下的露珠，很快就会蒸发的。很多菩萨之所以最后能做到无我，就是因为他明白了这个道理。

很多人或许也觉得，就算自己死了，积攒下来的财富也可以留给孩子。但你看一看中国历史，秦始皇的阿房宫，留下了吗？越王怕文种谋他的江山，就把文种赐死了，那么越国留下来了吗？清朝时期那些百年望族，民国全部消失；民国的大家族，解放后也被打土豪分田地分掉了。有些贪官弄了很多钱，觉得这些钱都是自己的，结果活着的时候就被反腐给反掉了。贪上几个亿、几十个亿，又有什么用？他儿子都用不上。人们总是站在当下给未来做计划，但人算总是不如天算。日新月异，社会也在不断地变迁，无数新的情况、新的意外都在发生，生活、世界充满了各种各样的可能性。所以，老子有谋略，但他不去算计，尤其不去算计着让自己得到什么东西。他懒得有私心。他知道，一切的私，到最后都是一场空。

中国有很多伟大的人物都明白这个道理，或者说，正是因为明白这个道理，他们才成了伟大人物，才在几百、上千年后仍然被人们熟知，他们的精神和思想也仍然在影响世界。比如林则徐，留下那句有名的“海纳百川，有容乃大”，他也做到了这一点，活着时，他从不给儿子弄钱。他说，儿孙若像我，留钱做什么？儿孙不像我，留钱做什么？意思是，如果儿子像我林则徐，那么我就算不给他留钱，他自己也会有钱花；如果儿子不像我，我就更不能给他留钱了，留下也是让他挥霍，要是再闯点祸，造点罪恶，反而是害了他。很多人就是不明白，才会把巨额财富留给孩子，结果孩子不用努力就什么都有了，从小在富贵的环境里长大，如果得不到很好的教育，就容易被环境和财富所腐蚀。所以，西方一些有见识的富翁，把自己的钱大多捐了，不给孩子留下财产，不给孩子创造便利，让孩子一切都靠自己。这种观念很有意思。

前段时间，我到湖南去，参观了曾国藩的故居。曾国藩故居很朴实，不像一般侯府那么奢华。据说，他活着的时候，就是位非常清廉的官。曾国藩要是想要钱，他的机会就太多了。中国古代有五种爵位，公侯伯子男，自从曾国藩打败太平天国，清政府就封其为一等侯。除了吴三桂被封为平西王之外，清朝时期汉人封侯封王还没有太多的先例，曾国藩是文人封侯的第一人了。但即使是这样，他的侯府也很普通，门就像一个农户家的庄门那么点大。刚开始，我以为那不是正门，问过之后，才知道那就是正门。整座侯府都土模土样的，也矮矮的，看不出任何富贵。听说，建整座侯府，才花了七千贯铜钱。为什么这么便宜？因为，他用的都是土坯、青砖，就跟曾国藩本人一样低调。没搞什么装修，睡觉的房子也是青砖铺地的。除了书之外，看不出任何了不起的东西，清清朴朴的，比现在的达官贵人家里简单多了。其实，就连这个所谓的“新房子”，他也没“享受”上，房子刚修好，他就死在两江总督的任上了。

他为什么能做到这一步？因为他的修养到了，不想再给儿孙们谋私利了，他确实想做事。所以，曾国藩被称为“圣人”，也有它的道理，毕竟他的个人修养确实很了不起。他的这个境界，就叫“公”。

当你有了公心时，就会“公乃王”。王是王者、王道的意思，可以指心灵的主人；也可以说的是王侯贵族的王，因为大家都会推举有公心的人做王；还可以说是一种威严的王者之势，因为，有公心的人自然有不一样的气度。也有人说是“公乃全”，“全”是圆满的意思。我更倾向于“公乃王”，而且，我认为，“王”指的是心灵的王者，就像我在一本书中说的：让心属于自己。当你有了公心，破除了私利之后，你的心也就属于自己了。你就是你的王，就是你心灵的主人。这种理解可能更好。

“王乃天”，“天”是大自然、天道。当一个人成为自己心灵的王者时，他就是“天”，他的行为就符合天道，他就能天人合一，他就是大自然。因为心大于天，能自主心灵的人，比能主宰天道的人更有智慧、境界更高。所以，在一些佛教传说中，帝释天都请过释迦牟尼讲法，这说明佛陀的智慧比天主要高。

“天乃道”，当你成为大自然的时候，也就合道——符合大道了。

合道之后，就会“道乃久”，你就能长久。

这个“久”也有很多种解释，炼丹的人认为是长寿、长生，当然不一定仅仅是这个意思，更多的是一种时间和空间上的延续。

“殁身不殆”，肉体消失之后，他就没有任何危险了。“殆”是危险的意思。

注意，这些只是一些字面上的解释，这里面还隐藏了修道上的窍诀，我们下面再说。

肆

让虚静变成你的活法

这一章的重点在“虚静”二字。为什么？因为，所有的人生境界，都需要在虚静的状态中修炼。在真正的修道之中，儒家也罢，佛家也罢，道家也罢，都需要在虚静中下功夫。

“虚”是心中无事，没有任何杂碎，没有任何鸡零狗碎的想法，重空性、无执、无欲、安静、有专注力。最早的时候，虚心也是这个意思。

只有在虚静境界之中，你才会认知本来面目，即老子所说的“归根”。

过去，中国出现了一些会道门——也就是一些秘密的宗教社团，关于这些组织，说法很多，有称其为邪教者，也有说其并非邪教者——他们认为归根认母的“母”是无生老母，一个女性创世神、救世者，类似于女神，有点像藏传佛教的空行母。他们非常崇拜这位无生老母。比如一贯道，当年一贯道发展得很大，后来一度被认为是邪教，就被政府取缔了。在清朝——尤其是清末民初，崇拜无生老母的人非常多，我最早写《白虎关》时，就写到这种信仰。据说，现在河南的一些地方仍有无生老母殿。这种信仰的源头就跟老子的思想有关。

事实上，归根认母的“母”是本来面目的意思，禅宗经常说，你知道你的本来面目吗？本来面目就是“母”，万物之母。它是“无中生有”的无，是“真空生妙有”的真空，是万物生长的本体性。关于无生老母的说法，很可能是一种理解上的错误。

道家有很多类似于真空生妙有、一空万有的说法，“空”就是归根认母的那个“母”。当你发现万物归于无常，进入一种无执无欲的境界时，就叫“空”。它不是什么都没有。《红楼梦》中，薛宝钗跟宝玉开玩笑时引了慧能的一首偈子，里面有一句话很有名，却是后人篡改的，并非慧能的原话，就是“本来无一物”。书中说，慧能的偈子是“菩提本无树，明镜亦非台。本来无一物，何处惹尘埃”，实际上慧能的原作是“菩提本无树，明镜亦非台。佛性常清净，何处惹尘埃”。两者的区别，我在《雪煮〈金刚经〉》中会涉及到，此处不再赘述。简单来说，它不是从突然什么都没有，到出现了很多东西，不是先一空、然后万有，而是一空的同时就万有，因为万有所以一空。这个“空”，不是空白的空，而是空性的空。它是一种不断变化和消失的流动状态。

比如，刚才大家来的时候，我还没有来，那么刚才的这里就没有我；过上一会儿，我就来了，讲课讲到现在，再过一会儿，我讲完课又会离开这里，就相当于在这个世界里消失了，这就是“空”。我讲出的话一直在变，不可能永远在讲同一个字，这也是“空”。老子特别强调这种状态，“无为”“知常”“曰明”“静笃”“虚”指的都是这个状态。当你感受到不断变化的世界，知道自己想有为也没法有为，因为当什么都留不住的时候，你也就无为了，顺应一切的变化了，这时，你既顺应变化，又知道自己该做什么，反而能“无为而无不为”，因为你没有执著。没有执著，就能包容，因为没有放不开、很在乎的东西，没有私心，不觉得自己失去了什么，才能实现天人合一、人与大自然合一，那么你的心灵便能做主，便能合乎大道了。

但你要记住，这不仅仅是一种看法，而是一种生活方式。生活方式就是“常”。

一定要明白，修道也罢，做事也罢，什么也罢，都要变成生活方式，才起作用。也就是成为常态才起作用。因为你有肉体，肉体在不断地变化，细胞在不断地新陈代谢，你的生命状态也在不断地变化。这就像净水器，必须把净水器接在水龙头上，每次用水都要经过它，你喝到的水才是经过了净化的，不是说净化了一次，后来所有的水都是净化水了。你只有把修道的状态变成生活的常态，它才能不断地为你清净内外的污染，让你的心始终在虚静状态之中，不要生起执著，不要生出牵挂。

前段时间，我们看了一部电影叫《百鸟朝凤》，里面有个情节对修道很有启迪意义。焦三爷给弟子们教唢呐的时候，一旦发现有弟子出去打工，不生活在唢呐的世界里时，他就会非常愤怒。为什么？因为，弟子一旦出去打工，唢呐就不是他的生活方式了，打工变成了他的生活方式，这时，他就会把唢呐给丢掉。修道也是这样，无论修行还是写作，都要成为一种生活方式，你才会成功。一定要明白这一点。

这就是为什么很多僧人要出家修行的原因。他们想从红尘生活中淡出，换一种修道的生活方式。

当然，现在有好多出家人已经不是在修道了，他们是在做道场、做法事、赶经忏、做水陆法会等，这些都不是佛教。佛教的本质，是改变自己的心，让心属于自己。当你把佛教的一些仪式变成职业，让它帮你赚钱的时候，它就不是佛教了。佛教早年很反对这些行为，但和尚们为了赚钱，后来还是做了很多这样的事情，这跟佛教本身没有关系。早期佛教认为，为了钱，去给人家赶经忏是很丑陋的行为。早年的佛教，就是打坐修行，它是不赶经忏的。同样道理，道教的本质也是修道，修性修命，而不是牟利。牟利的追求，是宗教的堕落。一定要明白这个东西。

当一个道人、一个和尚老做牟利之事时，他的生活方式就异化了。很多东西都会进入他的心，他的心是定不下来的。定不下心，就进入不了虚静境界。进不了虚静，就不可能开悟，也不可能结丹。内丹是什么？是精气神凝聚在一起的产物，它是一种功能性的产物，它既无形无相、也有形有相。这种表述看起来很玄、甚至很矛盾，你必须真正去修道才会明白。“色不异空，空不异色，色即是空，空即是色”“非想非非想”“非有亦非无”等表述都是这样。只在字面上理解，你就进不了那种境界。有执著、有概念，都进不了那种境界。所以，要让自己过一种清净的生活，从心里扫去一切俗事——你也要明白，所谓俗事并不是贬义，不是在贬低别人，而是一种与红尘生活相对的生活。

真正的成就者即使证得成就了，进入了无修道，他也仍然会在无相的安住之中修行一样，他无时无刻不在修。所以，无论对道人来说，还是对佛教信仰者来说，修道都是一辈子的事情，是一种生活方式。你选择了这种生活的时候，就要养成正确的习惯，一点点改变你原来的生活习惯。原来只把早上两小时当成修道的，就要尽量让自己时时刻刻都在修道。香巴噶举甚至有一种梦观成就法，它让你在梦境中也修道。这种修法有什么好处呢？当你始终生活在智慧的修炼中时，智慧就变成了你的生命习惯，它就会取代你原有的、无知的生命习惯，在面对死亡、或是大小磨难的时候，你仍然会有一个很好的心情，仍然能自主心灵，那么你的生命质量就始终很好，不会迷乱，能自主命运。

接下来，《道德经》还会讲到虚心实腹等，这些东西都跟在虚静中打坐有关，虽然比较麻烦，但能帮你保持很好的状态，让你修出的东西不要散掉。因为，你一旦不保护它，心中出现了不虚静的、执著的想法，比如一些计较、算计等等，你的心中就会出现幻觉、幻境，你一旦执著，就容易走火入魔。

所以，即使你没法远离红尘，必须在红尘中生活，也要把虚静之心变成一种常态，始终保持一种虔诚的、纯净的心态。这也很好，是另一种意义上的修道。

伍 放空心灵，采天地之灵气

雪煮《道德经》最独特的地方，就是一定会让你学到能用于生活的东西。那么，我们今天讲的这种虚静状态，具体该如何用于生活呢？

首先，你做任何事都要关注自己的心，不要被事情本身控制了，忘记了心灵的状态：你是被妄心控制了，胡思乱想；还是始终安住，不生执著，不会慌乱，从容淡定？如果是后者，就叫虚静。做什么事，都要养成从容、按部就班、不急于求成的习惯。日久天长，浮躁的心就会沉淀下来，你的生命也就变了。

当你明白虚静的心态时，你的身上就会出现一种不一样的磁场、生物场。为什么善星比丘说佛陀身上有光？就是因为佛陀的磁场不一样——不过，他虽然能看到佛陀身上的光，却不知道佛陀身上为啥有光，把佛陀当成一般人，这就是他最愚昧的地方——网上流行过一篇文章，上面有一个能量表，说你处在什么心态时，你的能量级是多少，会发出什么样的光，也许是有道理的。它是一种生命表征，证明你的生命发生了客观的变化。

所以，我们要学会不去计较，学会绝思绝虑，不要想太多，事情来了就应对它，做完之后，不管怎么样都不去牵挂。这样，你就会慢慢变得专一，做什么都很专一，你的执著就会越来越少。当你没有任何执著时，你就和大自然融为一体了，你的真心就会跟天地灵气合二为一，你就能采到天地之灵气，会觉得非常轻松。这就是打坐让人身心舒畅的原因。

西方有人专门做过实验，一个人就算非常疲惫，一旦进入无我的虚静状态，并且安住上若干秒之后，他的所有细胞就会充满活力，这就是入定。很有意思。这说明，宇宙中可能有着某种能量，当你的生命频率接近它、甚至跟它达成一致时，它就会成为你的生命能量。

这个说法有道理吗？有道理。我自己经常会有这种体验。哪怕我很累很累，只要眼睛一闭，心放空，在虚静中待上几分钟，最多十几分钟，我的生命就会重新充满能量。过去的很多道人也有这种体验，他们可能结不了丹，可能修不成阳神，但他们都有过这种体验。他们都曾经有过跟大自然合二为一、身心皆忘的瞬间。有些人不贪恋红尘中的娱乐，醉心于修道，就是因为这种状态太美妙了，比红尘中的任何享受都更加美妙。

所以，你如果觉得累了，不妨给自己的心放放假，把所有事情都忘了，在一种没有执著的状态中静坐一下，半个小时或一个小时，不要求什么结果和觉受。你也不要因为听我说了这种体验，就有意地去寻找这种体验。如果你有造作心的话，你是进不去的。哪怕在做事的时候，你也要训练自己，让自己进入虚静的状态，不执著过程，也不执著结果，一边专注地做，一边观察万物的变化。永远不要被纷繁的现象和变化卷进去，永远不要迷失，永远不要渴望什么不变，也不要害怕什么会变，因为你渴望也好，害怕也好，该变的时候，它都一定会变。你执著不了，不如让自己安住在虚静之中，享受生命最美好的礼物。像老子这样，将一切都看得清清楚楚，但永远不被搅进去，永远这么淡淡地活着。

心静下来，淡淡地活着，你的气就会调和，就会清净。这时，你就会出现“道貌”。现在，人们一说“道貌岸然”，就是在讽刺别人，但是在过去，道貌是一个很好的词，就像呆若木鸡是一种很好的状态一样。它不是贬义的。所谓的道貌，是你修到一定程度了，身上已经没有红尘的浊气，有一种超凡之气。很多修道之人身上都有道貌。只要专心地修道，你身上就会出现一种清灵之气、清净之气。

道家说的采丹也是如此，在虚静的状态之中，你的生命会分泌出一种东西，现代医学称之为内分泌，道家称之为精气神的精气，藏传佛教称之为明点。当一个人非常焦虑时，他的内分泌就会失调，久而久之，他就容易得抑郁症，或者狂躁症。

前几天，我遇到了一位朋友，他说他的孩子得了抑郁症。我说没关系，只是内分泌失调了。他觉得很奇怪，说医生也是这么诊断的，还说孩子的脑子里缺了一种分泌物，你怎么会知道？我告诉他，我早就知道了，那种分泌物专门让神经产生兴奋反应，这个功能受到抑制，这种东西没了，神经就兴奋不起来，情绪就老是抑郁。所以，抑郁症病人在心理和生理上都有问题。如果他破除所有执著，始终安住在虚静状态之中，没有牵挂，大自然就会他补充精气，修复他的身体，他的病就会慢慢好起来。

在所有牵挂之中，情是最可怕，情欲、色欲最伤身体。所以，一般来说，过去修道要求戒掉情欲，斩断情欲，不能牵挂儿女私情。有个据说有神通的人说，他每次出现情感方面的纠纷，或是出现一些欲望性的行为时，他身上的光就慢慢地淡了。这是有道理的。光是一种生命能量，我们观想的时候，如果把光放出去不收回来，人就会觉得非常累。虽然现代科学没有具体表述，但修道时特别注重这个东西。

当你进入虚静状态时，就能把大自然的能量摄入你的身体。这就是所谓的采天地精华、吸日月灵气。这不用专门去学，你只要进入无执、无我、安静、专注的状态，自然就能做到。

你可以在生活中试一试，找到感觉时，就尽量把它变成你生活的常态。

比如，睡觉之前，你可以把自己观空，在一种没有杂念的虚静状态中入睡。做事的时候，你同样可以入空，在虚静中生起观照，在这种无执的境界中做事。

如果能进入这种状态和境界，你就实现了“归根”，你的气和精都能归根。有些人甚至能把气收入中脉——这是藏传佛教的说法，道家是将气收入任督二脉。这样做的目的，也是摄心，不要让心气散在外面，消耗得太多，否则你会非常累。

当你慢慢地实践，成为习惯之后，你就会经常得到大自然的滋养，你的精神气儿就会变得很足，你就会出现神光、灵光。精神的“神”就是这个意思。

如果你有传承的话，也可以在虚静状态中祈请上师，这时，你也能补充能量。

过去有一种辟谷的修法，他们纯粹安住在虚静状态之中，尽量少吃东西。虽然他们吃得很少，但因为始终能得到大自然的滋养，所以不会出现什么身体问题，反而有益于健康。现在也有很多这样的例子。

其实，你打不打坐都可以，最重要的，是保持一种虚静的心态，当你没有杂念，没有执著，向往一种美好的正能量时，本身就是在修道。

第十七章

如何治理家、国、心？

【原文】

太上，下知有之；其次，亲之誉之；其次，畏之；其次，侮之。信不足焉，有不信焉。悠兮其贵言。功成事遂，百姓皆谓我自然。

壹 以道治国，春风化雨

太上，下知有之；

这一章讲治国。当然，它影响的不仅仅是国家，也有我们每个家庭、每个单位、每个人。因为，老子所讲的这几种治国方式，其实都可以运用到家庭、单位、个人修养方面。在中国历史上，确实有好几个朝代都受到了这段文字的影响，老百姓也因此得到了很大的好处。所以，我会重点讲一下这一章的内容，除了从治国和修道的角度讲解之外，也会从家庭教育和管理的角度讲一下，希望对大家有用。

“太上”是最高明的智者，老子被后人称为“太上老君”，在道教中，这是至高无上的意思。所以，这句话讲的是最高明的统治者会怎么做。

关于“下知有之”，历史上有一些分歧。很多皇帝注解《道德经》的时候，都用了“下知有之”，但也有一些版本是“不知有之”。前者指的是老百姓只知道皇帝的名字，后者是连皇帝的名字都不知道。我更倾向于后者，因为，从境界上说，连名字都不知道，肯定比知道名字更高。

为什么历代注解《道德经》的人——尤其是朱元璋、宋徽宗、唐太宗、唐玄宗等皇帝——大多不喜欢“不知有之”，宁愿用“下知有之”呢？因为，他们非常害怕老百姓不知道他们。也就是说，老百姓可以不熟悉他们，不知道他们有些什么样的作为，但不能连他们是谁都不知道。按老子的说法，这不是最好的统治者，他们还没达到最高的治国境界。

最好的统治者施行的是道治，它不一定是某种手段，或是某个政策等等，它就是大道。大家因为信仰，到了这个群体中来，你不用约束，谁都会做得很好。这就叫道治。目前，中国和印度的神话传说之中，都有这样的故事。比如，佛经中有转轮圣王，这就是印度人心中最好的统治者。

中国历史上也有这样的君主，或者说，有些君主的治国境界已经非常接近道治了，比如，前面说过的文景之治。文帝景帝都采取了轻徭薄赋、与民休息的措施，减轻农民的徭役和劳役等负担，而且当官的不折腾老百姓，还废除了秦朝一些不合理的政策，包括残酷的刑罚等，让道那无形的大手支配整个国家，所以，汉朝很快就强盛起来了——这是最好的统治，但历史上不多——相反，如果汉朝当时不施行道治，皇帝老是推行暴政，那么老百姓就没法慢慢调养，汉朝根本不会恢复生机，更不会发展强盛。

老子思想最重要的就是无为之治，尊重老百姓、顺应自然，所以，尊崇老子思想的几个朝代都很好。汉朝有个“萧规曹随”的故事很有名。萧何制定了一系列休养生息的政策，后来他死了，曹参继任丞相，仍然遵守他的政策，没有自己做出修改。汉惠帝很不满意，有一天就质问曹参，你怎么不办事？曹参就问汉惠帝，陛下，您觉得您比高祖皇帝如何？汉惠帝说，我不如他。曹参又问，那您觉得我比萧何如何？汉惠帝说，你也不如他。曹参就说，既然我们不如他们，他们定了那么好的政策，为什么我们不照着做呢？——这也是很多连锁企业成功的关键，比如肯德基、麦当劳等。他们一旦发现了成功的案例，就立刻复制，不求创新。鲁迅的拿来主义就是这样。虽然有些人不喜欢拿来主义，但很多企业之所以能成功，正是因为他们善于复制、愿意复制。这其实也是无为之治的妙用之一。

在某些群体、某些政党、某些信仰者身上，我们也可以看到道治的影子。

印度的甘地就推行“勿以暴力抗恶”，影响了整个印度。他的团队之中，就有明显的道治的影子。最后，他们让英国政府都不好意思了，主动退出印度，印度才不再是英国的殖民地，宣布独立了，这个事件当时震惊了整个世界。甘地的这种领导方式，无论在统治者中，还是在管理者中，都是最好的。他是以信念管理，以真理管理，以大爱管理。这样，人们不仅会尊重他、敬仰他、服从他，还会效仿他。后世有很多人都受了他的影响，比如托尔斯泰、罗曼·罗兰等。到了今天，甚至有人在研究如何用非暴力手段对付恐怖组织。这是一个非常美好的理想。我也希望他们能成功。

如果一个国家、一个团队、一个群体是以道来管理的话，即使领导人换了一批又一批，负责人换了一个又一个，也不影响整体的运作。因为，人换了，只要信念没有变，他们仍然是追求同一信念的群体，仍然生活在同一种方针、政策之下，追求同样的东西，他们就不会受到影响。

现在，我们国家也在向这个方向发展，比如一些南方城市，尤其是广东，我住在那里，甚至感觉不到政府，这是非常有意思的。当然，这不是说当地政府不作为，也不是无政府主义，而是政府不胡乱干预，当好服务性政府。老子提倡的无为而治，是顺应自然、顺应百姓意愿地作为，但不折腾，不用自己的东西去干扰老百姓。就是说，他们是推波助澜，而不是逆天行事。真正好的统治，是“用出世之心，做入世之事”，也就是超越了概念和分别心，积极地做事，它有一种“随风潜入夜，润物细无声”的味道。

我们这个院子里有很多桃花和杏花，突然有一天，它们全都开了，满院子都是很美的花。是谁让它们一起盛开的？是春风，是春天，是大自然，但它不会事先就告诉我：“有一天，我要让这些花一起盛开。”也不会对我说：“雪漠，你到了这里，我就让这些花都开了。”就像老子之前说的，“圣人处无为之事，行不言之教”，圣人做任何事都不执著结果，顺应自然规律。“万物做而不辞”，百花开了之后，大自然不会说：“桃花，你开得不够美；杏花，你不该向着这个方向开。”大自然从不评判万物，但万物依然很美。因为大自然总是默默地做事，所以，我们从来感觉不到大自然的存在，但它时时在运作。国家也是这样，最好的政府永远不会指手画脚，他们只默默做好自己分内之事，老百姓甚至感觉不到他们，只能感觉到一种良好的风气。就像春风吹过的时候，从不叫嚣着让百花盛开，但百花自然会盛开。这就是“不知有之”。此外，大自然还是“生而不有”的，它让百花盛开，又不占有百花，让百花变成大家的，变成万物的；“为而不恃”，花开了，还开得很美，但它不会沾沾自喜、骄傲自满；“功成而弗居”，它从来不会向我表功，说：“你到沂山来办雪漠书院，我让这么多花都开了。”或者“这是我的功劳”，从来没有。这就是老子认为的上乘之治——“太上，不知有之”，最上等的，是既做事又不执著它。

我在广东生活了六年，一直感受不到政府。除了时而有政府的朋友来看我，让我记起还有个政府之外，其他时候，我根本觉不出政府的存在。我不知道镇领导是谁，不知道市领导是谁，感受不到政府的干预，但有需要的时候，我又可以找到政府，还会得到最有力的支持。比如，我注册广州市香巴文化研究院的时候，我自己没有去，安排一个学生去，她没什么关系，没什么背景，不认识人，也无处去找门路，但她不用太久就把事情给办成了。因为，政府是在为我们老百姓服务，无偿地为我们提供平台，只要我们愿意为社会做些事情，他们就批准。这种服务型政府多好啊！这一点是广东非常优秀的地方，非常像“不知有之”。现在，国家提倡服务型政府，就有点这个意思。在老百姓心里，政府就像春风，也像空气，没有任何的干预性，但有一种力量凝聚了人心。我们称之为大文化的力量、精神的力量。

贰 以德治国，感动民心

其次，亲之誉之；

道治除了强调德行之外，还要求统治者完全消解自己，有一颗公心，但德治不用这样，德治只强调统治者、管理人才的德行。所以，德治比道治次一等。

汉代之前一直很重视德行，汉武帝时期有个举孝廉的政策，大家可以推举当地品行最好的人当孝廉。后来曹操出现，这个规矩才被打破。因为他提倡“唯才是举”，只要有才华，就能当官，不管你德不德的。所以，曹操身边猛将如云、谋臣如云、人才非常多。

刘备跟他不一样，刘备非常强调德，所以，刘备身边有人才，但刘备也得到了“人和”。所谓“人和”，就是人心所向、上下团结的意思。

刘备有很多感人的行为。最让我感动的是，关羽和张飞死后，他带上全国七十万大军为兄弟报仇。他的行为其实很愚蠢，以现在的眼光来看，他显得非常滑稽，报仇也报得很失败。但他明知这样是报不了仇的，却偏偏要这么做。为什么？因为，他和关羽、张飞“桃园三结义”的时候，说过“不求同年同月同日生，但求同年同月同日死”，他为了守住这个诺言，也要出兵东吴。兵败之后，他到了白帝城，从此一病不起，临终向诸葛亮托孤，说："你如果觉得刘禅还行，你就辅佐刘禅；如果你觉得刘禅不行，你就自己主持大局。结果，诸葛亮流着泪说自己会至死尽忠、辅佐刘禅。"这一幕让我非常感动。这里面的兄弟情，在整个中国历史里面，也没有太多。中国历史中充满了争权夺利的血腥，为了财富、为了帝位，亲兄弟都可以相残，但刘备为了兄弟之谊，宁愿牺牲国家，牺牲生命，单凭这一点，他就让人非常敬佩。他也许不是一个很杰出的军事家、政治家，因为他感情用事，最终也确实失败了，但，正是他的失败，让他成了一个真正的人，成了一个真正讲义气的人，而不是伪君子。一定要注意这一点。当然，从另一个角度来看，有人也许会有另一种看法，对刘备也会有另一种评价，但我觉得，不管怎么样，他对兄弟的这点情分都让人觉得非常温暖。所以，刘备是重德的，他治理国家靠的也是德行。他的臣子对他非常忠心，同样是因为他的德行。

用福利性的东西管理国家也是德治。这一点西方国家做得很好。比如加拿大，加拿大的慈善事业很发达。加拿大有很多慈善家，他们老是把自己的很多收益都捐献给慈善机构，让老百姓能体面生活，所以，很多人都想移民加拿大是有道理的。大家都想移民加拿大，就是"亲"；大家都夸加拿大，就是"誉"。

比德治再差一点的，是礼治。所谓礼治，就是靠礼乐制度来治理国家，用礼仪和艺术来熏陶百姓。在礼治的时代，什么等级享受什么样的歌舞、礼仪，国家都有明确规定；如果不按规定，就是违反国家的法律。周王朝就是典型的礼治。《史记》中说过，周文王很受诸侯王的尊重，有一次，虞国和芮国闹纠纷闹得一塌糊涂，就一起到周国请周文王评判，结果一进周地，发现人家的老百姓相互谦让，长幼有礼，就非常惭愧地礼让回国了。这就是礼乐制度熏陶老百姓的一个典型例子。孔子非常推崇周礼，儒家也非常推崇周礼。但是，到了春秋末年，周王朝就出现了礼崩乐坏的现象，诸侯王老是做不合礼乐制度的事情，连士大夫都可以不听诸侯王的话，国家与国家之间也是战乱不断，因此才有秦朝的出现。

我们前面讲过电影《百鸟朝凤》，它讲的就是一个礼崩乐坏的故事。过去，唢呐一直是礼乐制度的一部分，只有德高望重的人死时才能享有“百鸟朝凤”，一般的有钱人、达官贵人都不行。后来，时代慢慢地变了，这种礼乐制度就消失了。人们不再重视唢呐，有些唢呐艺人没钱吃饭，就吹着“百鸟朝凤”在街上讨饭吃。这说明，礼乐制度虽然是中国传统文化中非常重要的内容，但它已经慢慢地消亡了，甚至从人心之中彻底消失了。

但“亲之誉之”中强调的德治和礼治，至今仍然是人们所提倡的。我们也一直提倡以德治国，提了很多年。不过，想要维持国家的稳定和富强，单纯地德治还不够，还需要法治。

法治就是老子所说的第三等的统治方式。

叁 刑法治国，威慑人心

其次，畏之；其次，侮之。信不足焉，有不信焉。悠兮其贵言。功成事遂，百姓皆谓我自然。

战国时期秦国出现了商鞅变法，这就是法治。法治是靠法律来治国，属于老子所说的第三等的统治，但还算公平的。“法律面前人人平等”，虽然也会经常出现不平等的现象，但至少法律要求平等，法律的准绳也是平等的，它有它的规矩。所以，法治也有它的优点。正是因为施行法治，秦朝很快就兴起了，后来还统一了六国。有时，德治还不够，国家也的确需要法治。

在法治出现之前，老百姓是不懂规矩的，什么该做，什么不该做，老百姓很多都不知道。商鞅变法之前，一家人睡在一个大炕上，母亲、父亲、女儿、儿子都睡在一起，谁知道什么礼仪不礼仪？后来商鞅变法，推行了一些移风易俗的分居，慢慢地，秦国老百姓才知道了一些礼仪。

比法治再下一等的，就是刑治。法治追求公平、守规矩，刑法则纯粹是恐吓老百姓。最明显的就是白色恐怖，白色恐怖是不讲法律的，完全靠酷刑来让老百姓屈服，尤其是文字狱，断章取义，牵强附会，因为一句“清风不识字，何故乱翻书”就能把人处死。乾隆时代，文字狱一百三十多宗，大多是莫须有的罪名，只要皇帝觉得是就是，完全由皇帝说了算，“宁可错杀三千，不可放过一个”。

中国历史上有很多恐怖的酷刑，像车裂、凌迟、炮烙之刑……吕后在刘邦死后对付戚夫人，也用了一种非常恐怖的酷刑——人彘，不但砍去戚夫人的四肢，还将戚夫人的喉咙毒哑，耳朵灌聋，眼睛剜出来，毛发都拔掉，脸也划花，然后把她扔在厕所里，派人照顾她饮食，还叫自己的儿子去看。结果，她儿子看到母亲不但毒死戚夫人的儿子，还对戚夫人做出了这种事，就无心朝政、连命都不想要了，没多久就死去了。武则天对付王皇后和萧淑妃，用的也是人彘之刑，在后来的政治斗争之中，她还使用酷吏、小人不择手段地收拾政敌、对手。还有朱元璋，他对贪官的刑罚也是令人发指，只要你贪污五十两银子，县官就会把你的人皮剥下来，用草填进去，挂到县衙大堂上示众。非常恐怖。

翻开中国史书，类似的例子实在太多了，几乎每个朝代都有，时不时就会出现一些超越法律规范的东西，其目的，都是让人害怕，不敢做出一丝半点对皇帝不利的事情。这就是“畏之”。

大家都听过“苛政猛于虎”的说法，它背后也有一个故事：孔子和子路到了一个地方，看到一个妇女跪在坟墓前哭泣，孔子就问她发生了什么事，她告诉孔子，此处猛虎为患，自己的老公和儿子都叫老虎给吃了。孔子问她，那你为什么不走啊？那女人说，这里虽然有老虎，但没有苛政啊。可见，古代的苛政比老虎还要可怕。这是一个非常典型的故事。

到了这种程度，百姓私底下肯定不只“畏之”，还会“辱之”，也就是虽然惧怕他，但心里非常痛恨他，夏桀、商纣、周幽王，都是被百姓辱骂的对象。百姓为什么骂他们呢？因为他们过于残害老百姓。当全天下都开始辱骂统治者、辱骂官府的时候，天下就该大乱了。

所以，老子非常了不起，短短的几句话，不足二十个字，就把中国的历史变迁给概括了："太上，不知有之"，得道明君统治时期，但很少出现；"次之，亲之誉之"，最好的朝代基本上都属于这一类，也是国家最强盛的时期；"其次，畏之"，法治、刑法出现了；"其次，辱之"，最后百姓们忍无可忍，天下大乱，因为老百姓对朝廷已经没有任何信心了，觉得这个朝廷肯定不会变好，失望透顶了。这标志着国家诚信的丧失。诚信是国家的道德底线，假如诚信丧失，不可信任，这个国家就失去底线了。随之而来就是暴乱。

清政府进行了那么多次大屠杀，为消灭反清思想做出了巨大的努力，但他们怎么压都压不住老百姓，到最后失去民心的时候，总会出现让他们崩溃的力量。

所以，真正高明的统治者、管理者不会折腾老百姓，他会从容、自在、悠闲地等待树木的成长，他不会拔苗助长，不会随便发号施令。团队、家庭中也是这样。如果一个女人总是折腾来折腾去，人们就会骂她妖精、狐狸精，整个家就给败掉了。什么都怕折腾。所以，做任何事，都要顺其自然，不要折腾。等事情成功之后，老百姓还会说："我本来就是这样。"

这也是道，是万物运作的规律。

在这一章中，老子通过对统治层次的表述，描述了大道，以及不合大道的种种现象，他的目的就在于说出真理对民族、国家、文化的重要性。真正的最高明的官吏，永远是靠真理和文化本身影响整个国家、影响整个群体，而不是人为地干预道的规律。不管谁做什么事，都不可能改变道，不可能改变万物运作的规律。这个万物，既包括人，也包括团体，包括群体，包括民族和国家。要让事物良性发展、良性循环，就要顺应自然规律，一切事物就会向好的方向发展；如果急功近利，想要通过一种人为的手段得到某个结果，于是斗来斗去、折腾来折腾去的话，就有可能会破坏事物的规律，加速事物的衰败，让它提前进入“坏空”的阶段。无论是人、家庭、团体、群体、民族还是国家，都是这样。

所以，老子一直提倡无为而治。这种看似消极的方式，其实是最高明的，它是一种顺水推舟，让小船走得更快、走得更远的态度。

肆 教育的四种境界

老子的这一章看似跟生活没什么关系，其实有很大的关系。只要你细细去品味、理解，就会发现，在任何时候、任何方面都用得着老子的智慧。

比如家庭教育。最好的教育方式，是不去教训孩子，在家里营造一种氛围，像春雨润物一样滋养孩子，让他自己去变化。

我分享一下我的经验。我从来不用暴力管教孩子，始终是靠自己的言行去感化他，让他自己学会选择。我会像最好的朋友一样理解他、尊重他、帮助他，不会像主人那样奴役他。我的家里一直有很多书，到处都是书，我经常都在看书，也经常谈一些对孩子有益的东西，他从我这里汲取了营养之后，就会自己选择，自然成长，他甚至感受不到我在教育他。这就是老子所说的“功成事遂，百姓皆谓我自然”。这就是最好的教育。

我不仅仅这样对待自己的孩子，办作文班的时候，我对所有参加作文班的孩子也是这样，所以，孩子们都喜欢上我的课。到了后来，他们的父母不知道该怎么教育他们，就会威胁他们说：“你如果数学考不到九十五分以上，我就不让你上雪漠作文班！”这就叫“畏之”，令人产生畏惧。很多家长用的都是这种方式，但孩子不一定会接受。最好的教育是养成一种好风气，孩子只要进了这个氛围，他就会自然而然地成长，因为这个环境里有一种文化在熏陶他、影响他。这就是“大而化之”的早期含义。

现在，有人批评别人时，才用“大而化之”，意思是他做事不谨慎，过于粗枝大叶。最早不是这样，最早的大而化之，是指将美德发扬光大，进入化境，感化人心。一个人得到了真理，就要把真理变成自己的行为，用行为本身教化别人。他没有概念，也不要概念，纯粹靠真理和文化的气息熏陶别人。

管理也是这样。最上等的管理者，就是刘邦、唐僧、宋江那样的领导。为什么？因为，刘邦从不突显自己的本事，他从不期待自己比别人强，他最大的本事，就是发现别人的本事、借用别人的本事。

唐僧也是这样，在取经团队中，唐僧是最无能的一个人，但他知道方向，也懂得收孙悟空、猪八戒、沙和尚、白龙马这些有本事的徒弟，让徒弟们来保护他。在取经的过程中，孙悟空肯定不认为唐僧是领导，他觉得唐僧是个受保护的人，自己应该保护他。一定要知道这一点。他面对唐僧，就像我们面对孩子一样。当然，孩子不是我们的领导，但唐僧是孙悟空的领导，而且是个很好的领导。他跟孩子的区别，就在于孩子无知，要大人带路；但唐僧有智慧，知道方向，能带着那些有本事的徒弟往正确的方向走。这就是一个好领导。

宋江也是好领导，梁山一百零八将里面，就他的武艺最差，只有那么三两下功夫，随便一个好汉就能把他打倒，他也从来不找人比武，尊重所有比他强的人。所以，谁都不嫉妒他，谁都觉得他很好，谁都愿意帮助他。最高明的就是他这种人，虽然高明，但谁都觉不出他高明。所以，梁山好汉里只有他能当领导——当然，他的德行和智慧还不够，够不上老子所说的“不知有之”。

如果你跟“不知有之”“亲之誉之”相反，使一些“畏之”的手段，比如拿炒鱿鱼来恐吓别人，让别人害怕你、守规矩，那么你的管理手段就不高明了；如果部下都在背地里骂你，你就跌到了最后一等，“侮之”，说明你已经不行了。

比“不知有之”次一等的教育方式，是做孩子的朋友，让他觉得最亲的就是父母，父母是他最好的朋友，这就是“亲之”。如果孩子不但亲近父母，还以父母为傲，就是“誉之”。能做到“亲之誉之”也不错。

具体该怎么做呢？要懂得我们上面说的德治、人治和礼治。就是说，你要完善自己的德行，这是最重要的，好父母的品德一定要好，而且不是只对孩子好，还要对所有家庭成员都好，如果你的胸怀再大一点，就是对所有你认识的、跟你相遇的人都很好。要懂得关怀别人，最好让家里形成一种读书的氛围，用文学、艺术的力量来熏染孩子。能做到最后一点的不多，因为，现在有好多家长都不看书了。

前段时间，我到湖南去考察，发现几家名牌大学门口虽然有很多报刊亭，却没有文学杂志。一路上，我都见不到卖文学杂志的地方。这说明什么呢？这说明文学远离了现代人的生活。不要觉得这没什么，只是个人爱好，文学表面看来没有用，但对生命非常重要。文学和艺术的衰亡，代表着实用和功利文化的盛行。

有个孩子告诉我，有个音乐网站办得很好，但因为不是流行音乐网站，所以老是举步维艰。几年来，它换了好几个名字，换了好几种模式，越办越不好，就像一个绝症病人挣扎着想活下去一样，但今年还是停了，这件事让人心里很难受。还有一个摄影杂志的网站，也办得很好，上面有很多非常好的新闻图片，还有国际上一些主题摄影展的照片，传递了很多人文方面的信息，但它也在今年四月停掉了。

这个变化，跟文学杂志的消失一样，都代表了一种情怀、一种追求的消失。但它也是符合道的。万物都免不了“成住坏空”，当它不再具备存在的条件时，它的消失就是必然的。周礼的消失也是必然的。儒家喊了那么久，孔子喊了那么久，想要恢复传统礼教，但那个时代已经远远地过去了。我们不谈对还是不对，我们只谈这个变化。到了必然变化的时候，一切都会变化。

文学也是这样。文学代表了一种务虚的东西，当整个时代都在追求实用的时候，文学必然会被很多人忽略。但事实上，人的生命中必须有一些务虚的东西，不能太实在了，不能说今天你给我多少钱，我挣了多少钱，不能这么衡量。如果一个家庭充满这样的声音，它是很难幸福的，因为里面少了一种人的情感。一个有灵魂的人，他必然是爱艺术、爱文学、爱音乐的，他的心中必然有一个物质世界之外的世界。在那个世界之中，他才可能感觉到生命的饱满、心灵的幸福，因为它是远离功利的，它有点像《道德经》中那个无为的世界。

就像唢呐。现代人需要唢呐吗？可以说需要，也可以说不需要。但唢呐曾给人们带来很多愉悦，它所在的土地也因为它的出现，变得精彩了很多。凉州的贤孝和花儿、陕西的秦腔也是这样，山东也有很多类似的非物质遗产。当然，山东很好，我发现这里的文化比别处都要厚，这块土地上普遍有一种务虚的东西。临朐是潍坊市的一个县，有“书画之乡”“小戏之乡”之称。在这种文化的熏陶之下，很多人心里还保持着一种礼乐的东西。这对一块土地来说，实在是太重要了，虽然它带不来任何东西，但是它很重要。

家庭也是这样，不要老是谈钱、福利和物质，这样会让孩子变得非常功利，要尽量让家里多谈一点虚的话题，也就是跟心灵、灵魂、精神有关的话题。它不一定会给你带来金钱，但对你的灵魂有好处。所以，我说它非常重要。如果做不到这一点，你的孩子长大就不会有出息。他最多就是个小商人，在别人那儿算计点小东西，他永远做不大。中商人永远不算计，他只管尽量多做一些事情。最大的商人在干什么呢？在帮助别人，在利他，比如我常说的淘宝、微信和阿里巴巴等等。所以，家里必须要有一种“亲之誉之”的氛围。

再下一等是“畏之”，拿上皮带抽孩子，最恐怖的就是这个。如果家里出现这种情况，家长就变成了封建统治时期的暴君，家庭教育就变成了暴政。所以，不要对家里人动用暴力，对谁也不要用暴力。一旦使用暴力，对孩子来说就是非常可怕的摧残。哪怕你真的是为他好，也不能这样。你一定要明白，如果你打孩子，欺负孩子，就降到老子所说的第三等了。如果你让孩子开始在心里嘀嘀咕咕，甚至瞪着眼看你，你就降到第四等了，就变成了最差劲的父母。

伍

人格修炼的五种境界

世界上有很多种人，不同的人就有不同的层次。

有这样一种说法：最好的人很聪明、有智慧，但他很懒惰。比如发明家，他们懒得走路，就发明了汽车；懒得上楼，就发明了电梯；懒得折松枝当火把照明，就发明了电灯。换句话说，他们是在利他，他们觉得什么生活最好，就想让大家都生活得好一点，尽量省下一点时间、省下一点精力，就努力地去做，还能实现它。发明家都是如此。

第二等人是聪明且勤奋的人，我估计我可能是这种人——不一定多聪明，但很勤奋。这种人很多，脑子很好，也积极地学习做事。但他比第一等人差一点。我就是这样，我不喜欢搞发明，只喜欢走路，所以就一步一步地走路。

第三等人是什么人呢？是既不聪明又不勤奋的人。绝大多数人都是这样的人，就是芸芸众生。为什么？因为，人类也是一种动物，动物的本性就是好吃懒做。所以，懒惰是人的本性。人类如果想提升自己，不仅仅做一种动物，就必须超越人类本性中的动物性，那么就要积极一点。

最后一等人就是既愚蠢又勤快的人，这种人也很多，他们老是好心办坏事，这种人越勤奋越糟糕。我经常遇到这种人，他们不会办事，又爱办事，就把很多事情都给弄砸了。

但最可怕的，还不是这种人，而是既聪明又勤奋又坏的人，比如希特勒。希特勒简直是世界的灾难。他非常自律，非常聪明，也特别坏。当然，他也许不觉得自己很坏，他也许以为自己在做好事。毕竟，世界上有很多人种，不同种族的人又有不同的心思，不同的心思就会产生不同的好恶，所以，很多统治者都可能会因为自己的某种好恶乱来，给人类带来巨大的灾难。

你随便翻开一本中国的史书，就可以看到无数的折腾，无数人都在自以为是地折腾，很多灾难都是折腾的结果。一个好好的国家，折腾着折腾着就败掉了。一个好好的王朝，折腾着折腾着就灭亡了。尤其是封建时代，那些帝王是没有任何限制的，他们杀多少人都不算犯法。明朝就是被几个皇帝折腾掉的，大家可以看一看《明史》。

你属于哪一类人呢？——不过，这不重要，更重要的是你想成为哪一类人。这就是《道德经》的意义，也是人活着的意义。

“太上，下知有之”，“之”就是心，充满了执著牵挂的妄心。最高明的人已经感觉不到心了，这种人叫无心道人。

《四十二章经》上说：供养一百个恶人，不如供养一个善人。供养一千个善人，不如供养一个受五戒的人。供养一万个受五戒的人，不如供养一位出家人。供养十万个出家人，不如供养一位证初果圣人。供养百万个初果圣人，不如供养一位证二果圣人。供养千万个二果圣人，不如供养一位证三果圣人。供养万万个三果圣人，不如供养一位证四果罗汉。供养四果罗汉的功德，不如供养一位无心道人。由此可知，供养无心道人的功德，是无可限量。

那么，什么叫无心道人？心里没有鸡零狗碎，没有执著，没有概念，没有分别心，但又是明白了真理的人。无心道人没有分别，没有杂念，没有计较，没有烦恼，没有执著，只有对世界的贡献。

我就有一些这样的朋友，你根本感觉不到他们在努力地帮我，但他们就是在帮我；你感觉不到他们在做事，但他们就是在做事；你感觉不到他们对我好，但他们就是对我好。他们从来不说，从来不居功，但不知不觉中，你就能感觉到他们春天一样的心。当你交到这样的朋友时，你的一生会非常快乐。所以，我们自己也要尽量做到这一点，在潜移默化中帮助别人，让别人感觉不到我们在帮他，给别人一份好心情。

有人曾经问过孔子，如果朋友做了坏事，我该不该劝？孔子说，该劝。别人又问，如果我劝了，但他不听呢？孔子说，他不听，你就算了。为什么？因为，该劝不劝叫失人，不该说说了就叫失言。有的时候，说与不说，要看机缘，也要看分寸。分寸代表智慧。

老子也做得很好。孔子拜访老子的时候，老子就不怎么说话，他静静地坐在一边，像个呆木头，偶尔说上几句话，都是在回应孔子。孔子不问，他也不说。孔子就非常敬佩老子，觉得他神龙见首不见尾，自己摸不清他的底。这就是“不知有之”。老子从来不觉得自己想当孔子的老师，要教给孔子什么东西。他心里根本没有这个东西。他就像一口钟，你敲一下，它才会响；你如果不敲，它就静静地待着。智者都是这样。这是第一种。

第二种是修德。如果你做不到“不知有之”，就必须从品德上着手。修德靠什么？靠行为。我们常说高僧大德、德高望重，标准都是他的行为，也就是他做过的事情。你如果是个大德，你就必然有大德的行为。当你有这个行为时，人家自然知道你是大德，不用你自己说。如果你明天上午到街上去，随便告诉一个人，说自己是大德，你看人家会怎么说？人家会说你是个疯子。为什么？因为，大德不是说出来的，是靠行为来展示的。只有利益众生、贡献社会的人，人们才称之为大德，也就是德高望重的人。所以，有几个朋友加我微信，想当我的学生，我就对他们说，你还是先做事吧，用你的行为告诉我：你是什么样的人。

如果行为上做不到利益众生，那么你有一颗仁爱的心也行。仁爱的心，就是对别人好，对别人有一份关爱，也就是我们现在提倡的爱心。但体现你的仁爱之心的，仍然是行为。这是修身的第三等。

第四等是什么呢？是礼仪。礼仪就是基本的行为规范。有了礼仪和修养，你没有仁爱之心也不要紧，没有行为也不要紧，只要你尊重别人，对别人有礼貌一些，遵循一些礼仪，也够了。

有些人不一定多好，但他非常有修养。他可能很自私，但自私是人的本性，他不会因为自私而害人。他就像杨朱所说的，“拔一毛而利天下，不为也”，拔一根汗毛就能利益天下，他也不愿意做。虽然他不愿意利益天下，但他独善其身，待人彬彬有礼，这也很好。这是人格修养最低的标准了。

第五等是守最基本的戒律，不要干坏事。比如不要杀人，不要偷东西，不要抢劫，遵守基本的社会规范，也就是法治。

这就是修身的几个层次。你最少要尊重法律、尊重基本的社会规范；然后要学会尊重别人；再上一层，要有一颗仁爱之心；继续上一层，用行为贡献社会；这些都做到了，你就扫除这一切，不要所有的概念和分别，但你无时无刻不在利益社会。

第十八章

守候大道，返璞归真

【原文】

大道废，有仁义；智慧出，有大伪；六亲不和，有孝慈；国家昏乱，有忠臣。

壹 不该提倡仁义、智慧和忠孝吗？

大道废，有仁义；智慧出，有大伪；六亲不和，有孝慈；国家昏乱，有忠臣。

什么叫仁义？仁者爱人，义者讲义，两者相合，我们便称之为仁义。讲义气、讲诚信、强调关爱别人，强调遵循社会规则，就叫“仁义”。人们抛弃大道时，世界才会提倡仁义道德。

其实，就算人们背弃大道，大道也是不可能废的，因为，大道本来就无处不在，谁想废都废不了。但人们可能会不按大道来做事。为什么？因为，得道者越来越少，明白道的人越来越少，人心越来越不清净，个人的欲望越来越多。这时，不得道者、失道者就越来越多。如果有一天，纯粹没有得道者，只有失道者的时候，就是“大道废”。

从上古时代开始，人类世界就出现了很多得道者，比如黄帝时代，这就像释迦牟尼时代有很多阿罗汉一样。但是，随着社会的发展，得道者越来越少，人们不再遵循大道做事，才需要提倡仁义。所以，提倡仁义礼智信不但不代表社会的进步，反而说明了社会的混乱。只有在社会实在不像样、不仁不义的时候，人们才会提倡仁义。流行仁义时，社会是不会提倡仁义的。你一定要明白，这就像人们之所以提倡学雷锋，是因为社会需要雷锋。如果大家都是雷锋，社会就不提倡学雷锋了。所以，老子这几句话虽然很简单，但意义很深，对我们的启发也很大。

“智慧出，有大伪”，人一变得聪明，奸巧、伪诈就出现了。比如，《三十六计》中就充满了阴谋诡计。为什么出现阴谋诡计会是“智慧出”？因为，这里的智慧不是佛家提倡的智慧，而是诸葛亮的智慧。佛教提倡的智慧是大道，诸葛亮的智慧是小术，看过《三国演义》的人就知道，诸葛亮有很多阴谋诡计。

有一句话是：“老不看《三国》，少不看《水浒》。”为什么？因为，年轻人年少气盛，老是想当侠客，一看《水浒》，就会“该出手时就出手，路见不平一声吼”，对有些人来说，它其实是“一冲动时就出手”。有一年，电视上正在放《水浒传》，全中国都在唱“该出手时就出手，轰轰烈烈闯九州”，结果社会非常混乱，我也遭遇过一些向我出手的混混。所以，“少不看《水浒》”是有道理的。过去的统治者也不让老百姓看《水浒传》，曾把它列为禁书。其原因，就是很多人看了这本书，就开始打架，甚至杀人。《水浒传》里有很多胡乱杀人的所谓“英雄”，比如李逵和武松。李逵时不时就会抡起两把斧头，一路砍将过去，砍得血流成河，也不管坏人好人；武松更是这样，“血溅鸳鸯楼”的故事大家看过没有？武松被张都监欺骗陷害，后来逃出来，回到张都监府上报仇，不管男女老少、好人坏人，他全都杀掉了，见一个杀一个。多几个这样的人，社会怎么能不乱呢？

那么为什么“老不看《三国》”呢？因为，老人活了一辈子，该见的都见过了，自然有了经历和阅历，很是聪明，一看《三国演义》，阴谋诡计就更多了。除非是真正的得道者，聪明而无欲望，否则越老越狡猾，就变成老狐狸了，非常糟糕。心里越多阴谋诡计，就越是远离大道，所以，人老了之后，就要做减法，“戒之在得”，不要夺取，不要想得到，要想着如何减去一些东西，慢慢把该做的事做好，多一事不如少一事，把自己该干的事情干好，不要贪得无厌。

这就是“智慧出”。“有大伪”的意思是出现一些装模作样的人。“大伪”就是伪君子、假好人。

历史上最有名的伪君子是王莽，王莽篡汉的故事很多人都知道。王莽在西汉末年，是非常有名的圣贤，礼贤下士，对人非常好。他把家里的钱和粮都拿出来送给别人，自己却过着非常简朴的生活，就像现在的大慈善家一样。有一年，他的儿子做了坏事，他还逼着儿子自杀。当时，谁都以为王莽是忠臣，谁能想到，有一天他会托古改制、篡位自立，做了皇帝。于是人们就说，王莽是个伪君子。后来，绿林军和赤眉军造反，把王莽的新朝给灭了。

白居易在一首诗中写道：“周公恐惧流言日，王莽谦恭未篡时。向使当时便身死，一生真伪谁复知。”周公在武王死后辅佐少年成王，被奸臣陷害他有心篡位，引起了别人的怀疑，后来真相大白，成王才知道周公是忠臣，如果周公在流言横行时死了，就会留下千古骂名；而王莽辅佐西汉平帝，最初也表现得谦恭敦厚、礼贤下士，如果当时死掉，他就会被定格成一代圣贤。所以，很多事情其实说不清。

我们更要明白一种变化：也许刚开始王莽真的是好人，后来受到了诱惑；也许周公受过诱惑、动过不好的念头，但善的一面占了上风。什么都有可能。人不是一成不变的，遇到新的际遇，人就可能产生变化。所以，我们在为人处事时，一定要注意心的变化。很多变化，是自己察觉不到的。这就是我老提醒别人的原因。一定要注意，刚开始，信仰是真的，一切都是真的，但慢慢就变了，变了就不是信仰了。这时，就会出现一种不好的变化。我们要时时警觉、警惕自己的变化，一旦发现自己的贪婪、愚昧、仇恨增加，就一定要注意，马上用智慧观照它。

“六亲不和，有孝慈”，父不慈、子不孝、兄弟不友爱时，人们就开始提倡孝悌规范。人们遵循大道的时候，家庭肯定是和睦的，六亲肯定是和的。要是社会缺少了孝子的德行，人们都不孝敬父母了，社会就会提倡孝慈。所以，提倡孝慈，说明天下人已经不孝了。当然，孝慈是儿女要孝顺父母、父母也要慈爱子女，但很少有人专门提倡慈，却有人专门提倡孝。这就是因为母亲大多疼爱子女，“慈母手中线，游子身上衣”，爱子女是父母的天性，所以，即使不提倡，父母都会爱子女。佛教也提倡孝慈，认为所有众生都是父母，提倡“无缘大慈，同体大悲”，是超越了家庭的慈爱，把所有众生都当成自己的家人，有一颗母亲对孩子、孩子对母亲般的心，也就是不要给自己的慈悲加上条件，无条件地怜悯受苦的人。

“国家昏乱，有忠臣”，“昏”主要指没有智慧，“乱”主要是国家的秩序很混乱。国家安定时，有些人看起来是忠臣，实际上不一定是忠臣；天下大乱、内忧外患一起爆发时，才知道谁忠谁奸。所谓“国难显忠臣，路遥知马力”，就是这个意思。齐桓公身边除了前面说到的易牙之外，还有公子启方和竖刁。他们看起来很像忠臣，一个父亲死了也不奔丧，一个不惜自宫服侍齐桓公。但是，齐桓公卧病在床的时候，害死他的正是易牙和竖刁等人。

如果齐桓公听了管仲的，把易牙等人赶走，再也不召回的话，他可能就不会在病中被饿死；正因为他没听管仲的话，他才有了这样的结局。

历史上有这样的说法，“文死谏，武死战”，文官一般都死在给皇帝提意见上，武官一般都死在战场上。为什么文官会死在提建议上面？因为，如果皇帝坚决不听，忠臣又坚持己见的话，皇帝就有可能把他杀掉。皇帝一杀他，他就成忠臣了。所以，忠臣的背后往往有一个昏君。比如纣王和比干，比干在死谏之前说过一句话：“主过不谏非忠也，畏死不言非勇也，过则谏不用则死，忠之至也。”君王有了过失一定要提意见，如果皇帝怎么都不采纳，就只能以死尽忠了。这就是“死谏”。因为有昏君，才会出现忠臣。

所以，魏徵曾经告诉李世民，我不愿当忠臣，我一当忠臣就说明你是昏君，我希望你不是昏君，我也不是忠臣，我只管做一个直臣。所谓的直臣，就是正直的臣子，有什么说什么。魏徵也的确是这么做的，他经常批评李世民，李世民特别欣赏他，也特别怕他。据说，李世民特别喜欢一只鹞子，有一天就在逗它，逗了一会儿，看到魏徵过来，就马上把鹞子藏进袖子里，怕魏徵看见会提意见。结果，魏徵说了很久，等他走了之后，鹞子都闷死了。但李世民没有怪魏徵，他反而一直夸奖魏徵，说魏徵是他的镜子，以人为镜，可以明得失。有魏徵在，李世民很少做一些不好的事情，哪怕做了不好的事情，魏徵一提醒，他也会改过来。所以，魏徵成了直臣，李世民也成了明君。

君主贤明有直臣，君主昏庸出忠臣，而忠臣的结局，一般都是死亡，很少有例外的，除非他遇到了很好的皇帝。

贰 越简单，越接近解脱

最早的时候天下是遵循大道的，那时人人都有公心。为什么？因为，那时的生产力非常低下，你如果有私心，就活不了，大家必须抱成一团，才能打野兽，才能活下来。如果有人不团结，他就必然会饿死。所以，那时人们非常淳朴，大家共同生活、共同娱乐、共同吃住。

2016年，我们参观了山东临朐的九山水库，那是九山公社的农民在70年代修的。修这座水库时，整个九山公社也就一万块钱，但老百姓却花了一百六十万。要知道，70年代的一百六十万可不是小数字。

据说，修水库的所有石头，都是老百姓亲手砸出来的。当时，一个老人的儿子被掉下来的石头砸死了，公社要赔偿他，老人却说，这是我们自己的事，要啥赔偿？然后，他又派另一个儿子去工地。那时节，没人计较得失的。

当时，九山所有的男人都去当石匠了，但人手仍然不够，就把女人也给派去了。他们亲手抡着铁锤，把一块块石头砸成合适的形状，推到它们该在的位置，铁锤时不时就会砸到手，砸得鲜血淋漓。就这样，大家足足砸了六年——有人算过，那些石头，可以从九山一直码到北京城——才把水库修起来。那时，谁都没有私心，哪怕非常苦，大家也愿意学习，而且干劲冲天。

有人告诉我，当时管粮食的那个人特别穷，他家的孩子穷得连饭都吃不上。有人觉得可怜，就说，你干脆批点粮食给家里吧，我们允许你批。但他不愿意，他说，你也批，我也批，工地上就没公粮了。这就是公心。

那时的人们虽然不是一点私心都没有，但整个氛围是为公的。他们骨子里信的都是共产主义。所以，干那么多活儿，既不要粮食，也不要工钱，完全是无私地奉献。

现在，农村也变了。农民种庄稼，如果家里不够劳动力，来不及收庄稼的话，他就得拿钱请人帮他，而且，少于一百块，就没人肯干。但在九十年代前，只要你一招呼，谁都会过来帮忙，就算你不招呼，有些人看到了，也会过来帮忙。

我小的时候，我们村里有个非常穷的孩子，他是父母领养的。长大之后，养父母虐待他，还把他赶了出去，他无处栖身了，村里人看他可怜，就你一块砖，我一根木头地给他修了一座房子。现在不会有这种事了。因为，谁都很聪明。人一聪明，就不讲仁义了。这就是变化。

这就是“智慧出，有大伪”，太聪明，或者太强调聪明，就必然会出现一些乌七八糟的东西。

所以，大道不强调聪明，甚至不提智慧。后来我们说追求智慧，其实是追求大道本身，而不是聪明人的那种智慧。聪明人的智慧是世间法的智慧，刚好是大道反对的。因为它是分别心。老子这一章说的所有内容，包括仁义和孝慈，都是分别心。

五祖将衣钵传给六祖的时候，为什么叫他连夜带着衣钵逃出去？因为，六祖当时是个舂米的，相当于现在的打工仔，其他人都是高僧。五祖知道他们不会甘心，肯定想把六祖给灭了。结果六祖逃出去之后，真的有很多人追他。大家说荒唐不荒唐？这就是分别心。类似六祖这样的遭遇，我也经历过。

六祖给慧明开示心性时，为什么叫他不思善不思恶？因为，这也是分别心。思善便有恶，思恶便有善，思聪明便有愚钝，思愚钝才有聪明。心中一有这些东西，就不对了。一定要注意，不能出现分别心。太有心计的人很难做大事，只有老实人、实在人才能做大事。为什么？因为，如果一个人老是鸡零狗碎地算计别人，就没人会喜欢他，他也做不大。所以，做人不能太聪明，我一发现什么人太聪明，就知道他做不了大事。那些看起来笨笨的、脚踏实地老老实实做事的人，才可能做成大事。因为他的心大，没有那么多的分别心。

修道最重要的，就是消除分别心，消除智慧，离智慧，离技巧，离心机。世上所有矛盾都源于分别心。你好我坏，你富我穷，你聪明我笨，这些都会跟出世间法起冲突，都是修道中要消去的。这是修道最主要的目的。

其实，天下本没有多少大事，多是一群庸人在算计，不过是一个个念头在滚动。你跟上去，是非就出现了；没有念头，或是不跟念头，就不要紧。所以，修道的基础，就是学会对治念头。佛教有一句话，叫“不怕念起，只怕觉迟”，意思是，生起念头也不要紧，就怕你没有警觉，追逐念头去了。追逐念头，就会出现后面的一系列分别心，因果就出现了。

老子强调无为而治，就是不追逐念头，在没有执著的境界之中，用一颗没有任何分别的真心慢慢教化别人。大手印也是这样。

大家看《光明大手印：实修心髓》和《光明大手印：实修顿入》，其中专门讲道，大手印不是发现问题、解决问题，而是本来就没有问题。哪有什么问题啊？一切不就是个念头吗？大家心里想啊想的，都只是个念头。念头都在变化，你捉不住的。所以，要守住无为之心。守不住无为之心，你就陷入有为法了。比如，你会开始追求一种功利、成功和世俗认可的价值。这是做人时的“有为而治”。一旦有为，就有分别，有欲望，有纷争，也必然会有烦恼。

我认识很多非常优秀的人，他们都活得很不开心、非常痛苦，有些人还自杀了，不自杀的人也得了抑郁症，不得抑郁症的也得了其他病，总之，很多非常优秀的人，都处于亚健康状态。他们看了很多励志书，比如教人如何成功，教人如何身价千万亿万，他们也许真的做到了，但他们活得不快乐。他们追逐财富的目的达不到。为什么达不到？因为，有分别就有烦恼，也必然得不到永恒的快乐。

叁 老子的向往

老子很反感分别心，他希望越简单越好，甚至不要仁义这个概念。你一旦强调仁义，心里就有了是非。有人觉得你有仁有义，也会有人觉得你不仁不义。因为标准不一样。那么，到底什么是仁？什么是义？说不清，答案实在太多了。儒家有儒家的仁义，墨家有墨家的仁义，春秋战国时期，诸子百家老是在类似的问题上争论不休，你说你对，我说我对，互相都说自己才是对的。究竟对不对？究竟谁对？说不清，因为对错是相对的，根本就没有绝对的答案。

凡是有为法，都是相对的。比如，雪漠的个子高不高？你说不高，我又比小孩子高；你说高，我又比大个子矮。所以，有为法必然出现相对的概念，有相对就必然有纷争。标准不一样的时候，也会出现纷争。

庄子很有意思，他说“圣人不死，大盗不止”。“圣人”和“大盗”就是相对的。只要有圣人，就有大盗；只要有大盗，也会烘托出圣人。但这里的圣人不是老子所说的圣人，而是教人学问和机变的圣人，他不是真正的圣人，而是世人所认为的圣人。

有人反对儒家的那一套学说，因为儒家学说太着力、太有为、太执著了。当然，儒家也有儒家的优点，但是，以老子的观点看，儒家对还是不对？不好说。社会需要儒家，但老子觉得儒家的境界不够。老子已经超越这个境界了，他发现了这个境界的缺陷。但我们也不能说孔子不对，中国社会需要他的学问，中国需要了几千年。孔子的学问有一种秩序，对国家来说很好，没有秩序的话，社会就非常混乱。所以，孔子奠定了社会政治层面一个非常重要的基础，中国的很多伦理道德都建立在儒家思想的基础上。汉武帝时期就是“独尊儒术”，唐代之后的科学考试，用的全是儒家的经典。只要是读书人，你想当官，就必须学儒家经典，学道家经典，是当不了官的。

所以，道士是很难当官的，除非他参加农民起义。《水浒传》里的入云龙公孙胜就是道士，他披发、仗剑、作法，招安之后，就能当官了。不然，他就当不了官。为什么？因为道家不向往做官。

老子向往什么？老子向往真人。真人是不废大道的人，他本身就是大道，暗合大道。他自己就属于悟道、证道。悟道就是明白什么是大道，证道就是他的生命已经变成了大道本身，他已经实践了大道。他是无欲的，无欲就是远离欲望，或者说不被欲望所控。他可以有世俗需要的行为，但他没有欲望。他可以做事，但他没有很强的目的性。我们很多人做事都有目的，这就是有欲。积极地做事，不追求结果，就是无欲。阿罗汉就是无欲的。

释迦牟尼讲到布施的时候，谈到过无相布施、三轮体空，这就是无欲。因为他已经没有自己了，没有我在布施你的概念，没有你在接受布施的概念，也没有对布施这个行为本身的执著。三者都不执著，就非常接近老子的一些思想。

真人就是这样的，他也是无私无欲的，他不觉得一切属于自己，因为他知道自己也不属于自己。他是没有自己的。当你合道之后，你自然就没有自己了；如果你心里有自己的话，你就合不了道。因为，你只要觉得自己有不变的本体，有什么可以属于你，就一定会产生私心。私心是从私有制出现开始的，私心一旦出现，功利就出现了。

前段时间，有人问我他该怎么破除执著，我告诉他，先像一滴水进入大海那样，不要有自己。有自己就证不了道。比如，你如果觉得自己是怎么样的，自己有过什么，失去过什么，现在拥有什么，这些都是有自己；如果你想跟人争辩，分个你是我非或是我是你非，也是有自己；喜欢谁讨厌谁，这也是有自己。只要不明白一切都在变化，一切都是相对的，你就会有自己。相反，像一滴水融入大海那样，将自己投入大千，投入人类的利众事业，积极地做事，不去追求结果，你就能打碎自己，就能与道相合。

这就是老子的无为，无为就是不要有意地执著一些东西，包括非常执著地想要做成某件事情。老子在《道德经》第八章中说过，“心善渊，与善仁，言善信，政善治，事善能，动善时。”就是说，有道行的人胸怀博大，心像深潭一样清澈平静，不受外界环境的干扰；他们与人为善，乐善好施，言必行、行必果，处理事情也是有条不紊，能把事情做到最好；他们总是选择最佳时机行动，知道什么时候该做，什么时候不该做。

懂得什么时候该做什么，这是一种智慧。

我也经常跟人强调，这个时候，你该做什么什么事了。他有时就会问我，您以前不是不让我做吗？我就告诉他，以前是以前，以前不该做，但现在该做了，就像春天必须播种，秋天才能收获。你过去想秋天播种，我当然叫你不要着急，现在是春天了，所以我告诉你，现在可以播种了。如果上一回是冬天的话，我同样不会让你播种的，因为还不到时候。要知道什么时候该做什么，不该做什么。

真人也是证得了道心的人，道心是他内在的东西，仁心、智慧、孝慈都是道心的妙用。如果你实在证不了道心，单纯有仁心、有孝心、有慈心也很好，只要别有机心就好了。

有些人虽然不是圣人，但他有仁心、有同情心，所以他不会害人。这样也可以。这样的人虽然没有多少智慧和慈悲，但他有做人的准则和底线，对人彬彬有礼，也遵循社会规范。这样的人也很好，他们就是我们所说的好人、有教养的人。如果他做好人做到一定程度，还证得了道心，那么他就不仅仅是好人，而成圣贤了。

我们要做一个有道心、讲仁心、有孝慈之心的人，就算没有道心，也最好讲仁心、有孝慈之心。

肆

小孝孝于庭闱，大孝孝于天下

孝在中国文化中非常重要，古代甚至有人因为不孝，被处以重刑，可见中国有多重视孝道。在所有概念之中，孝是非常重要的一个。

那么，什么是孝？孝有四层含义：第一是亲情，就是对父母亲要好；第二，尊敬所有的长辈，不能仅仅孝顺自己的父母；第三，懂得反哺，也就是一定要明白自己是怎么来的，不能忘本；第四要学会报恩、感恩。这是最基本的四个内容。

中国为什么提倡孝呢？因为，任何朝廷都必须有治国的根本。在很长一段时间里，孝都是中国治国的根本。不孝的人，全社会都会唾弃他、甚至收拾他。以前，我们村里有个义学，如果有谁不孝，就会被拉到义学里，全村老百姓都会聚到那里，用树条子打他，让他认错。然后，他还得摆上一桌酒席，请上全村的老人，老人们会当众让他认错，告诉他以后要孝敬，不孝就会被收拾。这是中国西部农村过去的规矩。

早些年，每个家族、每个村庄都有自己的规矩，它是家族的法律，国家也认可。尤其在清朝的时候，家族的权力非常大，比如乡绅。所谓的乡绅，就是乡村里德高望重的人，县长来了，也得拜访他们，不然他就有可能管不住老百姓，乡绅有时甚至可以左右政局。所以，政府要提倡孝道，家族里也要提倡孝道、保护孝道，这样有利于他们的管理。清朝就是靠这种方式来统治老百姓的。

其实，不仅仅是清朝，中国有很多朝代都是以孝治天下的，从周天子时期开始就是这样。皇帝是天子，所以皇帝对老天爷要孝，还要有一份敬畏，因此古代的君主们经常祭天，每次祭天都会举办隆重的仪式；儿子对父母要孝；老百姓对官要孝——古代的县官叫"父母官"，直到现在，仍然有"父母官"的叫法，之所以有些人管请客送礼叫孝敬，就是因为这种说法——大臣们叫臣子，君王叫君父，所以，大臣对皇帝要孝。明朝时，大臣们如果做错事，还会直接被扔在朝堂上，被扒掉裤子打屁股，就像老子打儿子一样，叫廷杖。一棍接一棍地打下去，不听话的臣子会被打得血肉模糊，有些人还会当场被打死。为什么？因为臣子冒犯了君父。所以，明白了孝文化，就明白了中国几千年的统治。

十六国时期，乱伦丧理、忤逆不孝的人常被处以车裂之刑。据说，有个男子偷了母亲的钱，然后逃跑了，被抓住之后，官府本来只想判他流放，后来被当朝太后（苻坚的母亲）知道，太后觉得流放不够，就判了他车裂。包括东汉，也是以孝治天下的，不孝也是可以杀头的大罪。

我们都知道"孔融让梨"的孔融。孔融就是因为不孝被曹操杀掉的。据说，他有个抨击孝道的理论，说父子之间有什么恩情呢？从本质上说，儿子不过是父亲情欲发作的产物罢了。母子之间有什么恩情呢？母亲就像容器，孩子就像容器里的物品，物品从容器里出来，就跟容器没有关系了。于是，曹操就把他给杀了。

孔融真的不孝吗？不一定，孔融四岁就懂得让梨，他不挑好的大的，只挑最小的，然后按长幼顺序，把梨分给兄弟，还说自己年纪小，应该吃小的梨，弟弟比自己小，自己应该让着弟弟。诸如此类的故事还有很多，所以，孔融从小就非常出名。他长大后为人也很好，刚直不阿，但非常狂傲。他知道曹操另有所图，就不跟曹操合作，对曹操挖苦讽刺，还写了一些让曹操很不高兴的东西，最后，曹操就找了个“不孝”的罪名，把孔融给杀了。即使在古代，没理由也是不能杀人的，尤其是杀孔融这样的名人。能名正言顺地杀掉孔融，说明不孝这个理由确实很大。当然，谁都知道，如果孔融愿意跟曹操合作，曹操可能就不会杀他了。

大家都知道，释迦牟尼是迦毗罗卫国的太子，净饭王希望他继承王位，但他执意要舍弃王位，出家修行。在中国，这就是不孝。所以，佛家传入中国之后，儒家一直在进攻它，说僧人不忠不孝。为什么？因为，僧伽见了皇帝一般是不磕头的，只给世尊磕头，儒家学者就认为僧伽不为皇帝服务，是不忠；远离父母，不孝敬父母，是不孝。但事实上，释迦牟尼是大孝。孝分大孝和小孝。小孝是端茶倒水，在身边侍奉终老；大孝是为国家、为众生服务。迦毗罗卫国只是一个很小的部落，我们之所以至今仍然记得净饭王，就是因为他是世尊的父亲。他养了释迦牟尼这么个儿子，足以让我们尊重他、敬仰他。释迦牟尼让父亲得到了千古敬仰，让两千多年来的人们一直记得他，这就是释迦牟尼对父亲的孝敬。而且，释迦牟尼也尽了小孝，净饭王死时，他也像其他孝子那样，扶着棺材为净饭王送葬，这也是尽孝。

端茶倒水地尽孝虽然很好，但供完就完了，一转眼就结束了，留不下什么。释迦牟尼把父亲深深地铭刻在历史之中，这是很少有人能尽的孝道。以天下人之心为心，以天下人的父母为父母，这更是大孝，是菩萨的孝道。

我十八九岁的时候，学校放假时，曾经留在学校看校，过年也不回家。父亲来找我，叫我回家过年。虽然我家离学校很近，骑自行车也就半个多小时，但我还是拒绝了。当时，我就对父亲说过："爹，孝有大有小，小孝是端汤送水，大孝是为您争光。"换句话说，能让父母为自己感到骄傲、自豪，才是大孝。

在过去的孝道中，也有大孝的说法。那些提倡大孝的人，一般会建功立业，他们称之为光耀门庭。曾国藩封侯之后，国家就拨了专款，让他建侯府。当然，他也没有滥用这笔钱，侯府建得很简朴，这是另一回事。能够更换门庭本身，就是一种荣耀。因为，过去的大臣们，房子大小高低是固定的，不能过多，不能过大，也不能过高，超过一定的标准，就是违法，会被当成谋反。黄衣服一般也不能随便穿，就算皇帝赏你一个黄马褂，你也不能随随便便就穿在身上，你一旦穿在身上，人家就会像见到皇帝一样向你磕头，所以，随便穿黄马褂，在过去是会被杀头的。龙椅更是不能坐，因为龙椅是皇帝坐的，随便坐龙椅，也会被认为是谋反。要是被人认为谋反、犯上作乱，统治者肯定会收拾你，房子会给你推倒，有些人甚至会被满门抄斩。所以，在过去，改换门庭需要资格，只有建功立业了，才有相应的资格。

古代还有获得皇帝允许，有权在家族里建祠堂的。建了祠堂，整个家族的人活着时荣耀，死后还有人供奉。在古代，一些人建功立业最主要的原因，就是光耀门庭、改换门庭。

关于孝，孔子还有很多提倡，比如父亲做坏事你不能揭发，你一揭发，就是不孝。有人可能觉得不理解，父亲做了坏事，为什么不能揭发呢？在古代，大义灭亲不是一种伟大的表现吗？这对有些人来说是一种伟大，但有时也不是。当人群体性地违反天性时，社会就容易混乱。比如文化大革命时期，老婆揭发老公、儿子揭发父亲，最后家里一塌糊涂，整个国家就混乱了。所以，有些东西其实是最基本的天性，也是儒家道德允许的。

所以，一定要明白，孝慈是我们国家最早的立国之本。

但是，孝道过去也有非常糟糕的弊端，比如愚孝。陆游和唐婉为什么离婚？就是因为陆游的母亲不喜欢唐婉，非要儿子休了唐婉。因为孝道，陆游就把唐婉给休了，后来他一直很痛苦，唐婉虽然另嫁了一个人，但也不幸福。这就是愚孝造成的悲剧。现在你觉得不可思议，但那时你必须这么做，否则，陆游就是不孝，一旦不孝，整个社会都会唾弃你。

在西部人的伦理中，休妻是缺德的。据说，写休书的地方，连草都不长，因为缺德。一般读书人是不帮人写休书的。古代有个关于写休书的故事：有个读书人帮人写了一封休书，回家的时候老婆就没有等他。读书人问老婆，为啥你平时早早地就会在家里等我，今天却没有等我呢？老婆说，你头顶上有光，过去，我一见到光，就知道你回来了；今天不知为啥，你头上没有光了。你是不是做什么缺德事了？读书人说，我也没做什么啊，就是给人写了一封休书。老婆说，就是这件事，你赶紧把休书要回来烧掉，这种事不要做。读书人就回去要休书了，他又不能直接要，怎么办呢？他就说休书上有个字错了，要改，人家就把休书给他，他马上就烧掉了。烧掉之后，他就回家，老婆又提前在家里等他了，因为他头上又有光了。后来，这个人大富大贵。所以，西部人反对休妻。

伍 大智若愚，大巧若拙

下面，我们讲修道中的妙用。

首先，修道时要明白一些东西。首先就是炼己。训练自己不要太聪明，不要太有世间的智慧，太精明不是好事。修道不能有太多的思虑杂念，也不要太计较，否则就修不成。简言之，如果想修道，就要把大道之外的东西扫掉，要遵循大道做人做事。

修道更不要作秀、作假。一旦作秀，就必然出现大伪，必然远离大道。

什么叫作秀？表演就叫作秀。真实的东西是心里的，是你本身就那样，不用表演给别人看。真实的人有直心。直心就是你心中有什么就是什么，所以，我非常喜欢那些总把心事表达出来的人，不喜欢那些虚虚套套的场面话。因为，有毛病不要紧，直心是道场，只要返璞归真，回到最自然的状态就好。不要花言巧语。

大家喜欢的大德，都不是辩才无碍的人，虽然也有一些大德是辩才无碍的人，但很多非常木讷、看起来木木的人，才可能是大德。很多非常聪明的人，反而得不到善终，就是这个原因。

实际上，修道中如果过于聪明、心机过盛，甚至是不吉祥的，会入魔。这个魔不仅仅是自己的心魔，也有外魔作祟。心魔引来了外魔。所以，一定要注意。

我告诉大家，我身边的很多人，包括我的很多亲戚，都比我聪明。他们都认为我很愚，小时候，他们就说我太愚了，“看书看愚了”。但我成功了，那些比我聪明的人还在家乡待着。为什么他们走不出来？就是因为太聪明了。太聪明，心量就不会大。所以，有时愚笨一点更好，至少在一些事情上不要太计较。

大智若愚就是这个意思。大巧若拙也是这样，非常善巧的人，看起来也显得很笨。曾国藩就非常笨，他打太平军时没用什么计谋，打的是呆仗、硬仗——也就是跟敌人耗着，挖地道，挖战壕，一直往天京攻——出的都是苦力气，让人觉得很滑稽，但很多非常聪明的人——包括那些非常有名的军事家——都灭不了太平天国，偏偏他把太平军给灭掉了。为什么？因为，他不是真的愚，而是大智若愚，他喜欢扎扎实实地把事情做好，一步一个脚印地往前走，每天做一点，最后就会成功。

此外，修道中也不能考虑六亲。吕洞宾关于这一点的讲解很有意思，他说“六亲”指六根，也就是眼、耳、鼻、舌、身、意。他认为，眼睛不看、耳朵不听、鼻子不嗅、舌头不尝、身体不触、心不昧，不能乱掉，能做到这一点，智慧就会出现。这个解释跟别人都不一样，他是把个人的生命作为一个国家来治理，比如，心是君主，四肢是中军，国家昏乱，就是心不定。吕洞宾还认为，忠臣就是真心。这是一种解释，也有他的道理。

我们还可以把修道像治国那样，分为几个层次：第一，明白什么是大道，佛教称之为明心见性，证道之后就是得道高人，这是最高的境界。第二，如果你证不了道，就聚德，“大道废，有仁义”，在仁义上下功夫，在德行上下功夫，也很了不起。具体来说，就是与人为善，说话有基本的规矩，做事有基本的分寸。如果这也做不到，就再退而求其次，“六亲不和，有孝慈”，做个孝子，把父母孝敬好。如果从这个角度理解的话，也很好。

不过，在佛教的修炼中，只强调智慧空性。它就像一把金刚宝剑——《金刚经》就是能断宝剑——斩断各种烦恼的乱麻，不管三七二十一，斩断烦恼之根。得道者不在乎那么多概念和标准，也不管那么多名词，他只管修证那个终极的东西，直证心性。大手印的修法就是这样。它像太阳一样，瞬间射穿烦恼的阴霾，让你看到光明，让所有乌七八糟的小聪明、鸡零狗碎的小心思，都融解在智慧的大光明之中。这时，你智悲双运，自然一切俱足：不追求仁义而自然有仁义，不追求智慧而自然有智慧，不追求慈悲而自然有慈悲，不追求孝道而自然有孝心和孝行。

所以，不要过于投机取巧，不要卖弄小聪明寻找捷径。人越纯朴、越简单越好，幸福就源于简单。希望本书的读者都能活得更加简单、明白、自然、返璞归真。那么，我就没有白讲。

第十九章

探寻绝学无忧的秘密

【原文】

绝圣弃智，民利百倍；绝仁弃义，民复孝慈；绝巧弃利，盗贼无有。此三者以为文不足。故令有所属：见素抱朴，少私寡欲，绝学无忧。

壹 谋士的智慧和阿斗的智慧

绝圣弃智，民利百倍；

老子再一次强调，要隔绝谋士的智慧，摒弃聪明和心计。不要向往诸葛亮的智慧。为什么？因为，在老子看来，有了那些乌七八糟的“智慧”，老百姓反而过不上好日子。诸葛亮虽然为刘室的江山做了很多事，但是，在他的管理之下，蜀国人民遭受了很多灾难。六出祁山之前，魏汉两国相安无事，老百姓可以生活得很好。但诸葛亮老是主动出击，就像捣蛋的孩子挑衅壮汉一样。你不挑衅，壮汉不一定打你，你三番五次地挑衅，人家为什么还要让着你？诸葛亮一次又一次地打，但老是打不赢，血流成河。在诸葛亮时期，蜀国的老百姓是非常悲惨的。

历史有它自己的规律，很难因为一个人的折腾和努力，就改变它运行的轨迹，如果三国鼎立的局势注定要改变，一个诸葛亮也不可能挽回什么。何况，他也是人，人是会死的，他一死，历史的车轮照样碾过去。他根本没有任何办法。所以，依老子观点，诸葛亮这样的智者是最糟糕的。

《三国演义》虽然一直在赞美诸葛亮，但诸葛亮很多时候其实不得人心，透过一些细节，就可看出这一点。刘禅是个随缘的人，没有那么大的功利心，在他看来，江山并没有那么重要，相对来说，老百姓的利益更重要。他才是真正爱民、真正有智慧的人。他内心很反感诸葛亮的很多决策，从诸葛亮死时他的态度，就可以看出这一点。诸葛亮对刘室那么忠诚，刘禅为什么反感诸葛亮？

在六出祁山、九伐中原时，蜀国老百姓活得很糟糕，几乎每家都有人死去，只要有个年轻力壮的男青年，就可能死在战场上。那时，几乎家家都在办丧事，家破人亡。因为“诸葛亮”们的智慧，这些本想过安稳日子的老百姓，就不得不征战这里，征战那里，还得不到一点利益。这就是诸葛亮虽然尽忠，虽然有责任心，但阿斗很反感他的原因。

很多人都说阿斗是傻子，其实他不傻，他只是看破了，不执著皇位和江山，也不执著美誉和功绩。要知道，这些智者和圣人玩弄权谋，代价都是老百姓黄金买不回的生命。这种折腾无论输还是赢，区别都不大，都只能留下一段血腥的历史，让很多老百姓过早地送命。

历史上说，刘禅是“扶不起的阿斗”，胸无大志。但大志是什么？不过是控制欲和占有欲。

贰 历史上的「诸葛亮」们

任何时代都一样。如果有统治者觉得自己比其他人都聪明、都“圣明”，想用自己的思想统治其他的思想，老百姓就会很苦。中国最辉煌的是什么时候呢？是诸子百家时期，那是中国思想史上的黄金时代。

日本也是一样。天皇被日本的神道教认为是神的后裔，日本人信仰天皇、效忠天皇，不信仰其他的神。因为发起中日战争的是天皇，日本才认为侵华是合法的，于是倾全国之力侵略中国。所以，即使没有被原子弹袭击，日本老百姓也是受害者。对于中日战争，天皇负有不可推卸的责任，他是中日战争真正的发起者。因为他的“圣明”，老百姓受了很多苦。实际上，最好的圣明，是不用所谓的“智慧”折腾老百姓，让老百姓自自然然地生活。这样，老百姓反而会得到更大的利益。

刘邦建立汉朝的时候也是这样，经过战争的折腾，老百姓的日子变得非常贫困。宰相上朝时，连几匹同一种颜色的马都找不到。到了汉文帝、汉景帝时期，他们继续采用黄老之术，提倡无为，休养生息，不折腾老百姓，老百姓才过了几十年好日子。但没过多久，汉朝又出了一个雄才大略的汉武帝。他开始攻打匈奴。当然，我们肯定攻打匈奴的历史意义，但对于中华民族来说，这肯定是灾难。因为，这是同胞手足之间的互相残杀。我们大家生活在同一块土地上，你杀我，我杀你，有什么意思？

所以，单独看诸葛亮，觉得他很好，你甚至会被感动。但有时的好，换一个角度就是坏，好坏不是绝对的。毕竟，老百姓也是人，生命是老天爷赋予他们的权力，任何人都不能剥夺这一权力。

明白这一点时，你就会发现，老子的智慧太好了，“绝圣弃智，民利百倍”。庄子后来说“圣人不死，大盗不止”，也很好。只要有统治者心血来潮，觉得老子天下第一，老子比谁都聪明、都高明，老百姓就要受苦了。所以，老子不提倡智慧，老子提倡无为，提倡不扰民，提倡给老百姓一个自自然然活着的空间，真正让老百姓过上好日子。

任何事物都是这样，不干预它，让它自然发展就是最好的。比如蔬菜，现在最好的蔬菜是什么？是全天然的蔬菜，只要人不去干预它，不用激素催熟它，不给它喷农药，不用一切人为手段去干预它，它就会长得很好。这样长出来的西红柿不管多小，都是非常好的；菜叶子上就算被虫子咬了很多窟窿，也是很好的。

朋友给我送来了一些蔬菜，西红柿长了好多个疤，但我非常喜欢，因为这是全天然的绿色食品，没有膨胀素，没打任何农药，没有人为地改变它的生长，不追求大、不追求好看。我最喜欢自然的东西。

人和国家都是这样，无为而治很好。

所以，老子不向往“泱泱大国”，他提倡“小国寡民”，不强调用人力干预大自然，不强调用人类智慧干预社会，甚至不强调用人类科技干预身体。我们前面说过，有些皇帝本来活得好好的，结果一吃金丹，就毒死了。很多道士也是这样，想要吃了金丹长生不老，结果反而死了。

可见，“绝圣弃智，民利百倍”适用于任何领域，这就是老子智慧的另一个伟大之处。

叁 为什么说「道法自然」？

绝仁弃义，民复孝慈；绝巧弃利，盗贼无有。此三者以为文不足。

抛弃隔绝一些表面化的仁义礼智信，回归于大道，老百姓自然会变得孝敬慈悲。抛弃对功利的追逐，抛弃各种方法和技巧，不去追求那些成功之术，不刻意地积极进取，国家就不会有盗贼，因为老百姓不生起过多的欲望，就不会起偷盗之心。

过于追求成功，过于追求功利，一味地励志，整个社会看似繁荣进取，实际上充满了欲望和喧嚣。很多励志学、成功学的本质，并不是改善人的生命质量，而是让人更相信欲望能实现。欲望的膨胀，还有对欲望无休止的追求，执著地追求一些或许不可能实现的期待，就是励志学、成功学。

当然，正面积极的态度本身没有错，错的是欲望和执著。过于追求欲望，迎合欲望，就会远离知足常乐的生活，远离大道，远离一些质朴美好的东西。这就是我反对励志学、成功学的原因。换句话说，我只是反对表面化，反对用美好的借口来掩饰欲望，更反对用任何方式来刺激人的欲望，让人远离质朴本真的生活。

就拿提倡仁义来说吧。虽然仁义很好，但社会一旦提倡仁义，就会出现很多假仁假义的、作秀的人。我最初走向信仰时，遇到过很多高僧大德，刚见面时，我拜倒在他们膝下，最后才发现，他们不是真正的高僧大德。他们虽然提倡仁义，有慈悲的外相，但接触得久了，你就会发现那个幌子底下的东西。你会发现他充满了贪嗔痴。他们原形毕露的时候，我就会失望。所以，我很反感标榜仁义、装模作样的人。有时，要是别人这样期待我，我也一定要打碎自己。人一定要回归人本身，不要贴太多的标签。

社会也是如此，社会一旦倡导什么，就必然出现很多假的、作秀的东西。但最糟糕的还不是作秀。

马克·吐温的小说《竞选州长》，讲了一个发生在竞选过程中的故事。大家知道，美国是民主选举制。于是，马克·吐温就虚构了一个“我”，让“我”去竞选州长，去经历恶性竞争，去遭遇很多不公平的事。别人为了战胜他，不惜用各种手段来糟蹋他，给他制造了很多谣言，拼命地想让他身败名裂。有人还找来几个黑人小孩，在他演讲时，上台去抱他的脚，叫他“爸爸”，弄得他好像有很多私生子一样，还诬陷他制造假钞。总之什么谣言都有，非常卑鄙下作。

所谓的政治，很多时候并不像政客说的那样，是想让社会变得更好，让老百姓过得更好，而是如何保全自己，如何让自己赢得更大的利益，如何让自己踩着别人的肩膀——甚至“尸体”往上爬。无论是西方，还是东方，都是这样。一些人为了自己的成功，千方百计把对方搞臭。这就是政治。当然，如果他不择手段地上位之后，能让老百姓获益，就仍然是好的政治家；如果不能让老百姓获益，他就是坏的政治家。

希特勒想尽一切办法得到德国人民的认可，发动世界大战，东征西杀，侵略其他国家的人民，给世界带来巨大的灾难，也让德国老百姓陷入战火之中。这就是坏的政治家。但是，即使他做了那么多惨绝人寰的事，他给一些人的感觉仍然是讲仁义、有操守的。他待人非常温和，又是素食主义者，还一直禁欲，临近战败时，他才跟自己的女人结婚。他一辈子都在严格地作秀，很多接触过他的人，都觉得他的个人修养无可挑剔，根本不相信，他就是杀人恶魔希特勒。

要知道，纳粹有一千座集中营，仅奥斯维辛，就有上百万犹太人被送进毒气室。1945年苏联红军解放奥斯维辛集中营的时候，在那里发现还没运走的头发就有近八万吨，人发毛毯有近四万条，据说死者的毛发被编织成毛毯和袜子，有纹身的皮肤被做成灯罩，死者的金牙和金首饰等熔成金锭，卖给当铺，这些都是德国人的军用物资。1944年至1945年间，奥斯维辛一天就会杀六千个人，还有很多人死于疾病和饥饿。这些可怕的数字，都是希特勒领导的纳粹创造出来的，当他们觉得自己最优秀的时候，竟做出这么疯狂的事情。

为了让整个人类记住纳粹当年的罪行，不要让类似的事情重演，那座集中营被建成了博物馆，波兰政府、欧盟和一些自愿捐资的国家和机构每年投入上千万欧元，对它进行维护和研究，将当时的很多东西都保留了下来，包括那些头发，还有毒气室、海报等，为的是让世世代代的人去参观，去切身体会战争的可怕。据说，2009年保护奥斯维辛的基金会成立，对外筹款一亿多欧元，仅德国自己就捐了六千万欧元。这说明什么？这说明，德国人愿意定格这个巨大的错误，让历史和民族永远地铭记，不要让这样的事情重演。也说明，希特勒不但没有给德意志带来利益，还给德国带来了永远的耻辱。

实际上，这样的事在中国也有很多，当人们远离大道，举起仁义公理的旗帜做一些事情时，最后的结果不一定就是美好的。历朝历代都是这样。就像希特勒一样，假慈悲和假仁义制造了很多错觉，让德国人民崇拜他、拥护他，他残忍的行为也被认为是合理的，相信他代表了国家的、人民的、民族的利益。但事实是不是真的如此？不是。

所以，真正爱民如子的统治者不折腾老百姓，不提倡急功近利的成功学、不提倡投机取巧地走捷径，让老百姓按自己的方式生活。这时，社会上自然没有假仁假义，没有盗贼横行，也没有巧取豪夺。所以，文化是非常重要的。

我们目前的流行文化就出了问题。金钱至上、物质至上，提倡功利，提倡交易，功利文化就像食品添加剂一样，刺激人的心灵，让人做发财梦、成名梦。结果如何呢？社会出现了严重的诚信问题。蔬菜打激素，农药超标，有些蔬果还加了膨胀素。就连婴儿喝的奶粉里，都有三聚氰胺。猪肉里有瘦肉精，饮料里有糖精，鸡肉里有激素，鱼肉里除了激素，还可能有避孕药……总之，食物的安全卫生问题是五花八门的。到了现在，有些婴儿都早熟了，有些五六岁的小女孩乳房已经开始发育，像十五六岁的少女一样，还有些六七岁、七八岁的小女孩已经开始来例假了。所以，现在有好多人都不敢吃肉了。

我们老家也就出过类似的事情：村里人种了很多辣椒和油菜籽，每到辣椒成熟的季节，就会有外地人来收辣椒、收菜籽，还有人收蒜。后来，有些农民被功利文化激活了欲望，开始投机取巧，往干辣椒里泼水，让它显得重一些。结果，有些南方人买了辣椒，刚拉到南方，就发现辣椒全部长毛了。有些收了菜籽的人，也发现菜籽里掺了沙子。到了最后，农民的辣椒、菜籽哪怕烂在地里，也没有人收。还有一个农民养了猪，约了个屠户第二天来收猪，为了让猪重一些，他当天晚上就喂猪吃水泥，结果，第二天那屠户没来，他的猪却已经死了。这都是“偷鸡不成蚀把米”。类似的现象不是偶然，已经非常普遍了。

现在，老人摔倒了都没人敢扶，因为有些老人专门骗钱。我有个学生就遇过这种事。他“撞”了一个老人，结果那老人成了植物人，我的学生非常害怕，觉得自己怎么会遇上这种事。后来公安局派人调查，才发现那老人发生过很多类似的事故，他老是故意撞别人，撞伤之后敲诈、索赔，这次撞得太过分了，就把自己给撞成植物人了，查清真相之后，老人要自己承担所有的责任了。这都是投机取巧的结果，社会风气非常糟糕，诚信体系出现了问题。

所以，老子坚决反对追求功利，反对急功近利。他提倡无为而治，提倡大道，提倡让老百姓自自然然地活着、自自然然地成长。老子认为，到了那个时候，你就算不提倡慈孝，人们也自然会孝敬父母；你就算不提倡仁义，人们也会重情重义。

老子自有他的道理。无论用圣智、仁义和巧利来治国，还是治心、治身，都是远远不够的。

肆 老子是怎么让心属于他自己的？

故令有所属：见素抱朴，少私寡欲，绝学无忧。

治国、治心、治身的关键是什么呢？是“令有所属”，也就是让心属于你自己。我专门出过一本小书，叫《让心属于你自己》，讲的都是“令有所属”。因为，无论大手印还是道家，修的都是心的自主性。让心清醒、明白，人才有可能自由、安然、快乐。所以，我所说的“让心属于自己”，就是老子所说的“令有所属”。老子认为，“令有所属”必须做到“见素抱朴”“少私寡欲”和“绝学无忧”。

“朴”是不加雕刻的木头；“素”是没有任何颜色的衣服；“抱朴”是远离流行的、远离华而不实。“见素抱朴”就是不要追求华丽，不要追求外表，不要追求流行，不要装腔作势，不要有过多的修饰，不要被流行价值观污染，不要动太多的心机，也不要太有目的，要让自己的心安定下来。要像未经雕刻的木头，和没有颜色的布衣一样，干干净净，简简单单，朴素得像刚出生的孩子。谁都喜欢孩子，谁都向往单纯和干净，每当我们看到婴儿的笑容，我们都会像融化在阳光里一样，非常温馨。所以，我们自己也要这样活——像阳光一样，温暖、光明、清澈、自由地活着。

然后，还要“少私寡欲，绝学无忧”。“寡”是少的意思。就是说，要减少私心，减少欲望，不去学那些投机取巧的东西，这样反而会无忧无虑。

我有个学生很有意思，她过去不学投机的东西，很开心、很快乐，后来，她参加了很多培训班，学了很多东西，反而非常烦恼。其实，她的生活已经很好了，年薪几十万，但越来越痛苦。有一天，她和老公发生冲突，就跟我告状，说她老公不好。我告诉她，如果你和老公意见不合，你最好听他的，他肯定是对的。为什么我这么说？因为，她是个非常进取的人，她老公却知足常乐。当一个人过于进取时，容易流于功利，也就是容易在乎结果，无论如何都要做成一件事、达成某个结果。这时，她的智慧就会被遮蔽。相反，她老公没有那么多执著，看问题肯定比她清楚。他至少知道一点：生活已经很好了，不用过于追求更多的利益，不如让自己活得从容一些。因为这么想，她老公就不会花生命去学理财，去学投机，去钻营各种能带来利益的手段。这就是绝学无忧，不去学那么多乌七八糟的东西，反而没有忧虑。

为什么没有忧虑？因为他没受多少污染，没有那么多概念、欲望和分别心。如果你知道哪些房子升值潜力大，你就有可能想投资房地产，还有可能羡慕那些搞房地产赚钱的人；如果你知道怎么理财，你就会去了解理财产品，它们就有可能干扰你的心；如果你知道太多的潜规则，你每走一步，都会小心翼翼、如坐针毡……如果你不知道这些，只管做好自己，你的心就不会乱。

民心不乱，社会就不乱，所以，老子从统治者的角度来看，认为必须让老百姓能自主心灵，让老百姓的心属于他们自己。否则，老百姓的心一乱，也会把国家给搞乱。无论对政府还是老百姓自己，回归到朴素、不受污染的生活之中，才是最好的。在这一点上，儒释道也有相通之处。

比如，孔子老是夸颜回，说："贤哉回也，一箪食，一瓢饮，在陋巷，人不堪其忧，回也不改其乐。贤哉回也。"就是说，颜回真是贤人啊，他只要吃一点点饭，喝一点点水，哪怕住在非常简陋的小巷里，人人都担心他的将来，他也活得悠然自得。所以，孔子老是夸颜回的德行好。孔子认为："君子喻于义，小人喻于利。"也就是君子在乎道义、小人在乎利益，那么颜回就是典型的君子了。颜回这个人确实非常好，他虽然是孔子的学生，但他在许多方面都超过了孔子。他是儒家安贫乐道思想的典范。

庄子也安贫乐道。庄子只做过宋国某地的漆园吏。什么叫漆园吏？就是管理漆树园子的官吏，相当于护林员，而且也没当多久。他大部分时间都在编草鞋，每天编上几只草鞋，然后到街上卖掉，有时肚子也会很饿，就去别人那儿借些钱。看起来很潦倒，但他很快乐。

庄子宁愿挨穷也不做官，一次，楚威王派人送了很多礼物给他，想请他到楚国为相，但他不收礼物也不肯做官，还对送礼的人说："礼物很重，相位也很尊贵。但你难道没见过祭祀用的牛吗？人们喂养它好几年，最后给它披上有花纹的锦绣，把它牵到祭祀祖先的太庙里，让它去做祭品，那个时候，它就算只想做一只瘦瘦的小牛，免受宰割，也做不到了。你还是赶快走吧，不要拿礼物来侮辱我了。我宁愿像乌龟一样，在污泥里自在地游来游去，也不愿受国君的约束。”庄子宁愿当一只曳尾于泥中的乌龟，也不愿当供台上的标本。所以，他安贫乐道。老子也是这样，他们都不追求荣华富贵的仕途生活。

当然，富贵是不是一定不好？说不清。中国文化老是说“安贫乐道”“为富不仁”，在民间故事里，要是有个漂亮的富小姐同时有两个追求者，一个是穷书生，一个是富员外，她大多会选择穷书生。好像但凡富公子都一定很坏。事实上是不是这样？不一定。根据我们现在的经验，有钱人可能更有教养。

大家想一想，在现在的城市里，什么样的人普遍有教养，什么样的人普遍没有教养？前者是知识分子等受过高等教育的人，后者可能是一些刚进城、生活还没有着落的人。因为，后者有时候连生存都很难。他必须想尽办法地赚钱养家、供孩子读书，所以，他可能明知摆地摊犯法，也还是会摆地摊，日复一日地过着一见城管就跑的日子。生活所迫，很多穷人没有机会接受高等教育。中国古代也是这样，庄子虽然生活贫困，但他受过很好的教育。但中国的民间故事不这么认为，谈到富贵人家，它一般都会加以嘲弄；谈到贫穷书生，可能会大加赞扬，说他人品高尚、很受人尊重。这代表了中国的一种传统思维——安贫乐道。它不提倡富贵，老是嘲弄有钱人，比如石崇比富的故事等等。当然，既富有，人品又高尚的人很多，不一定为富就必然不仁。那是一种偏见。孔子认为富贵又有教养就很好。

孔子是不提倡过穷日子的。他的弟子子贡就是一个非常成功的商人。孔子出行时坐的车子很好，相当于我们现在的宝马，孔子也不算穷，他开了培训学校，搞培训，来听他讲课的弟子要交学费，比如腊肉和干肉。孔子的日子过得比较滋润。

伍 道在儒释之间

从对待欲望的态度上面，我们可以看出儒释道的区别。

道家提倡“少私寡欲”，道人也不一定出家，全真教出现之前，道人是有老婆的，但他们有专门的静室，平时在里面修道，减少自己心中的欲望。

佛家不是这样，佛家提倡离欲——一旦离欲成功，就能成为阿罗汉——也就是断除欲望，斩除所有的二元对立、分别无明，头发不要，华美的衣服也不穿。最早的时候，比丘们穿的是扫粪衣，也就是从垃圾堆里捡回一些破布，洗一下，拼凑着缝成衣服，也叫杂色衣。现在的方丈们也穿杂色衣，但非常豪华，不像过去。过去，一个格子就是一块破布，它提醒比丘们破除我执，现在的杂色衣已经没有这样的意义了。

儒家也不要求离欲，儒家提倡合理的欲望，也就是“量体裁衣”。“达则兼济天下，穷则独善其身”，如果富贵的话，就为天下做一些事情；如果实在穷困潦倒，就把自己管好。它说的“独善其身”，就是修身，这个“身”也包括心，也就是“格物，致知，正心，诚意，修身”。管好自己的同时，如果有了相应的位置，就尽好自己的本分。这时，就是“齐家，治国，平天下”。

“齐家”的“家”不是随随便便一个家庭，士大夫以上才有“家”。有家之后，他就能养家丁，请食客。这是天子、诸侯的重要臣子才有的特权。当然，这些特权也不是没有限度的，前面说过，他的院落多大、房子多高、有几个厅、有多少家丁、享受什么乐舞，都是有规定的，不能违反这个规定。只要在规定的范围之内，他就能请一些他认为很好的人，来做自己家里的食客，让食客们为自己服务，孟尝君就有三千食客。齐家就是为孟尝君们做事，有点像后来的绍兴师爷，虽没有官职但可以帮官员做事。

“治国”就更高了，当你辅佐诸侯的时候，才谈得上治国。如果连天子都看上你，请你去辅佐他，那么就是“平天下”，帮助天子治理天下。儒家的目标是一步步上升的。用现在的话说，就是有什么平台跳什么舞。我觉得，对社会和国家来说，儒家有它过人的地方。

所以，儒释道是中国文化的三条根，而道家就是其中非常重要的一条根。如果没有道家，中国的知识分子是很难活下去的。因为，能“齐家、治国、平天下”的人不多，很多人根本没办法实现自己的抱负。他们只能在道家文化里得到安慰，实现一种超越现实的心灵自由。他们走不进佛教，因为他们爱老婆，爱小妾，爱风流，爱喝酒，也爱吟诗作对，他们有欲望，也不想断除欲望，就只能以道家为过渡。

刘伶和嵇康都是其中的典型。他们都非常优秀，但都不得志。其中的嵇康是“竹林七贤”的精神领袖，喜爱老庄，娶了曹操的曾孙女长乐亭主后，先做郎中后升中散大夫，但政治上没什么作为。后来，他从官场淡出，隐居当了铁匠，赚得一点生活之资，便可满足。朋友想推荐他当官，他还正式写了绝交信，表明自己的心意。可惜，因为个性孤傲，得罪了权臣钟会，三十九岁被司马昭处死。嵇康死前，有三千太学生替他求情，还想拜他为师，但司马昭不同意。后来，嵇康要来古琴，为大家弹了一曲《广陵散》，曲终坦然赴死。据说，他唯一的遗憾就是《广陵散》要成绝响了。但这首曲子并没有成为绝响，后来有人从一本曲书中找到了它，一直流传到现在。嵇康的诗风格清峻，有这么几句可以体会他的心境："目送归鸿，手挥五弦。俯仰自得，游心太玄。"目送高天上的大雁归去，手下抚着五弦琴。逍逍遥遥、怡然自得，就像神游于太虚妙境。这时，嵇康虽然还有欲望，但他已从心里消除了很多世间的"智谋"。

修道之人都不好权术，但儒家想要"治国，平天下"，所以需要权谋之术。喜欢道家的人，对权谋都很排斥，儒道之间的争鸣非常激烈。嵇康之所以被杀，其中有个理由，就是他老说一些非议儒学的话，让统治者不高兴。钟会劝司马昭杀他时，用的就是孔子斩杀少正卯的例子。

但儒道之间有一点倒是共通的，就是重视炼气、养气。道人有文火武火，儒家也有"养吾浩然之气"。很多道人喜欢在山顶炼气、修气。非常有意思。

喜欢这种超然的生活，远离仕途烦嚣的嵇康，最后还是死于官场是非，让人觉得很遗憾。但或许也是必然吧。个性造就了命运。但或许也是这样的个性，才让他留下了一个从容赴死的身影。虽然不太壮美，但非常潇洒，也是中国历史上一道很特别的风景，显出了古代知识分子骨子里的一种气质。很多人喜欢嵇康，也有他们的道理。

陆 从零到零的哲学

为什么儒家的观点跟道家产生了那么大的冲突呢？因为，道家的世界观跟儒家不一样。比如，老子认为，无是世界的本源，一切都源于无，最后又归于无。他说得有道理吗？有道理。这个“无”，指的是不可能存在一个不变的本体。佛家也这么认为，佛家称之为空性。

无也叫“无常”，无常就是永恒的变化。万物永远都在变化，你抓不住一切，无法让任何东西不发生变化。无中生有、有生于无，就是这个意思。它不是零中生出一来，而是零归于零。海德格尔就说过，所有哲学都是从零到零。为什么这么说？因为，一切都是从不存在到存在，然后再到不存在，如果不存在是零，那么世界就是从零到零，哲学也是从零到零，万物都是从零到零。任何人都无法创造一个不坏的事物。大家想想，有什么不坏呢？什么不是一个“生老病死”的过程呢？既然有“成住”，就必然有“坏空”，这个是永恒的结局，任何存在都改变不了。没有的，可能慢慢就有了，有了之后，又会慢慢发展，有一天进入衰败的过程，然后一天天走向坏灭。就像人的生命一样。零背后的省略号不管多长，其结尾都仍然是零，不会有任何意外。世界就是这样。

所以，老子不要那么多人为的东西，他只追求自然而然地走完那个过程，完成整个人生，顺应因缘，随缘任运，不要用欲望去干预它，让生命自己去演一出戏。不要折腾。老子老是强调一个观点：不要折腾。换成道家的语言，就是“道法自然”，一切都生于自然，归于自然，过程也是自然的。一切都自然而然，就是最好的。

前几次回老家，一见到母亲，母亲就会跟我诉苦，因为即使现在农民自己种地，仍然没有自由。因为政府要你种什么，你就得种什么。政府忽而让他们种果树，忽而又让他们砍掉果树；忽而让他们种这个，忽而让他们种那个；忽而让他们打井，忽而又让他们填井。这一任领导折腾上一阵子，下一任领导又折腾上一阵子，每个领导都有自己的折腾，老百姓都要活不下去了。所以，每次见到母亲，母亲都非常痛苦。要是家乡的政府也有广东政府的觉悟，向服务型政府发展，那该多好啊！

很多时候，世界观决定了一个人的哲学体系。老子是这样，孔子也是这样，每个人都是这样。当老子认为世界是一个从无归于无的过程时，他就不会执著途中的那些东西；当孔子认为世界上的一切都很实在时，他就会执著地想要实现某种东西；当政府觉得自己只是在为人民服务，它就不会折腾老百姓；当另一个政府觉得自己有某种权威，它就会干预老百姓的生活。你放眼整个世界，放眼古今，就会发现世界实在太热闹了，各种存在都在喧嚣着。它们都不知道，有一天自己会归于空寂。

人类也是这样。人类一直在发展科学技术，有些科学技术是造福人类的，但有些科学技术在慢慢地毁灭人类。人类诸多的折腾，无数的干预，都在让结果变得更加糟糕，最近这几十年、近百年来，人类的努力已经把地球破坏到不成样子了。天灾频繁。人类的寿命不知道已经少了多少岁了。非常恐怖。

老子时代也是这样。当然，那时折腾世界的不是科学，而是人类的欲望和战争。社会非常动荡，“智者”永远在折腾，战乱导致老百姓流离失所，各种哲学和主张也让人无所适从。

赵匡胤建立宋朝的时候，旁边还有几个国家，如李后主统治的南唐。这些国家的老百姓本来活得很好，但赵匡胤心里不舒服，老想把这几个国家给灭掉。为什么？因为“卧榻之侧岂容他人鼾睡”，意思是，自己的睡床旁边，怎么容得下另一个人在那儿睡觉呢？这个鼾睡的“他人”，指的就是邻国。所以，赵匡胤就发动战争，把这几个国家都给灭掉了。

这一点欧洲比中国好，欧洲没有这种思想和观点，法国旁边也有很多小国，但他不会觉得旁边有几个国家，他觉得不舒服，然后就把人家给灭了。欧洲有无数个小国家，有时，你一天可以穿越好几个国家。在过去的中国，这是不可思议的。中国的国君可能想不明白，你为啥不把它们都灭了，统一你的霸业啊？中国文化中就有这种霸道的内容，它属于一种政治智慧、政治哲学，它让中国的统治者总想把别人灭了，自己拥有更大的疆土。所以，中国的政治格局是“分久必合，合久必分”，西方则是共存。古时候，希腊有无数的城邦，大家一直和平共处。这就是因为文化不一样。所以，老子非常反感中国那些所谓的“智者”和“圣人”，他认为，就是这些人让中国民族陷入了巨大的灾难。事实也的确如此。当时的智者和圣人就是干这个的，他们必须这么活着，如果没有战争，没有纠纷，没有争斗的话，就没有他们存在的意义了。所以，必须存在这样一种政治哲学，也就是各种伪诈的、假仁假义的、贴满各种标签的思想和流派，大家斗来斗去，折腾来折腾去，让老百姓无所适从。现在也还是这样，虽然不再流行古时候的那种战争哲学，但仍然流行一种追名逐利、投机取巧的哲学，教你如何成功，用身价有多少个亿衡量你的成就和价值。这样的东西，是老子非常反感的。

不过，过去的中国文化虽然有它不完美的地方，有个地方却非常好，就是对道的认可。老祖宗有一句话，我们老说，就是“朝闻道，夕死可矣”。生命有多长没关系，只要能证得智慧，证得大道，就算立刻就死去也没关系。在那个时候，只要你是个有智慧的人，全社会都会尊重你。比如刚才说的嵇康，他虽然是中散大夫，但人们崇拜的是“竹林七贤”之一的他，他在遭到小人陷害时，不过是山野里的一个铁匠，打铁度日，终日逍逍遥遥，根本不问政事。钟会之所以陷害他，是因为钟会慕名去找他，却被他冷落了，于是钟会怀恨在心，逮到个机会，就把嵇康给害死了。不过，钟会虽然害死了嵇康，却也从另一个层面成就了嵇康——他突显了嵇康的人格魅力，也让嵇康有了一个诗意的落幕。虽然嵇康的落幕没有苏格拉底那么震撼人心，没有耶稣殉难那么悲壮，没有释迦牟尼和密勒日巴那么感人，也会让人觉得这个人也不错。

庄子也是如此，庄子只是一个漆园吏，后来还是个卖草鞋的。在我们这个时代，不会有任何人关注他。但这个人在那个时代居然名满天下，连楚庄公都派人送厚礼给他，请他当相国，辅佐自己。现在看来，这真是不可思议的事。你能想象，将来的某一天，国家领导会到苦力堆里迎请某位贤圣，请他当我们国家的总理吗？所以，哪个时代就有哪个时代的故事。更有趣的是，这个卖草鞋的人拒绝了楚庄公的邀请，但全社会都敬仰他、尊重他。在今天这个时代，这种事有可能发生吗？

老子为我们提供的精神营养实在太丰富了，足以让我们感受到一个质朴和谐的世界，感受到一种不破坏自然、不破坏和谐的内涵。

柒 清心寡欲，排出胎毒

老子是中国最早的批判大师，当整个社会都推崇“智者”“唯才是举”“折腾百姓”的时候，老子反对“谋略”，反对“智慧”。所以，老子是无为而无不为的。他不去推广自己的观点，但该说什么，他就会说出来。他不会失言。正是因为他的“说”，中国老百姓少流了不知道多少血。他的智慧和哲学，可以让中国老百姓在某些时候过上和谐的生活，实在过不下去了，也可以像庄子那样，逍遥游。

他的“三绝三弃”非常好，他很明白地看到，很多东西了解得越多，不但不能给我们带来幸福，反而会把我们的心搞乱，把我们的生活搞乱，甚至把我们的人生搞乱。

我每次到作家协会开会时，大家都会谈发行量、谈获奖，有些人还老是问我，雪漠，你什么时候获茅奖啊？我一听这些，就不想再写作了。所以，我就对他们说，你们再不要跟我谈这些了。如果我写作是为了这些，让这些乌七八糟的观念把我的心弄得很恶心，我写作还有什么意义？大家想想看是不是，如果你在表达内心很多情怀的时候，背后却想着发行量、想着能不能用这个作品获奖，那这情怀变成什么了？我不愿为了那些很快就消失的标准，自己糟蹋自己。我宁愿像庄子那样，做个普普通通的老百姓，写点自己想写的东西，逍逍遥遥过一生，也很好。如果没了原则，少了一种质朴、无功利的心态，写作就没意义了。

老子活着时，肯定不在意多少人看《道德经》，他也没想过要影响世界，他只不过把自己明白、证得的东西，传给真心向他求道的尹喜，如此而已。他只是随顺一种因缘。

老子没想过要影响世界，却影响了世界，还影响了几千年。一切都能恢复本然，恢复本来面目，回归本源，才是最好的。

这也是“绝学无忧”。

“绝学无忧”还有另一种理解：“绝学”是最好的学问，“绝学无忧”就是最好的学问能让老百姓不再忧虑。这样理解也是对的。佛教就是这个意义上的“绝学无忧”。它所有的目的，都是让人离苦得乐，让人从愚昧中解脱，得到一种不会动摇、也不会消失的快乐。这就是无忧。

道家从佛家中汲取了营养，佛家也从道家汲取了营养。禅宗六祖的《六祖坛经》中说：“何期自性，本自清净；何期自性，本不生灭；何期自性，本自具足；何期自性，本无动摇；何期自性，能生万法。”这就和老子的“绝学无忧”非常相似，我的《光明大手印：实修顿入》中关于本元心的描述，也跟那种无为的境界非常相似。所以，佛道两家都是“绝学无忧”。

老子反对求“智慧”，认为所有求“智慧”的人都非常诡诈；也反对求功利，认为所有求功利的人会想方设法地谋利；也反对求仁义，因为求仁义容易变得虚伪、作秀、装模作样、欺世盗名。总之，一有求就不好，所以，老子追求无求。

那么，如何让自己达到无求？

道家认为，欲望跟基因有关系，每个人的生命中都有三种阴神——佛家认为有五十多种阴神——道家称之为三尸神，有时也称之为三尸虫，分为彭蹻、彭踬和彭踞。其中，彭蹻主宰色欲，彭踬主宰食欲，彭踞主宰财欲和财运。如果你特别好色，就是彭蹻在作怪，它的力量太强了，把你给控制了；如果你特别贪吃，就是彭踬在作怪；如果你特别贪财，就是彭踞作怪，总之，这是三种非常糟糕的神。如果你看过一些古书，你可能还会记得这样一句话："三尸神暴跳，七窍内生烟。"三尸神控制了你的时候，是由不得你不发怒的。所以，道人修道时，必须消灭三尸神，其方法就是清心寡欲，三尸神就被压制住了。反之，如果你不压制它们，不消灭它们，任由它们的力量增长，你就会被欲望所控。欲望是会消耗心力，欲望重的人老得快。

道家还有一种观点：庚申日时，如果你用一种专门的方法修道，就能把三尸神给杀死。而且，那个时候也特别容易接收到天地灵气。当你把三尸神杀掉之后，你就会安贫乐道，要是身上有病，病也会消失。

佛家也有类似的内容，佛家有个八关斋戒，也要求能在特定的日子里闭关。

藏传佛教有个益西措嘉佛母，她是莲花生大师的明妃。在她成就之前，莲花生大师曾让她修八大苦行，修了一段时间，她身上的皮肤就开始溃烂，浑身长满了各种脓疮，身体内部的毒素就开始发作了。当时认为是胎毒，是一种每个人都会有的、最原始的毒素。当它发作的时候，人的肉体就会腐烂。道人修到一定的时候，也会这样。王重阳在山东教弟子的时候，忽然间得了很严重的皮肤病，有人认为他在测试弟子，看多少个弟子对他有坚定的信心；还有一种说法，认为他正好进入脱胎换骨的阶段了。脱胎换骨的时候，通过特殊的训练，可以引发生命本有的胎毒，让它不要潜伏在生命深处。这跟道家关于三尸神的说法非常相似。所以，佛道两家的修炼，都讲究脱胎换骨。只有脱胎换骨，你才能真正地弥补基因缺陷，将身体里的负能量清理干净。

捌

除掉嗜好，忘记身体

老子学说中非常重要的一点，就是“回归本源”。回归本源，就是去除生命中多余的色彩，让生命中只有它本来的颜色。这跟大手印非常相似。

为什么佛道两家都反对多余的东西呢？什么是多余的东西呢？怎么分辨？最简单的方法，就是只追求道，无论做什么事，都让自己“合道”，也就是与道相合，进入老子所说的、“无”的境界。

因为，你追求道以外的东西时，哪怕只是一种做事的技巧，或是一种你随喜的德行，只要稍不注意，也容易背离大道。因为，人心非常微妙，少了一点点观察和警觉，就容易从学习变成作秀、表演，就算对象不是别人，而是自己，也是一种虚伪的东西。因为，你下意识地希望自己如何如何，然后在行为上这么做，却不一定代表你的心就是那样。如果你的心不是那样，你却做成那样，让自己觉得开心，让自己觉得欣慰，让自己觉得满足，那么对你的觉悟、对你的生命本质来说，都是没有任何好处的。做任何事，只要动摇了智慧的本体，忘掉了事物虚幻的本质，去追求或塑造一种永恒的假象，就会背离大道。大道就是无常，就是变化，就是万事万物不能执著的本性。与真理相合，就是不执著地活着，不刻意地追求什么、达到什么、不去迎合任何标签，不让自己更符合某种标准，只是自然地做，无为地做，让心静下来，让紧张的心放松，让封闭的心打开，去感受一种一体无别的和谐。这才是真正的修道。真正的真理，永远是远离各种人为倡导的。我们的表达，也不是为了控制一个鲜活的生命，把他塑造成我们认可的样子，而仅仅是说清楚一个事实。因为少了控制，所以可以不计较结果，没有了计较，人就是自由的，逍遥的。

嵇康痛苦在哪里呢？他想做事的时候，却发现当时的官场容不下他，他在那个地方也做不了事，而且，他是一个天才的艺术家，却不是一个优秀的政治家。当他回归到大自然，享受道法自然的那点惬意时，写一点想写、该写的东西时，他就会觉得幸福。

我也不会勉强自己、让自己变得不自由，如果一个所在想要裹挟我，我就远离它。我和嵇康不一样的地方，在于我愿意、也能遵循世间法的规则，我不会做孤标独立的事情，不会挑战世俗的道德，但我心灵的本体从不动摇。不管我在做什么，不管我在哪个圈子里，我的心都属于我自己，不属于那个圈子本身。在这个心态下，我再去做自己愿做的事情。但我不是想要成功，而只是在玩。注意，这不是玩世不恭，而是认真地做事，尊重规则，但不在乎结果，尽情享受那个过程，在那个过程中让自己自然地成长。这时，很多“事技”就自然具备了，不用故意去追求，也不用故意去培养。它是智慧成熟到一定程度后的妙用。

所以，“无欲观妙”“守中成大拙”，当你消除了心里的欲望，观察智慧中出现的美妙的破执境界，守住心里最本真的东西时，你看起来就是非常愚笨的。因为，你不在乎很多东西，你不需要拥有某种外现，得到别人和自己的认可。过去能伤害你的所有东西，都不再拥有伤害你的力量。因为你不在乎。

有人说，不在乎不是逃避吗？不是的，不在乎只是不需要执著了。它出现了也很好，我接受它；它不出现也很好，我同样接受。要知道，人的生命是个相对稳定的常数，很难改变，你再怎么在乎、再怎么折腾都没有用，改变不了什么。除非你用一种特殊的方式改变你的心，那么你命运的密码也会改变。有一本书叫《了凡四训》，它讲的正是一个人改变命运的经历。不过，这个人不是通过修道改变命运，而是通过积善成德改变命运的。

所以，修道、修仙的人不去争，他们注重“恬淡虚无”“愉悦自然”，甚至要把所有的嗜好都除掉。

什么叫嗜好？当一种东西影响你心灵的稳定和平静时，就叫嗜好；喜欢酒的人，喝酒和不喝酒是不一样的，这就是嗜好；过去，我抽烟和不抽烟也是不一样的，所以烟也曾经是我的嗜好。当我发现自己依赖抽烟的时候，我就戒掉它，否则，它就会干扰我的自由。有些人没有吸毒之前，其实是很好的人，很老实，人不错，但吸毒之后，人整个就变掉了，变得暴力、没有底线、残酷，还会不由自主地把整个家庭拖入痛苦的深渊。这就是毒品对生命的干扰。欲望跟毒品的性质是一样的，欲望也会让人变质，让人变得糟糕，让人伤害别人。所以，嗜好和欲望，都要戒掉。

过去，释迦牟尼专门定了戒律，不让比丘在同一棵树下逗留三天以上。为什么？因为，他一旦待了三天以上，就会觉得“这是我的地方”，对它产生了依赖感。如果别人来了，他还会觉得“你怎么能占我的地方”？所以，我也会经常变地方，过去待在武威，后来到了岭南，再后来又到了山东。对一些志愿者，我也要求他们这样。不要在一个地方待得太长，经常变化一下，破除对那个地方、那种状态、那个人群的执著，接触更多的人。

当你破除了外界对你的吸引，也就是戒掉了嗜好之后，就要内视。道家专门有一种“内视反听”的修法，不被外面的声音迷惑，收回涣散的心神，听自己内心的声音。慢慢地，你的心就会变得干干净净、空空荡荡，你的神智就会非常清明，自然会俱足智慧。

你也可以闭上眼睛，不看太多的东西。我就喜欢闭着眼睛。很累的时候，我如果闭一下眼睛，就一下子不累了。因为闭目可以养神。“心不外驰，神不外溢”“心活而神死，心死而神活”“神足不思睡，气足不思食，精足不思欲”。这些说法都很有道理，它们的意思是，当你不贪这些东西的时候，说明这些东西对你来说，已经圆满了。

所以，养生最重要的就是寡欲，不要有太多的欲望。除了特殊因缘之外，一般用减法，不要太贪。青岛文化论坛的开办，就属于一种特殊因缘。我一直没有督促过这个论坛的进展，表面上从来都是消极被动的，因为我怕给人带来麻烦，所以一直只是随顺因缘。但我不去着力地执著，不去积极地制订计划，不去积极地促成这件事，它仍然因缘俱足了。因为，每一个事物的出现，都是由多种因素决定的，条件齐全了，自然就会出现，不要拔苗助长。树苗和庄稼的成长都需要时间，需要条件，急不来的。所以，很多时候，随顺因缘，静心等待，就是最好的态度。这就是老子哲学的特点。

静心等待的意思是，做事要冷静，不要太喧哗，要沉寂一些，安静一些，恬淡一些，不要太猛烈，不要太激烈，不要来势汹汹。过去，人们修道时喜欢弹琴，为的主要就是收回自己的心。书法和绘画也有这个效果，你喜欢什么，就可以随缘地借助什么来调心，让自己的心情愉悦一些。

当你的心情恬淡愉悦、心里没有太多的东西时，气自然就足了。从早上八点到十一点之间，除了几个瞬间，我一般感觉不到身体，也感觉不到累和不累。我的身体就像一团气，它没有肉身的那种粗重。最早出现这种状态的时候，我觉得很恐惧，那时我在北京的街头跑步。跑了很久，我都感觉不到身体。当然，不跑的时候，我也感觉不到身体。为什么会这样？因为我进入了破执的境界，已经不执著身体了。当你不执著身体的时候，你的身体就消失了。

我在岭南的时候，一到夏天，他们就说很热。他们不说我还不觉得，他们一说，我才觉出很热。为什么？因为，我一直待在自己的世界里，那是个清凉的世界。心是清凉的，身也清凉的。没有执著的时候，你的气就自然出来了，你跟大自然是一体的，大自然热你也热，大自然冷你也冷，这也是和光同尘，非常和谐。出现这种情况，就叫正气。正气出来了，充满了整个法界。

我专门为《道德经》写了一首偈子，里面有句话是"正气弥六合"。六合是前后上下左右，代表了空间。"正气弥六合"，就是你的正气充满了整个空间，你的正气和大自然是一体的。所以，不要过于执著身体的觉受，训练到一定程度就好了。

同样，我们也不要过于执著世界给我们什么，只管让自己的心回归自然，变得质朴快乐。哪怕学了一点东西，也要通过实践来吸收它，不要让它变成概念和分别心，污染你心灵的干净。

做到这些，你也就做到了老子这一章所说的道理。

第二十章

大智若愚，看破随缘

【原文】

唯之与阿，相去几何？善之与恶，相去何若？人之所畏，不可不畏。荒兮，其未央哉！众人熙熙，如享太牢，如春登台。我独泊兮，其未兆；如婴儿之未孩，傫傫兮，若无所归。众人皆有余，而我独若遗。我愚人之心也哉！沌沌兮。俗人昭昭，我独昏昏。俗人察察，我独闷闷。澹兮其若海；飂兮若无止。众人皆有以，而我独顽且鄙。我独异于人，而贵食母。

壹 毁誉如幻，但人言可畏

唯之与阿，相去几何？善之与恶，相去何若？人之所畏，不可不畏。荒兮，其未央哉！

这一章最重要的内容，就是大智若愚。为什么“大智”会“若愚”呢？为什么老子会给人深不可测的感觉呢？这些问题，在这一章里都可以得到答案。

首先，老子提了两个问题：第一，唯唯诺诺和傲慢敷衍，这两种态度到底相距多远呢？第二，善与恶之间，到底有多远的距离呢？

“唯”就是唯唯诺诺，代表了下级对领导、晚辈对长辈的答应和认可，里面有一种唯恐不够重视、不够恭敬的味道；“阿”是“嗯”，轻描淡写地答应一下，敷衍一下，就像孩子们问问题时，长辈不太想回答，就随随便便地“嗯”一声一样，这是上级对下级、长辈对晚辈的态度。当别人用这两种态度对待你时，你会有什么感觉？这两种感觉相差有多远？意思是，人家的赞美和呵斥，对你来说有多大的区别？人家的认可和轻视，对你来说又有多大的区别？

老子为什么要反问？他不是让你去思辨，而是用反问的方式告诉你，其实它们之间没多大区别，都一样。智者是不会在乎的。就像我刚才说的那些话，有些人也许还有印象，还记得我讲了什么，但很多人都忘掉了。对他们来说，这些声音一下就消失了。在智者心里，认可和轻视也是这样，无论人家唯唯诺诺，还是傲慢敷衍，都是一下就过去了，就像过眼云烟一样。

那么善与恶呢？老子追问的是人类文化的评判体系。你认为善，他认为恶，如何判断谁对谁错？所以，善恶在不断地转换，同一件事既可以是善的，也可以是恶的。因为，任何评价都是相对的，都有一种主观的态度在起作用。不同的人、不同的立场，就有不同的评价，网上充满了各种各样的评价，各自的评价其实根本不代表这件事的本质，仅仅代表了评价者的态度。通过他们的态度，我们就会知道他们的立场。在不同的标准之下，必然会有不同的声音，哪个声音对？根本就说不清。所有的善恶，只对同一个价值体系的人有意义，除了一些客观的东西，比如法律条款等，很多评价都只是各自的说法，根本没有固定的标准，也没有绝对的对错。

不同的标准，决定了不同的评价，其中的差别究竟有多大呢？

这个问题也不需要答案，老子只是在否定善恶的绝对性。

在很多年之前，有个菲律宾的总统会见邓小平，谈到了领土的问题。当时，他对邓小平说，某些岛屿离菲律宾很近。邓小平怎么回答呢？他说，菲律宾离中国也很近。这个答案太有智慧了。如果它们离你们很近，就是你们的，那么你们离我们也很近，难道你们也属于我们吗？确实是这样的，它本来就是一个相对论，很多事物都是相对的。

因为标准不一样，所以，对同一件事，永远会有人赞美、有人辱骂；有人认可，有人非议，这是正常的。但所有的这些态度都是相对的。我们前面说过，当人们把“道”当成价值标准的时候，得道就是成功，就值得赞美，就是善的；当人们把金钱作为价值标准时，得道就不一定成功，不一定值得赞美，也不一定是善的，因为得道者不一定有钱。

比如，现在肯定有人不理解庄子，觉得即使你想自由地活着，也不代表你就一定不能做官啊，编草鞋能证明什么？你连自己都养不活。在我们这个时代，很多人就会觉得他失败，他的学说也会受到非议。幸好庄子不是出现在这个时代，人们才会觉得他很伟大、很敬重他，敬重了上千年。谁都知道，老庄是道家的典型人物，是道家思想的代表。这时，很多人就不会否定他。这就是流行价值体系的另一个特点：如果你没有钱，但你有地位、有名气，它也觉得你是成功的。

所以，一切评价和态度都没有实质性的意义，都是相对的。很多人对同一件事的争论，也没有实质性的意义，因为，他们的标准根本不一样，谁也没法证明谁是对的，谁也没法证明谁是善的。不同的标准，就有不同的善恶，也有不同的对错。

我们觉得，即使破产者明白了无常，证得了空性智慧，那么他也是成功的。但对于不在乎道的人来说，会认为他是失败的，因为他破产了，他经营不善、决策失误，导致很多人失业了，导致他的家里人生活水平下降了，他还欠了别人很多钱，如果他还不上债的话，对他的债主来说，他就是恶的，更是失败的。这种观点忽略了一个问题：这种失败很快就会过去，很快就会改变，失业的员工也会很快找到新的工作，一切都会慢慢平息。不变的是什么呢？是道，是他明白的真理，这种明白将会改变他的整个生命。

所以，一定要明白，老子的反问是在否定流行价值观，否定一些固有的、常见的、关于是非对错的观念。

那么，是不是说人言就不可畏了呢？不是。

老子紧接着说，“人之所畏，不可不畏”。

得道者能同时容下鲜花和毒草，就能容下其他的价值体系。他知道，社会就是这个样子，他不会像愤青那样愤愤不平。他当然知道社会上的问题，但即使他批判，也不代表他不能允许。他知道什么都有它的理由。他不会像一般人那样，觉得“我走我的路，让别人去说吧”。因为，他尊重世间法的规则，永远不标新立异，即使明白善恶毁誉没有意义，价值体系可能出错，他也永远不做惊世骇俗的事情。世人怕什么，他也怕什么，他永远不去触动大众、人类的底线，不触动禁区。你一定要注意，他永远是和光同尘的，永远像寻常人那样活着，不追求任何表面上的东西，他不愿意让自己和世界不一样。这是老子非常了不起的地方。

今天，我也对一些朋友说，学佛的人身上一定不能带佛气，不能让人一看就知道你学佛。否则，你的学佛就肯定没学到家。

“荒兮，其未央哉”，“荒”是辽阔、荒凉的意思，所谓的荒漠就是辽阔的沙漠，其中还有一种悲凉、沧桑、凄凉的味道。

得道之后，老子感受到的世界，是广袤无垠、没有任何边际、也没有任何相的。所谓的没有任何相，就是他不会被任何容器所限制，他本来就是大海。这就是得道者的境界。得道者连得道者的相也会打碎，连真理也不能局限他，这才是真正的和光同尘。

贰 淡泊如不懂事的孩子

众人熙熙，如享太牢，如春登台。我独泊兮，其未兆；如婴儿之未孩，儽儽兮，若无所归。

几年前，我曾参加过藏区的一个插箭节，虽说因为时代的改变，人已经少了很多，但场面还是很热闹。大家都有一种兴奋和狂热的味道，都陶醉在一种宗教式的狂欢之中。我的心中，却依然是一片宁静，没有澎湃的激情，只有一种淡淡的感觉，就像看一场梦一样。有人曾问过我为什么，老子的这段话，恰好帮我回答了这个问题。

“众人熙熙，如享太牢，如春登台”，众人都非常高兴，陶醉在一种喜庆的气氛之中，就像享用太牢、春天登台一样。

“太牢”是天子才能享用的祭祀，类似于我们所说的供养。因为，人们怕祭祀的牲口会逃走，就挖了地窖，提前一天把祭祀用的牲口圈在里面，祭祀当天再宰杀。这些牲口就像坐牢一样，所以叫“牢”。“太”是大的意思，“太牢”就是最上乘的供养。

前面说过，古代有礼乐制度，祭祀也属于礼乐制度的一部分。天子享用的是太牢，也就是猪牛羊三牲，三种肉；诸侯享用的是少牢，猪羊二牲，两种肉。有点像我们现在招待外宾用的国宴，也就是国家请客吃饭的最高规格。类似的还有八项规定，在很多方面都做了限制，不能逾越。不过，古代的制度更严格一些，要是违反了一些规定，就是谋反的大罪，诸侯王尤其不能擅自享用天子的祭祀，天子的葬礼等。这都是有悖礼乐制度的，古代对这种事非常敏感。

所以，老子时代的“如享太牢”，就有点吃上满汉全席的味道。

“如春登台”，古代的“登台”有两种意思：第一是在春天登上高台，看到辽阔的远方，看到大地生机萌发的景象；第二是古代人关于生殖崇拜的一种祭祀。

今天的印度仍然有生殖崇拜，比如，印度教的神庙就有好多这类的神像，都是一些男欢女爱的场面。如果在我们国家，它可能会被当成淫秽之物，扫黄扫掉。但在印度，这是非常正常的事情。中国古代也觉得很正常，中国古代的很多少数民族都有生殖崇拜。上古时代的生殖崇拜还跟丰收和祈雨有关，所以非常受重视。梁武帝时期，就专门把男女交合作为一种祈雨之法，更早的时候，夫妻还会在野外交合、分娩，祈祷庄稼丰收。

那时，每到仲春时节，皇帝就会带上皇后和妃子，到一个地方去进行祭祀，所谓祭祀，也是做男欢女爱之事，以求多子，叫“高禖之祀”。高禖之庙通常设在都城的南郊，西汉、晋、北齐、隋、唐等朝有此庙。闻一多认为《诗经·大雅閟宫》所咏的禖宫即为高禖之庙。高禖之祀的仪式极为隆重。照《礼记·月令》的记载，是在仲春之月的“玄鸟至之日”（即燕子春暖后北返之日），由皇帝亲自率领后、妃、嫔御等前往高禖之庙，献上猪、牛、羊三牲，祈求多子。仪式中，还有被认为颇涉邪淫的、非常富于性刺激的舞蹈，称为“万舞”。这仪式，究竟祭谁，有多种说法，都有文献依据：殷始祖契之母简狄；伏羲；女娲；祖先；男性生殖器，其中女娲和男性生殖器的说法居多。

民间还有一个“仲春之会”，男男女女都要参加，也跳一种叫“万舞”的舞蹈——有点像泰国的人妖表演，比较刺激肉欲，有很强的挑逗性，是上古时代的一种习俗——然后男男女女自由恋爱、自由同居。现在看来觉得不可思议，但那时是很正常的，而且被当成一种具有宗教意义的仪式。为什么？因为，上古人认为，这可以让人多子，人丁兴旺。性崇拜是中国古代——甚至整个世界在原始时代的一种趋势。

这就是“登台”的另一种意思，可见“众人熙熙”的程度。

但是，就算在这么欢欣鼓舞、春心荡漾的时刻，“我独泊兮，其未兆”，我仍然非常淡泊，就像不懂事、不会笑的婴儿一样——婴儿不会笑的时候叫婴儿，会笑的时候叫“孩”，婴儿的笑声最早也叫“孩”，“婴儿之未孩”，就是婴儿还不会笑的意思——这就是“大智若愚”的第一个特征。老子称之为“复归于婴儿”，这是一种心态，而不是态度，意思是，你狂欢也罢，不狂欢也罢，我都是这么宁静，都不为所动，就像一个不懂事的孩子。

为什么会这样呢？因为，得道者是没有分别心的，在得道者眼里，善恶毁誉没有区别，或者说差别不大。对他来说，夸两句和骂两句是一样的，只不过是个声音，刚起来，就消失了。我为什么不在乎一些朋友的骂？也是这个原因。我知道那都是一点情绪，已经过去了，夸也是一点情绪，也过去了。我在乎他的行为本身，老子也是这样。

当然，这种状态是复归于婴儿，而不是真正的婴儿。为什么？因为，婴儿没有智慧，但得道者有智慧，他只是不去思辨而已。

“儽儽兮，若无所归”，这也是大智若愚后的一种心态：懒懒散散，逍逍遥遥，好像流浪在外、没有家的孩子。所谓的“没有家”，指的是没有执著。他根本不在乎众人那种陶醉于欲望的欢愉，他安住在自己的境界之中，逍遥自在、心静如水地活着。

当你明白真理之后，面前的现象不管欢欣还是悲凉，都不能改变你的心了。因为，你知道这一切都是短暂的，都是幻觉。你知道一切都会很快消失，野合带来的狂喜也会很快消失，所以，你没有涌动的欲望。在你眼中，这一切都不过是一场遥远的游戏。得道之后，人就没有了放纵的需要和理由。

叁 不敢为天下先

众人皆有余，而我独若遗。

老子说，他有三宝："一曰慈，二曰俭，三曰不敢为天下先。"可见他特别会做人。为什么他特别会做人？因为他从不出头，从不招人嫉妒，从不惹着人家不开心，永远跟别人差不多，甚至比别人更退后，更低调。

"众人皆有余，而我独若遗"，大家都才华横溢，显得非常富足，我却像被人遗忘、丢弃了一样。他总是让别人开开心心的，自己落落寞寞、无所事事，像个没有家的孩子那样游荡。

这是大智若愚的一个很重要的特征：不喜欢出风头，宁愿躲在角落里，被人遗忘。因为，他知道很多东西没有意义，反而很麻烦，不如静静地自己待着，静静地享受宁静和快乐，静静地做些本分中的事情。得道者是不怕被人遗忘的。

我老是谈到一句话，有一次，我在一个朋友家里的墙上又看到了它："避人得自在，入世一无能。"避开别人，得到自在，进入世界，也显不出一点能耐，这跟老子的这段话非常相似。一定注意，这是一种大智慧。

大家一定要明白，能做事的人，都是这样的，看起来不起眼，不招人嫉妒，让大家都很舒服，大家都能接纳，非常憨厚，什么都是别人好，这种人才能做成大事。

我经常谈到朱德，朱德对中国革命做出了很大的贡献，他非常了不起。大家一定要知道，共和国的很多元帅和将军，都是朱德在井冈山时期手把手教出来的，包括林彪、粟裕等人。你根本看不出朱德是个了不起的军事家，但他是大军事家。一定要明白这一点。他专门到德国、俄罗斯学过军事，也在国内的军校里学过军事。毛泽东军事思想中的一些重要内容，就源于朱德，比如“敌进我退，敌驻我扰，敌疲我打，敌退我追”等游击战战术。朱德的行为特别符合老子的一些智慧，尤其是永远不对抗，永远不咄咄逼人，永远不让人觉得不舒服，永远像个伙夫——也就是做饭的——见人就呵呵地笑。这才是大家风范。你记住，做大事的永远是这种人。

为什么他“众人皆有余，而我独若遗”？他“独若遗”然后做什么？做事。他宁愿身边的人都显得很优秀，不可替代，只有他自己被人遗忘。因为，他被人遗忘了，没有人干扰他，他就可以静静地做事了。即使他出谋划策、做成了什么事，也会让别人觉得是他人的功劳，所以谁都很舒服。

今天这一章太重要了，老子讲出了一个非常微妙、但很重要的做事之道。

大家想一想，孔子为了推销自己的学说周游列国，被人们称为丧家之犬，但老子从来不这样。在老子的时代，没有多少人知道他，他永远显得很不起眼。要是他没有出函谷关，尹喜没有强烈要求他留下《道德经》，人们也许不知道他的存在。但到了今天，老子学说是世界上影响最大的思想之一，他影响了一批一批的大哲学家、大思想家、大艺术家，比如我经常谈到的哲学家海德格尔和文学家托尔斯泰。在中国文化中，老子和释迦牟尼的地位相若。但是，如果老子把他那种出色的、超人的才华显示出来，和孔子那样的人打擂台，他会怎么样？——我说的不是孔子本人，孔子很尊重老子——他会像少正卯那样，被人杀掉。

老子的这种思想，会给很多人一些非常重要的启迪：永远不要让别人觉得你是不可替代的存在，永远让人觉得你已经被遗忘了，就像空气一样，我们离不开空气，但感受不到空气对我们的影响。

肆

我本愚人，而贵食母

我愚人之心也哉！沌沌兮。俗人昭昭，我独昏昏。俗人察察，我独闷闷。澹兮其若海；飂兮若无止。众人皆有以，而我独顽且鄙。我独异于人，而贵食母。

“我愚人之心也哉”，我不过是个愚蠢的人，有一颗愚蠢的心而已！

这不是装的，他确实觉得自己很低，而且一直觉得自己很低。

我发现了一个秘密，在任何单位里，做大事的人都必然低调，这样大家都会非常舒服，不被他流露出的锋芒刺伤。你甚至看不出他在做事，看不出他有什么目的，但他能做大事。你认真观察一下，所有能做大事的人都是这样。相反，如果他的目的性很强、功利心很强，他就会有无数的对手，受到无数的诋毁。

老子很强调这一点，他接着说：“沌沌兮。俗人昭昭，我独昏昏。俗人察察，我独闷闷。”众人都非常聪明，他们眼观六路、耳听八方、明察秋毫，只有我糊糊涂涂的，总是那么愚钝，总是那么浑噩。

一般人如果这么说，也许是因为自卑，但老子当然不是，老子只是不愿精明地活着，这也是得道者的特点。《列子·说符》：“察见渊鱼者不祥，智料隐匿者有殃。”就是说，连深渊里有多少条鱼都看得清清楚楚，这样的人是不吉祥的。为什么？因为，过于明察秋毫的人容易惹来是非，招来祸殃。一定要明白这一点。

历史上有很多这样的例子，最典型的就是杨修。杨修是曹操的主簿，很懂曹操的心意，曹操一举一动背后的心思，杨修都知道。

比如，有一次，曹操视察丞相府的修建工程，嫌门太宽了，就在门上写了个“活”字。杨修一看，马上叫人把门拆掉，说，魏王嫌门太阔了，还是修窄一些吧。后来曹操再来视察，发现门窄了，就知道杨修这个人明白他的心思。又一次，曹操在他很爱吃的酥点盒上写了“一合酥”三个字。杨修一见，就打开盒子，与众人分吃了酥。事后，曹操查问下来，杨修说：“盒上写着‘一人一口酥’，我们不敢违背丞相命令，就分吃了。”曹操心中不快，却无话可说。

这样的故事很多，有个“鸡肋”的故事也很出名：当时，曹操在跟诸葛亮打仗，打到进不得、退也不得的时候，曹操下了个“鸡肋”的口令，大家都不知道是什么意思，杨修就告诉大家，丞相想收兵，我们收兵吧。别人问他为什么？杨修说，现在的局面就像鸡肋，食之无味，弃之可惜，不如收兵。

曹操天性多疑，非常警觉，生怕别人趁他睡着杀他，就说自己会在梦中杀人，叫人家不要在他睡着时接近他。有一天，他睡到一半，毯子掉到地下了，但他自己不知道，他的近身侍卫就悄悄走上去，把毯子捡起来给他盖好，谁知他一下跳起来，把那侍卫给杀了，然后又倒下大睡。于是，谁都信了曹操梦中杀人之事。只有杨修说，不是丞相在梦中，而是你们在梦中啊。

大家想，身边有这样一个人，谁会舒服？等于安了个监控摄像头。后来，曹操就找了个理由，把杨修杀了。

孔融之所以被曹操杀掉，跟杨修也有点相似。他除了老是对曹操冷嘲热讽、老是跟曹操对抗之外，也从一开始就看透了曹操的心思，甚至知道整个曹氏集团的心思。他看得那么明白，曹操怎么可能容得下他？

为什么？因为，谁都不愿生活在摄像头下面，不愿自己的大小心思被别人都知道。所以，身边有个洞若观火的人，是很不舒服的。我们一定不要当摄像头，要以杨修、孔融为鉴，学习老子的大智若愚。

“俗人察察，我独闷闷”，老子永远不做聪明人，不管身边的人多聪明，他都糊糊涂涂的。哪怕他心里知道怎么回事，他也愿意糊涂一些，不想刨根问底。他知道，不管真相怎么样，都在不断地变化，一切都在变化，追究也没有意义。老是显示自己精明的人，没人会喜欢，大家一定要明白这个道理，做人不要太精明。

老子的这个智慧对当代人是非常重要的，因为，现在有太多“摄像头”了，我们有时也会不经意地当“摄像头”。有些人以此为荣，觉得自己很聪明，却不知道他的很多路已经断了，别人不会给“摄像头”第二次机会的。

我曾跟青岛的张笑颜谈过做事，我告诉她，智者做事和愚者做事是不一样的。前者知道每个人的归宿都是骨灰盒，无论做什么、怎么做，都会变化，所以他不执著结果，只管积极地做。后者不一样，后者看不到那个骨灰盒，他老是执著一个又一个结果，计较一点又一点得失，所以他老是洞察秋毫，觉得别人怎么样，自己怎么样，自己比别人强，或者别人占了多少便宜。愚者都是这样。他在乎别人在某个方面占了上风，在乎别人控制了什么东西、占据了什么资源，但智者不在乎。智者知道，即使你占有很多资源，你的结局也就是那个骨灰盒，所以，智者不会执著，但会随缘做事，有什么条件，就做什么事，永远做而不执著。儒家有句话说的很好：“达则兼济天下，穷则独善其身。”如果发达了，就多为天下人做点事情，普度众生，利益世界；如果没有力量，就独善其身，做个好人。不管怎么样，对智者来说都很好，他不在乎自己做了多少事，能做多少事，多就多，少就少，他可以积极进取，但懒得去执著。

有一次，我跟朋友谈到一个哲学家，朋友问我，他对谁都很好，是不是伪君子？我说不是。为什么不是？因为，人格达到一定程度的时候，你就会超越很多东西。有时候，个人修养有时可以超越一些世间法的规则。

这就是“澹兮其若海；飂兮若无止”，胸襟像大海般宽广，悠悠荡荡，空旷自在，不受概念、形式局限；心就像风一样自由，不受羁绊，也不被限制。

“众人皆有以，而我独顽且鄙”，大家都很有用，都不可替代，只有我不成器。智慧到一定程度，能明白结果和变化，就对很多东西不在乎了。他知道，无论怎么样，都仅仅是个过程，得失好坏都是相对的，一定会变化，他不如随顺变化，不去刻意地进取，乐得做一个最没用、最卑下、能被人呼之则来挥之则去的人，他心里没有一种骄傲的、尊贵的东西。他也不觉得自己是个尊贵的人。

“我独异于人，而贵食母”，我唯一跟别人不一样的，就是我遵循大道的规律，就像婴儿吃奶一样，但我吃的奶，是大道之奶，是出世智慧的甘露。

伍

化为泥土，任世人践踏

大家都知道，禅宗有破三关的说法，当一个人分别心很重、计较一切、计较所有规则的时候，他就是凡夫。但他自己不知道，还老是沾沾自喜地表白自己的计较，展示自己的执著。不要这样。明白之前，很多人卖弄的，都是他的执著、毛病、成见。他总想把一些东西告诉别人，想让别人接受他的东西，甚至有一种不遗余力的味道，结果弄得大家都不开心。其实，他不知道他贩卖的不是智慧，而是执著。

修道时，要安住于道的智慧，不去计较，把各种才华、光明，各种了不起的事物都收敛到心里，在一动一静之中，安住于一种无我无执的境界，它就是你实现超越后的状态。即使做了很多事，也不要认为自己做了什么，因为你无论做什么，都是个过程，很快就过去了，最大的受益者永远都不是别人，而是你自己。即使你的行为非常圆满，也不要执著，更不要觉得自己有多么了不起。把心中一切的执著、计较、概念都化解掉，不要卖弄，像钟一样，没有人敲的时候，就静静地待着，有人敲了再应和。永远要知道自己该做什么，永远要做自己该做的事，但仍然不要张扬。如果过去有一些让人不舒服的东西，就把它洗掉，改掉。

有些朋友很有意思，他们始终觉得自己在拯救人类。有一天，我在国家图书馆演讲，几个读者想要跟我照相，我答应了，然后他们就“唰”地亮出了一幅横幅，上面写着“大善铸心，和谐社会，拯救人类”。前面两个词很好，后面那四个字太恐怖了，我马上叫他们把横幅收起来，再不要拯救人类了，你一拯救人类，人类就把你灭掉了。永远要记住，你不可能拯救人类，我们每个人都是在拯救自己，永远面对自己，永远不要把自己认为好的东西强行推销给别人，要用你的行为默默地感召别人。行为才能改变一切，所以，做最好的自己，才是最好的传播。

当然，很多朋友都做得比我好，尤其是过去。当我还是愤青的时候，嘴一张就光彩四射、口若悬河，总想说服别人，结果发现一个个朋友都不见了——不见也有不见的好处，因为朋友不来找我，我就有了写东西的时间。但是，我因此知道了自己的毛病，也慢慢地学了一些东西，比如老子的这种智慧。现在，除了讲课之外，其他时候我都会尽量糊涂一些，不去思考那些不值得思考的东西，不去在乎不值得在乎的东西，慢慢让自己变得愚一些，笨一点，老老实实、扎扎实实地做事。

熟悉我生活规律的朋友就会发现，我经常做一些别人不做的事情，比如一些体力活，还有一些很笨的事情，但正是这些非常笨的行为，让我慢慢地完成了一种成长。

当你有一天忽然进入一种境界，有智慧，却像婴儿一样无执无欲，就叫“破了初关”，也叫“开悟、明心见性”，第二步，就要把这种境界延长，让它变成你生命的常态。完成这一步时，就进入第三步，把你对这境界的执著也扫掉。老子就是这样，他不用装，也不用强迫自己，他始终就这么活着，就像佛教里很多貌不惊人的大成就者一样。

禅宗和密乘之中，都有很多看起来愚愚鲁鲁的大成就者，有些人活着时看不出任何成就，死掉之后，肉体全部化成光，人们才知道他证得了虹身成就。像虚云老和尚的弟子具行禅人，他不爱说话，非常木讷，人家还以为他是哑巴，结果怎么样？他也证得了阿罗汉果。

注意，老子的智慧就是在默默的实践中悟出来的，到了一定的程度，你就看不出他的智慧了，但他也无所谓愚痴。他只是不执著，不去思考一些很快就会变化、不值得思考的东西。这是得道者的世界观。他不在乎那些相对的、易逝的东西，一切都随便，所以，有人会觉得他“愚”。

得道者的“愚”，就像泥土一样，能生养万物，才能任人踩踏。

有个朋友曾经问我，他该如何处世？我说，你只管把自己变成尘埃，让人踩入泥土。就是说，你永远不要觉得自己有多了不起，永远甘于处在最底层、最遭人践踏的地步，只管保持一颗婴儿一样的心，简简单单，顺应自然，又有无穷的智慧。当你达到这一步时，世人就伤害不了你。

得道者也像大地，他不择万物，甚至能藏污纳垢。大地不管净浊，它可以接受一切，白雪它也承载，狗粪它也承载，毫无怨言，也不纠结。大地全然接受它承载的一切，把一切都化为万物的营养。得道者也是这样，就算一些世人觉得多么不好的东西，他也会接受它，然后把它化为自己的营养。这就像我过去常说的，扎根在淤泥里，又要超越淤泥，从淤泥中长出自己的莲花。

当你拥有这种智慧的时候，还会出现另一种东西。比如《吕祖买药》中有这样一句话：“东风来了往西跑，西风来了往东倒，南北二风都来了，贫道无奈了往坑里跑。”这句话有点“墙头草”的感觉，其实不是这样。他不是怕——虽然我们前面说过，世人怕什么，得道者也怕什么——但事实上他不是怕，他是看破之后的随缘，不跟世界对抗。他可以往西跑，也可以往东跑，甚至可以往坑里跳，他不在意世人笑话他，他只管守住心中的东西——大道。在大道的观照下，他可以不在乎世人对他的评价，受点委屈也没什么，被人误会也没什么。所以，风往哪儿吹，他就往哪儿走，风终究会停的。这是一种智慧，它不是软弱和愚蠢。所以，当我们安住于大道时，要尽量地随顺世间法，不要太在乎一些东西，始终要记住，一切都会很快过去的。

有人问我成功的秘诀，我告诉他，我之所以成功，就是因为我随缘。我永远不强求做什么事，而是有什么条件就做什么事，永远是现在时。

我喜欢少欲知足。一开始，我没想过要做什么大事，有啥条件做啥事，但发现可以把事做大时，我就会随顺因缘，做得更大一点。我培养人才也是这样，我会随着对方的发心，慢慢给他加担子，培养他成长。只要他有潜力，我就培养他。

这种生活方式，是我的常态。不管什么时候，我都这么淡淡地、开心地、快乐地活着，不跟世界计较，永远随缘应世，永远守住大道，永远守住主体性，永远守住我的“常乐我净”：常态是“常”；开心快乐地活着是“乐”；守住主体性、安住空性是“我”；不计较无执著是“净”。

第二十一章

恍惚无执中的光明历历

【原文】

孔德之容，惟道是从。道之为物，惟恍惟惚。惚兮恍兮，其中有相；恍兮惚兮，其中有物；窈兮冥兮，其中有精。其精甚真，其中有信。自古及今，其名不去，以阅众甫。吾何以知众甫之状哉？以此。

壹

被误读的得道者

孔德之容，惟道是从。道之为物，惟恍惟惚。惚兮恍兮，其中有相；恍兮惚兮，其中有物；窈兮冥兮，其中有精。其精甚真，其中有信。自古及今，其名不去，以阅众甫。吾何以知众甫之状哉？以此。

在这一章里，老子讲的仍然是道体。他说，最高明、最完美的道德，是以道为本体追求的，“惟道是从”就是这个意思。

“道之为物，惟恍惟惚”，道是客观的存在，它是一种恍恍惚惚的境界。在现代人看来，这种境界是捉摸不透、把握不住、迷离不定、似有似无的。这种解释跟恍惚真正的意思有距离。

我们先按最常见的理解来解读，然后再从实修角度解读，后者可能会推翻前者，但不要紧，两种解读之间的矛盾，也许可以帮助大家更好地理解《道德经》。

“窈兮冥兮”，它深远而幽暗，包括道家文化在内的整个中国文化，其实都非常深奥。跟几位科学家交流时，我认为，现代医学有个重大失误，就是忽视了人的生理之外的另一种可能性，也就是宇宙中某种功能性力量对健康的干预。现在的医学研究，多局限于人，却忽略了人类个体与大自然之间的某种联系。为什么同一种病、同一种治法，但有的人能治好、有的人治不好呢？为什么有些人得病后可以自愈，有些人不能自愈呢？为什么有些人可以通过某种神秘的方式改善病情，有些人却不行呢？说不清，这需要研究。我觉得，这是目前医学界的很大一块空白，也是一个很需要突破的区域。比如八字，传统文化认为，八字显示了人类的某种生命密码。通过对八字的演算，就能知道你哪一年的健康状况肯定不好，哪一年又会很好，其中有一种规律性的东西，其中的奥秘，会不会对现代医学有启发？

“其中有精”，很多人认为，“精”是精微的物质，也有人认为是情感的情。

“其精甚真，其中有信”，这种精微的物质是真实存在的，是可以验证的。

“自古及今，其名不去，以阅众甫”，从今天追溯到远古，道一直没有离开过，它也一直存在于中国文化之中，甚至将一些外来文化也给同化了。儒释道有很多相通之处，儒释两家也有被道家影响的地方。因为，我们接受了道的本体，也就接受了道的概念。就连伊斯兰教和基督教，它们在传入中国后，也受到了道家文化的影响。

“吾何以知众甫之状哉？以此”，有些地方把“甫”作“仪”，“众甫”就是万物的起源、来源的意思，我如何知道万物及各种显现的起源呢？“以此”正是依托对道的认识。

上面是人们对这一章的普遍理解，下面，我针对容易产生误解的地方，再详细地讲解一下。

最近，老有人给我提建议，希望我讲得通俗一点，多讲一些其中的哲学，别讲着讲着，就讲到超越智慧上了。我明白他的意思，他说得有道理，但大家想想看，《道德经》最重要的是什么？是对道、对得道的境界、对超越智慧的表述，如果没有这部分内容的话，《雪煮〈道德经〉》就没有意义。

老子和庄子代表中国文化的最高境界，因为有了他们，所以中国文化一点也不逊于印度文化。我们很难说他们跟佛陀相差多远，因为，老庄和佛陀之间的差别，主要在于事业，而不是境界。虽然很多人可能更推崇佛教，但这是因为很多人对道的理解都出现了偏差。这不怪道教本身，也不怪很多误读道教的人，只能怪道教的鱼龙混杂。

道教的衰微，远比佛教严重，道教已经没落了，基本上处于衰亡的状态，多流于道术的层面了，关心道、想要证道的人已经不太多了，学到老子《道德经》核心层面的人越来越少。一些很有名的道教领袖人物，也不讲道，只讲道术，一见人就打卦算命，再高一点的，就把内丹作为一种生命科学在训练，这已经很不错了。所以，很多人并不了解道教，有些人甚至以为道教只有道术。其实，道术根本不能代表道教，也不能代表道家。能够代表道家的，是老子和庄子所讲的本体的道。你可以看看《逍遥游》和《齐物论》，至少在表述上，庄子的境界不在老子之下。因为，《道德经》还有一种即时性、格言性的味道，毕竟它是在别人的要求下诞生的，而庄子是系统地著书立说。所以，庄子对证道的表述更加圆满，庄子的境界不会低于老子。有人一提起禅宗的开悟者，就觉得庄子可能不如他们，实际上不是这样的。老庄的境界，超越了很多高僧大德。

老庄和佛陀的区别在于事业，即影响力。老庄活着的时候，其思想的影响力没现在大，经过了几千年的流传和积累，他们才形成了今天这么恒久的影响力；而佛陀活着时，就已经开宗立派，创建了佛教，整个印度半岛很快就接受了佛陀的思想，无论是佛陀本身，还是佛教，影响力都非常大。佛陀培养了很多优秀弟子，在这方面，老子和庄子是不如释迦牟尼的。

佛教衡量一个人的成就时，通常会看身、口、意、事业、功德这五个方面。身，就是他的生命境界，也就是他的修证到了什么程度，这需要他用行为来展示。口，也就是语，他的语言表达能力、文字般若的境界到了什么程度，能不能把他证到的东西表达出来，要是表达不出来，这说明他的成就不圆满，就像禅宗开悟后，要对机锋，看看能否生起妙用。意就是思想境界。功德是利益世界的程度。事业就是影响力。如果其中哪一项缺了的话，就说明他的成就不圆满。

我看了很多对《道德经》的注解，从东汉到现在，很多人对“恍惚”一直解释得不到位。事实上，老子对道的证悟是非常清晰的，他没有那种不清晰、含含糊糊的东西，他所说的“恍惚”和现代人所说的“恍惚”不一样。如果一个人对智慧本体的解释和体验不清晰的话，他就不是得道者。

所以，在今天这段非常有限的时间里，如果我能把“恍惚”给解释清楚，就是对老子最大的贡献了。

贰 被误解的「恍惚」

在整部《道德经》中，“恍惚”是被歪曲得最严重的一个词。

直到今天，很多人还以为老子所说的“恍惚”，就是我们今天所认为的“恍惚”，也就是不清不楚、模模糊糊的意思。实际上不是的，相差太远了。当时，老子没有其他的词可用，所以才用“恍惚”来表述，他当然不知道这个词的意思后来会发生异化。

我先讲一讲“觉悟”。

汉字是表意的文字。比如，觉悟的“觉”是学字头下面一个见，可以理解为“见”；“悟”是竖心旁加一个吾，指的是“我的心”或“我的本元心”。“觉”“悟”两个字合在一起，就是“见到我的本元心”“见到我本来的心”，所以，觉悟就是“明心见性”。如果把“觉”理解为“得到正见”“拥有正见”和“正见”，那么觉悟也可以理解为“我的心有了正见”。总而言之，觉悟指的是一种智慧境界。觉悟一词，体现了中国文字的一种特征：字形代表了字的本意。

“恍惚”也是这样，它们也都是表意字。某先生讲道家的时候，说道家不如佛家，因为道家还有“恍惚”等东西，佛家把这些全都给破除了。他讲得也许有道理，但我觉得“恍惚”应该是另一种含义。如果按时下人们对恍惚的理解，老子的境界就被弱化了。

我说说更符合实修层面的理解。

在汉字里面，所有竖心旁的字都跟心有关，也就是跟心性有关系，“恍”和“惚”也不例外。其中，“恍”是竖心旁加一个光，指的是心中有光、心光焕发。注意，心光焕发、心中有了光明，就叫“恍”。大家常说“恍然大悟”，这个“恍”也是心光焕发的意思。

那么“惚”呢？“惚”是竖心旁加一个忽，“忽”又是勿下面一个心。后面的心可以理解为心或者念头，那么竖心旁加勿再加心，就是没有自己的心，或者心中没有念头了。心中无念的状态，就叫“惚”。这两个字的本意就是这样的。比如我们现在说：“哦，我恍惚了一下。”这个恍惚虽然不是老子的恍惚，但它也是没有念头的意思。

老子的很多表述，写的是自己的亲身体验。他的表述跟佛经非常相似，他的境界跟佛家的某种境界也非常相似。老子证得的，是道的本体，不是细枝末节的东西，不是术。他已经超越术的层面了。如果一个人没有证得道的本体，对道的理解就难免会出错，对老子境界的判断也可能会出错。

我们继续从修道的层面讲一讲“恍惚”。

“恍”是心光焕发，它属于“有”，有一种观照的、明的东西；“惚”是没有念头，所以偏于“无”，也属于“空”。有和无合二为一就是中道，有无相生就是中道，所以，“恍惚”也是中道，“恍惚”就是明空双运，是在有中观察无、在无中发现有，但发现有时也不执著。换句话说，有觉悟但不执著，无为中有智慧，无执无念中有智慧，就叫“恍惚”。只有“恍”，或只有“惚”，都不对。它是心光焕发之后才有的明白境界，非常像佛教所说的“明空”，有一种光明的秘密妙用，是说不出来的，知道的人就知道，不知道的人你说了也不知道，所以叫“密”。

正是因为“密”，才有后代很多的误读。但老子也没办法，证量毕竟不好表述，他只能用那个时代人们能理解的文字，去勉强地表述一下。春秋战国时期，汉字没有现在这么多，词汇也没有现在这么丰富。老子要表达自己的境界，还要让别人能理解，实在是有些困难。而且，更重要的是，老子说完这五千言之后，就出关去了——当然，这只是一种说法——他并没有对《道德经》进行更多的诠释。后世解释它的人，大多是一些没有得道的人，他们只能在自己的境界中理解和解读。如果老子自己讲一遍，也许好一些，但也说不清，很多东西讲不了，所以，他不讲也是有理由的。跟佛陀不回答涅槃的问题有点相似。因为，“恍惚”的境界，怎么说都说不清，我也只能告诉大家，它是得道之后一种无执的智慧境界。但具体怎么样，你只有自己去修证了。常人所能理解的语言，是描述不了这种超越境界的。所以，到了后来，道教中出现了很多非常伟大的人物，他们也证得了这个东西，但他们不直接解释“恍惚”，他们用另一种方式来解释，跟我刚才的解读有些像。

叁 用行为告诉世界你是谁

德必须是道的载体，得不了道，就不叫大德。所以，佛教真正的高僧大德，必须是得道者。老子所说的“孔德”，就是大德。最高明的道德、最伟大的德行，都和道合二为一，不证道、不悟道，就不是真正的大德。这是老子第一个非常重要的观点。

我喜欢提倡做事，有人就问我，雪漠老师，您为什么总是提倡做事呢？我告诉他，因为，你不做事，世界就不知道你是个什么样的人。我的意思是，每个人的行为都是自己的名片，都在向世界介绍自己。世界不关心你事实上是个怎么样的人，也不关心你躲在房间里闭着眼睛幻想的那些东西，世界关心你的行为，关心世人认为的那个你。所有我们现在熟知的伟人、智者、君子、小人，都是世界对他们的解读，也都是他们的行为。他们用行为构造了自己。他们死后留给世界的，也是这个行为承载的自己。除此之外，没有其他的东西。包括你的情感，也必须由你的行为、由你做的事情来传递。比如，当刘胡兰英勇就义后，所有的人都会知道她是一个能为信仰献身的人。任何人都是这样。世界认可的，永远都是这样的行为，而不是你心中所想象的那个伟大。所以，所有人都必须用行为告诉世界：你是个什么样的人。

很多人找我的时候，总是夸夸其谈地说些觉受，我一般不予理睬。为什么？因为我根本不在乎这些东西，我只在乎你做了什么。所以，老子这里讲得很好，德必须是道的载体，道必须由德来体现。德是什么？是你做的事情，是你对世界的贡献。这就是我提倡做事的第一个原因。

张笑颜给我分享过她的一位朋友说的话："在这个世界上，我们并不是一定要完成什么项目，也不是要解决什么问题。我们之所以在一起做事，其实是寻找一个聚在一起的理由。"

我告诉大家，我来青岛讲课很麻烦，为了讲今天的这堂课，我早上很早就坐着车到这里来，路上用了三个小时，花了大概三百块的油费，过路费也花了二百多。第二天回沂山书院时，仍要花时间。每次讲课，几乎两天时间就被打成碎片了。最近每个星期都是如此。其实，我不必到这里来，因为有微吼直播，我在沂山讲也一样，大家同样可以看得到。那么我为什么要花上一天的时间，专门到青岛来讲课呢？为了跟大家相聚。讲课只是我跟大家相聚的理由。

做事也是这样，我们做事时，不要太执著它。要明白，我们不是在解决什么问题，也不是在完成什么项目，我们是在寻找一个大家一起成长的机会和理由。

当然，我们所做的一切，都必须能承载我们认可的道。而且，它必须符合当下的时代。如果不符合这个时代会怎么样？时代就不认可你。到了这个时代，如果你还像耶稣在公元1世纪时那样传播的话，你就必然被当成邪门歪道。

大家知道耶稣当时是怎么传教的吗？他老是在说，末日降临了，天火要降临了，天父要发怒了，你们要怎么怎么样，如何如何。他的这种说法，让犹太教的拉比们非常反感。但当时有很多人追随他——其中既有富人，也有乞丐等穷人，还有一些妓女，各种各样的人都有，成群结队——跟着他从一个城市到另一个城市，大家都在说类似的话。虽然他很伟大，但是在罗马统治者眼中，这是在扰乱社会治安。大家想想看，如果这个时代，你像他那样，在每个城市都说这样的话，然后聚集一大群人，大家都在宣传这样的话，你会怎么样？这个时代需要什么？需要老子这种无为的智慧，不折腾。

所以，在最初的很长一段历史里，基督教一直被认为是邪教，罗马皇帝到处在屠杀基督徒，几乎血流成河了。那么，基督教后来靠什么赢得世界，后来还成为很多国家的国教？靠行为。基督徒一直在做慈善，做了大量的善行，大量地、不断地贡献社会。于是，人们就被基督徒感动了。

大家一定要注意，基督教是一个伟大的宗教。有许多地方，值得佛道两教学习。

首先，基督教为世界贡献了一种大家都能接受的、博爱的文化；第二，它有一种普世性的思想，西方的民主思想就跟基督教的文化有很大的关系；第三，基督徒中有许多对人类做出巨大贡献的科学家，现代科学成果大多产生于基督教的土壤；第四，直到今天，全世界的基督徒仍然在用行为告诉世界：基督教是最伟大的宗教。大家都知道德兰修女，她就获得了诺贝尔和平奖，因为她有行为。

当然，佛都也有超越基督教的地方。佛教真正的价值，更多地体现在超越层面。但佛教也有它致命的东西，有个思想家叫马克思·韦伯，他在一本书中说道，佛教的衰亡源于寺院的出现。他说得有道理。佛教在早期是没有寺院的，释迦牟尼派弟子到处行化，他们不停在某个地方。没有寺院，佛教就是一个整体，没有诸多的教派，也没有诸多的你争我夺、互相折腾、斗来斗去。

民国时期，中国佛教界出现了一个非常伟大的僧人，叫太虚。他一直想要改革中国的寺院、改革整个佛教，但没有成功。为什么？因为，无数的落后势力都不想改革，他们觉得寺庙是“我的”，不愿把寺庙堂变成全民的、国家的。但太虚大师认为，所有庙堂都应该属于社会，不应该属于个人。他想进行一种基督新教那样的改革，改变寺院私有化的现状，但是，落后势力一直在反对他，到了最后，他的改革就失败了。今天，佛教已经开始衰亡了，它处于没落的状态。我专门考察过西部、西方的佛教，当地的佛教界都处于衰亡状态。

所以，到了今天，无论是道教还是佛教，都应该回归到文化的本源，用承载大道的、与时俱进的行为，来贡献社会，向社会展示真正的自己，这是改变没落局面唯一的方法。

肆

大道之用

德是道的载体，这是中国文化中非常重要的内容。为什么？因为，真正的德必须能够体现道。这跟有些人的看法不太一样。但中国文化最本源的追求确实是这样的。中国人所说的、真正的德行，就源于智慧的境界。中国从很早的时候开始，就在追求一种智慧的境界，统治者也在追求一种智慧的治国境界，追求一种很高的个人修养。皇帝选皇后时，也要求皇后是母仪天下的，“母仪”就有一种道德的味道。这是第一。

第二，道是一种存在，虽然难以把握、很难证到，但它是一种客观的存在。就算你主观地否定它，它同样存在。它不是主观唯心主义的产物，不是想象出来的。

第三，道有四种象：相、物、精、信。“惚兮恍兮，其中有相；恍兮惚兮，其中有物；窈兮冥兮，其中有精。其精甚真，其中有信”就是这个意思。“相”是显现性的存在，世界上有各种各样的“相”，比如，大至山河湖海，小至蛆虫蚂蚁，无不体现道的存在。“物”是本体性的存在，也就是肯定宇宙中某种客观法则的存在，而道便是这种法则的表现。它是必然存在的。“精”，西方哲学有“意志”的说法，“精”跟“意志”非常相似，其中既有情感、精神的成分，也有意识的成分，这也是道的特点。如果没有精神和情感的成分，道对人类是没有用的。“信”是一种规律，像科学一样严谨，它有规律性、程序性、有序性、全息性的特点。

如果用手机来比喻的话，手机就像道的“物”，手机的各种品牌、样式、功能很像道的“相”，手机里面的各种程序非常像道的“精”，手机里所有的信息非常像道的“信”。老子所说的“信”，有信息的成分。因为，老子也知道宇宙是一个整体的信息场，而道展示着这个信息场的全息。

为什么春秋时代的老子会知道这一点呢？因为，当你修到一定程度，破除了执著时，你就会发现自己在一个巨大信息场中，这个“网络”通向你想通向的任何所在。这就是道的全息性。所以，修道者达成究竟时，其境界就和所有达成究竟者是一样的。它有一种全息性的特点。

佛教的《华严经》就专门讲了这个信息场，它说，在某个地方，有一个如来，有某个佛国，如果破了佛教的名相，将如来和佛国用信息场代替的话，那么《华严经》的意思就是：宇宙是个信息场，无数的信息作用于无数的人类，每个人的细胞都承载了他的全息，同样，每个人都承载了整个宇宙的全息。这跟中国文化的“天人合一”非常相似。

所以，道的四象还有另一种说法：客观存在性、表现性、精神性和全息性。

第四，道的重要作用在于认识万物，修道者如果不认识万物、不了解社会、不了解世界、和世界格格不入，他就没有得道。一定要注意，跟社会格格不入的人没有得道。得道之后，他就是和光同尘的，他会像一滴水进入大海那样，进入他所在的任何世界。

释迦牟尼懂得那个时代所有的规则、规律，但他又有超越性的东西，他汲取了当时九十六种外道——包括婆罗门教及所有合理的思想——的营养，所以他创立的佛教符合那个时代所有的人类，这就是普世性。但他在这之外，还赋予了佛教一种超越性，这源于他进入的那个超越的智慧境界。他的超越是池塘中长出莲花，而不是在空中修建楼阁。

所以，我们允许一个人发表意见，我自己也喜欢发表意见，但我之所以要发表意见，是因为我必须发表意见，而不是看不惯这个世界。我发表的意见，能够改变听了这些意见后愿意改变的人。当他向往道，追求道，最后得道的时候，他就改变了。

换句话说，道的作用在于认识世界，并且尽可能地顺应世界，慢慢地影响并教化世界，而不是战胜世界。这就是大而化之。它的教化甚至不是有意的教化，而是一种自然而然发生的改变，也就是“我无为，而民自化；我好静，而民自正；我无事，而民自富；我无欲，而民自朴。”这就像你不用专门教鱼儿游泳，鱼儿既然在水中，不用学习游泳也自然懂得游泳。这就是自然融于世界。

附录

揭秘内丹：揭露天机的道歌

壹

佛道在贤孝中相遇：观音度吕祖

熟悉我作品的朋友，会很熟悉今天讲的这首《吕祖买药》。我的故乡凉州有一种历史悠久的民间曲艺，叫贤孝。贤孝里面有很多有意思的内容，今天讲的这首贤孝，就是其中很典型的一首曲子，它讲的是吕洞宾的故事，里面有很多关于内丹修炼的窍诀。从这首贤孝之中，或许大家也可以感受到中国道教文化的伟大。

这首歌中的吕祖就是吕洞宾，这个故事不寻常的地方，在于吕祖遇到了一个人，这个人来卖四副很奇怪的药，然后借配药对他进行了点化。

有趣的是，这首贤孝很像后来的意识流小说，一开始就是吕洞宾在自述：

我说那个黄粱一梦退凡心，西娘本是无道君，老夫受尽千般苦，才封东土吕真人。贫道姓吕名岩，字洞宾，别号又叫纯阳子，想当年唐室驾前为臣，考中了两榜进士。因是时，朝中尽出奸党逆贼，陷害了忠良不少。那一日，我在大柳树下的蒲团上打坐，梦到了一个黄脸道人，他自称他是钟离呀，他说我为臣的不久长了，又说我为父的不到头了。因此上，我才看破了红尘花花世界，拜钟离为师。老夫受尽千般饥苦，万般疾难，玉帝闻听大喜，才封我是一个雷部之道人……

这是整首贤孝的起调，把故事背景交代了一下，然后进入主题。

有一年三月初三，适逢王母过生日请客，天下所有神仙都要参加，其中就包括中八洞神仙——吕洞宾、钟离权、铁拐李、张果老、曹国舅、蓝采和、何仙姑和韩湘子。吕洞宾当时还是仙界的干部，当雷部道人，也就是掌管雷部的仙人。这跟传说中不太一样，是贤孝中的说法。在贤孝的故事之中，仙界分为好几个部门，很像现在的文化部、国防部等等，就跟我们的政府一样。

话说，八位神仙接到通知之后，就到王母娘娘的斗牛宫去拜寿——这个宫殿的名字很奇怪，不知道为什么叫斗牛宫，有点西班牙斗牛士的味道。王母娘娘的火气也确实挺大的，就在这一天，八仙醉酒之后，她就跟吕洞宾吵起来了。

当时，八仙全都喝醉了，还唱了一首叫《五更词》的道歌——也就是我们今天要讲解的那首道歌——讲了他们是如何修炼成仙的。王母一听很不高兴，马上呵斥八仙，叫他们不要往下唱了，但这时八仙已经醉倒了。

我很小的时候就听过这首道歌，当时就觉得很好奇，很想知道它究竟泄露了什么天机。长大之后，我开始修炼，明白之后，再听这首贤孝，才知道它原来真的泄露了天机，把凡夫修仙得道的很多秘密都说出来了。后来，我专门问了唱这首贤孝的盲艺人，盲艺人却说，他不知道歌里有什么天机。我又问他，你既然不知道，怎么一直说它泄露了天机呢？盲艺人说，这是老祖宗一代一代传下来的说法。所以，贤孝很有意思，艺人们唱了不知道多少代，也不知道自己怀揣着成仙的宝贝，始终过着凡夫的日子。所以，我们不能用流行歌曲的标准，去衡量贤孝这类民间艺术的价值。在其中，你可能会发现很多令你瞠目结舌的东西。

我们继续讲吕洞宾的故事。

王母娘娘看到八仙醉得一塌糊涂，就很不高兴地说："你们八仙平时道貌岸然，现在醉成这个样子，还把天机给泄露了，'酒色财气'真不是好东西。我要把这四个字从红尘里一笔勾销。"结果这句话给吕洞宾听到了，他虽然醉了，但意识还算清醒，就对王母娘娘说，王母，莫可莫可。王母问他哪个莫可？他就开始跟王母辩论："酒是凡间酒，日每间不用口；色是凡间色，牡丹花日日开；气是凡间气，争与忍让是谁……"他的意思是，喝酒是沟通感情，有了酒就不用多说话了。吕洞宾为什么要维护酒色财气？因为八仙好酒。

然后他接着说："王母，人不贪酒就没有礼仪，人不贪色世上人稀，人不贪财没有贫富，人不贪气谁把人欺？"就是说，不懂敬酒人就没有礼仪，人不贪色世间就没有人了，人不贪钱世间哪有贫富之分，天下有这么多人都在欺人，大家都贪气，你能把它一笔勾销吗？

王母听了勃然大怒，说，“大胆吕洞宾，你是个酒色财气之仙，我要把你贬到杭州去！”吕洞宾反驳她说：“王母，你说我是酒色财气之仙，怎么你的斗牛宫里也样样都有？”王母不承认，吕洞宾就接着唱道：“口尊一声王母啊，你说你就不贪酒，为什么众八仙醉倒在你宫门口？口尊一声王母啊，你说你就不贪色，那你的九天玄女打何处得？口尊一声王母啊，你说你就不贪财，你头上的金银凤冠从哪里来？口尊一声王母啊，你说你就不贪气，为什么要把贫道吕纯阳一顿革条就革出去？”意思是，你要是不贪酒，哪来的那么多酒，让我们醉倒在你的宫门口？你要是不贪色，你的九个女儿从哪里来？你要是不贪财，你怎么会有金银凤冠戴？你要是不贪气，为啥要把我吕洞宾给赶出去？王母实在辩不过他，就直接把他贬到凡间，让他修仙访道去了。还说，你不把天下的节妇烈女、忠臣良将都度化成仙，就不要回来，在杭州凉快去吧。

观音菩萨听说之后非常担心，害怕花花世界会迷了吕祖，那么吕祖就再也回不了仙界了。于是，菩萨在杭州街头变出一间药店，自己当掌柜，让善财童子做账房先生，吕祖来买药的时候，她就借机度化了吕祖。

这是一个很有意思的细节，吕洞宾是道教人物，观音菩萨是佛教人物，但两个人却发生了一段佛家度道家的故事。这是凉州文化很有意思的一个地方。在凉州，佛道之间没有明显的界限——当然，也许中国文化都是这样，我在杭州也听到了类似的曲子，艺人用的是三弦子合奏，但曲子的内容不一样。

我们继续说观音菩萨是怎么度化吕洞宾的。

吕祖看到菩萨开的药店之后，两者就发生了以下对话。

吕祖问观音菩萨：“你这里卖的是什么药啊？”观音菩萨说：

“一卖家祸散，二卖顺气丸，三卖消毒饮，四卖化气丹。”家祸散，就是家中的灾祸全部消散；顺气丸，就是把一口恶气顺下去；消毒饮，就是把贪嗔痴慢妒这五毒——心灵之毒给消除掉；化气丹，就是从此不再生气。

吕祖又问，“这四味药是怎么制成的呢？”观音菩萨说：“用本分四两，孝顺三钱，老实做个引子，好肚肠放上一条。再把它们放到容人案上切，放到宽心锅里炒，放到三思箩儿里箩，然后用蜂蜜团成菩提子大的药丸，再放到文火上将它烘干。每天吃一丸，保证你一切灾祸消散。”

吕洞宾一听，知道这个老板不简单。她说的都是为人处世的道理，是教人如何修道的。但他没想到是观音菩萨，还以为是狐狸精在耍弄他，于是拿起二龙宝剑，就抛上空中，让宝剑去杀那卖药人。观音菩萨一下收了宝剑，还训斥了吕洞宾一番，说他狂慧等等。这时，吕祖突然就看破了红尘，还唱了一首道歌。这首曲子的歌词写得特别好，以前我经常唱：

吕纯阳一屁股就歪坐到黄沙坑，
低头啊垂泪我好伤心，
我以为是狐狸妖精耍笑我吕洞宾，
谁料想是观音菩萨指点为了回上我的碧天洞。
天也空来哟地也空，
唯有日月转西东；
山也空来哟水也空，
山水相连到处通；
朝也空来哟国也空，

紫禁城换过了多少主人公；
母也空来哟女也空，
只不过临危头顶那么三尺青；
父也空来哟子也空，
只不过在亡灵面前假哭几声；
我说那珠宝玉器一起空，
金钱财宝一起空，
世人如果知道这个空空意，
何不到碧天洞中去修行。
你看那西天路上一只鹅，
口含灵芝念弥陀，
扁毛都知道这个修行意，
难道人吃五谷还就不念佛……

这就是《吕祖买药》的故事背景。

接下来，我们就专门讲那首泄露天机的道歌。

贰

刚开始修道的孤凄

我先给大家唱一遍《五更修道词》。调子大家不一定爱听，好听它就变成流行歌曲了，但不要紧，我只当是保存资料。我们家乡的贤孝艺人都老了，最年轻的也七十来岁了，老得没牙了。也许，下一代人就没几个会唱了。

一更里打坐好孤凄，合掌儿叹息。
师父就传下了妙消息，自个儿寻思；
一呼一吸头三悬呀，上下儿周旋，
犁牛吸水过玄关，珍珠帘儿倒卷。

这就是凉州贤孝的原始唱腔，有一种撕心裂肺的、本真的味道，是一种原生态的东西。《大漠祭》《猎原》《白虎关》里写的贤孝都是类似这样的调子，《野狐岭》里的贤孝和驼户歌也是类似的调子。为了保存它的原汁原味，我没用现代的那种美声唱法去修饰它。

这一段讲的是道家内丹的第一个阶段。这时，道人刚刚得到师父传下的法，开始试着修道。这个法，我在解读《道德经》前几章的时候就讲过。重点就是虚其心、实其腹、弱其志、强其骨；再加上八个字：有欲观窍，无欲观妙。道家方法论中的秘密就是这些。当然，还有一些不外传的东西，像火候之类，只能由师父传给弟子，相当于佛教的口耳相传。如果你不修的话，师父就没法给你传。这个不外传的东西，才是师父传下的妙消息。

我严格地研究过道家内丹，二十岁前后，我就看了很多五派的丹经，也得到了全真教龙门派和其他派的传承，认真地实修过，丹道修炼中出现的很多征兆，我也都出现过，包括阳光三现、两肾汤煎、脑后生风、耳中啾鸣、身涌鼻搐、双目炽光、金津玉液等。所以，我知道《五更词》在实修中的具体含义。

首先，师父要传下妙消息，道人就开始修道，静静地坐着，默默地寻思。寻思什么呢？寻思这个妙消息。寻思到一定时候，他就不由得合掌叹息了。为什么要合掌叹息？一来，师父能把这个东西传给他，实在太好了；二来，修道实在太痛苦了。开始时，痛苦得就像待宰的猪。一点都不夸张，真是这样的。

最早的时候，虽然人人都想成仙、长生，但没人愿意修道的。为什么？因为第一关就过不去。丘处机年轻时也这样。他常常打坐时会睡着。所以，刚开始的修道非常难，能熬得下去，就能继续修，熬不下去的好些人就放弃了。

王重阳怎么修的，大家知道吗？他挖了个很深很深的大洞，叫活死人墓，意思是我已经死了，你们谁都不要再找我了，然后就经年累月地躲在里面修道。修了几年之后，内丹修成了，他也得道了。所以，王重阳的修法，有点破釜沉舟的味道。孙不二也一样，她把一张貌美如花的脸烫得丑陋不堪，就是想断了自己跟红尘的联系。

修道最初的难就难在这里，谁都不想离开花花世界，谁都不想离开美好的爱情，谁都不想孤零零地待在一个地方修道。一定要知道，最早的时候，修道是需要禁欲的。一段时间要绝对禁欲，绝不能有夫妻生活，也不允许遗精、漏丹。一旦出现这些情况，就得整个重新开始。

所以，虽然师父虽然传下了妙消息，但很多人悟不进去。以前，我也给一些朋友教过一些方法，但他们心不能定，老是到处乱跑，到处学，学到后来，心反而更乱了。修道要一门深入，乱学就成佛油子了。一定要明白，文化有包容性，但信仰有排他性。啥都信时，就啥都不信了。

最近，我刚好和几个朋友在谈修行的问题，我对他们说，你要修进去。为什么？因为他们没有进去，还在外面呢。很多写文章的人也是这样，他们也还在外面，没有写进去。打太极拳也是这样，打不进去。一个人打进去还是没打进去，一看就知道。有些人虽然很有名，打太极拳也打得很好看，但他们其实根本没有打进去。为什么？因为他没有悟进去，寻思这一关还没有过。悟是必须你自己完成的，师父传给你的东西，有些是说不出来的，你只能自己悟进去，文字和语言表达非常困难。你悟进去就进去了，悟不进去就进不去。

九十年代的时候，我在双城镇的河西小学教书，大家看我的《一个人的西部》就知道。在河西小学里面，我专门给人治过病，但我实际上是带着他们修道。有些人修得进去，病也好了，但有些人就是进不去。我叫他观自己的肚脐——我说的还不是丹田，因为我知道，说得太抽象，他是观不到的——但即使是观肚脐，他也观不了。为什么？因为，他老是想到别人的肚脐上去。我说不要紧，想到别人的肚脐上也可以，你慢慢再往自己的肚脐上观，但他仍然想不进去。过去，我们单位上有个老人病了，他跟我的关系非常好，我教他观想天上的雨落在身上，把疾病冲走了，他却说他想不到雨。

为什么想不到雨？想象力不够，老祖宗认为是业障很重。想象力是智力的一种。业障是会影响智力的。

如果能在这个阶段悟进去，尝到味道，就可以进入下一步的修道了。所以，修道的第一步非常重要，要将对红尘的牵挂从心里扫出去。

王重阳得道之后，到山东来找弟子，因为他的家乡没人信他，但山东有很多人信他，据说有三千多人慕名而来，都跟在他身边修道。其中就有富户马钰和孙不二夫妇。但人一多，是非也多。很多人修不进去，整天闹别扭，聊天的聊天，吹牛的吹牛，搬弄是非的搬弄是非，说三道四的说三道四，什么人都有，跟红尘没什么两样。王重阳觉得这样下去不行，就想了个办法，让自己得了场病。什么病？一种很臭很臭的皮肤病。很多弟子一看，觉得王重阳能得这种病，说明他肯定没成就，于是就一哄而散，只剩下七个人，也就是最后的全真七子。

刚开始，他们七个人还是修不进去。你记住，最初的那一关很难过去。很多号称筑基的，其实根本就没有筑成基，因为欲望很容易就把他的道心给摧毁了。但是，只要过了这一关，以后的修行就简单了。所以，修道一定要放下一切。

全真七子中，受苦最厉害的是谁啊？是丘处机。因为丘处机命穷，脸上有饿死之纹，预示着以后会饿死，所以，王重阳最初不肯收他，说他修不成。但丘处机的决心很大，一定要修。王重阳就收了他，给他传了法。丘处机最大的问题就是瞌睡很多，一修就睡着了，实在没办法。后来大死大活很多次，好多次都差点饿死，到了最后，他才终于修成了，他的成就最大。

叁 慢慢打通小周天

自个儿寻思的阶段完成之后，继续往下修，就到了“一呼一吸头三悬呀，上下周旋”。这时以呼吸为主，打坐时后脑勺要向上提起——具体来说，就是头正而悬、肩平而顺、胸含而闭、背挺而直。然后，在一呼一吸间养气。真气很足的时候，就会自己沿着脊柱的督脉运转，前任后督这样循环。修道的都知道，这就叫小周天。

这个过程中，有几个关口很难过。第一是尾闾关，也就是尾巴桩的部分，这一关不容易冲开，你如果真气不足，就冲不开。如果这一关能冲开，男性的很多疾病——比如生殖系统疾病、肾病、前列腺疾病、膀胱的疾病等——都很容易能治得好。

过了这一关，真气会沿着脊椎继续往上走，会有另一个关口——夹脊关，同样必须有足够的真气，才能冲得过去，它需要力量。

再上去就是后脑勺一带，也需要足够的真气、足够的力量。“犁牛吸水过玄关”就是这个意思。如果你的真气和力量都够的话，到达这个地方的时候，就要“珍珠帘儿倒卷”，也就是舌抵上颚。这时，桥就搭上了。

但是，这个过程中还有另一个问题，就是火候。我们前面也说过，火候是非常重要的。就算我告诉大家怎么修，大家也知道怎么修了，但回去之后能不能修成，还是不好说。为什么？因为火候很重要。过去，道教是传功不传窍，传窍不传诀的。为什么？因为，火候这个东西没办法传，你必须实修。大家可以作为一般的静心之法训练一下。

这是修道的第一个阶段，也是非常重要的一个阶段，它的目的是筑基。如果完成了这个阶段，就可以延年益寿。

大家可能也听说过，一些修气功的人，至多修到这个阶段——也就是集聚真气，慢慢打通一些关窍，当前面的任脉和后面的督脉都通了，“一呼一吸头三悬呀，上下周旋。犁牛吸水过玄关，珍珠帘儿倒卷”都完成了，就完成了修道的第一步功。一般情况下，我们这个时代有些人也能做得到。

以前有一种真气运行法也属于这个阶段，但很多都是假的。我有个学生，他去参加过一次真气运行法的教授，那里的老师说他的小周天已经打通了，但我问了他一些征兆，发现他其实没有打通小周天。因为，打通小周天时，人的生命中会出现一些很奇怪的现象，这些现象属于共象，也就是谁都是这样，不是因人而异的。比如丹田火炽，小腹里好像有火在燃烧一样，滚烫滚烫的；两肾滚煎，两个肾就像装满了开水一样；还有各种光，鼻子也会抽动。这是一种生理性的反应，一般情况下都会出现。如果没有出现，他就可能没有打通小周天。

如果你仅仅是作意地修，而不是真的达到了那个境界，是没有意义的。就好像你烧着锅，但锅里没有水一样。之所以会这样，说明他的精气神不足，筑基阶段完成得不好。如果修得很好，精气神很足的话，在很短时间里就能打通小周天。

我修的时候很年轻，就容易出现刚才说的很多征兆。当然，有些人得经过百日筑基才能打通小周天，这个不好说。百日只是一个大致的时间段，意思是，你必须给自己一个集中训练的时间。

过去，修道者必须在子午卯酉这四个时辰里打坐。子时是晚上十一点到凌晨一点，卯时是早上五点到七点，午时是中午十一点到下午一点，酉时是下午五点到七点。大概一共打坐八个小时，而且，这只是最基本的。有一些修道者，是昼夜都在打坐。

奇怪的是，按佛教的说法，坐禅到一定功夫，需要避开这四个时辰，否则，就容易出现一些很奇怪的景象。但也只是一种说法，过去我是不管它的，最重要的是，你要有个相对固定的修道时间，根据自己的情况来定。

如果修真气运行法的话，要求的时间就比较短，先十五分钟，然后慢慢加到二十分钟，次数要多，也要定时、定方向。否则，训练到一定的时候，你修成的东西就散掉了，又得重新来。因为，生命有一种生理调节的功能，如果你在固定时间内训练，它就容易出现。

小时候，我听说有人只修了四十九天，就完成了第一个阶段，也有人用一百天修法术的，据说，要是智慧和德行不够，会在第九十九天会出事，这只是一种说法。不过，我们小时候真的见过这种事。我们村有个人修法术，修了九十九天时，据说他骑着板凳上天了，有个女人看到了，朝他喊，你飞得那么高，要掉下来啊？于是，他就掉下来了，把腰也给摔坏了。小时候，舅舅老说，修到九十九天，往往就会出现魔障，要是没有师父和传承，是修不成的。所以，修道跟密乘一样，传承非常重要。过去，在这一点上强调的不够，这是不对的。如果没有老师的话，修道也是很难修成的。

陈健民的书中也谈到过一件事，有一次，他和朋友见面的时候，他的朋友问他是不是修过道家功，他问朋友怎么知道，朋友说，有个穿青衣服的护法跟着他。这是一种说法。但或许也说明了传承的重要，因为，它涉及到是不是得到许可的问题。

在过去的修道之中，有师承的人一般容易修成，没有师承的人肯定修不成。如果你仅仅当是修修气功、锻炼身体、静静心，没有师承也可以；如果你把它作为中国传统文化中非常精要的部分，想要实践它的话，就一定要找到实践过道家功法的人。他们有非常好的经验，可以帮助你。

另外，大家一定要注意，我今天不是给大家传什么功，而是从文化角度分享这首道歌。

肆 周身处处是太极

如果你过不了第一个阶段的话，师父会试着用一种方式来诱导你。过去，太极拳、内家拳都是修道之前的诱导功，从某种程度上看，也是为入不了定、入不了静、静不下心的人创造的，包括华佗的五禽戏等也是这样。所以，如果太极打得很好，会进入一种杂念很少的状态。

很多人打太极拳打不进去，就是因为他们把目的搞错了。他们在表演架势，在表演好看，在卖弄自己，越是卖弄得沾沾自喜，跟自己最初的练拳目的离得越远。所以，动作漂亮的人，未必就是太极高手。

一些太极高手动作不一定漂亮。我的意思是，他们不在乎动作，在乎当时进入的境界，这才是练太极的终极目的。这样练到最后，他就周身处处是太极，一动一静皆浑然了。这时，他就完成了修道的第一个阶段，很容易就能修进去。

太极练到一定程度，师父会要求你站桩，也是这个原因。真正的太极拳、形意拳都要站桩，如果不站桩，就修不出功夫。

当然，如果动中修也能达到站桩的效果，也很好。比如，很多太极高手一天打三十遍拳，我算了一下，慢一点也得六到八个小时，还不算其他的训练，只是打拳。但这样修的前提是，他必须已经进入第一个阶段，也就是静心的阶段。

换句话说，一定要明白练内家拳的目的，它是为修道打基础的。所以，内家拳最早是从武当山等道家的道场里传出来的。

我为什么要强调这一点呢？因为，现在有很多练内家拳的人都走偏了。他们在架势及诸多要领——也就是技击方面着力过多，忽略了打拳是为修道做准备的。

以前，如果内家拳练得很好，境界也会很不错的。杨露禅和董海川八卦掌比高下时，据说几天几夜不分胜负。为什么？因为，大家都达到一定的境界了，都修进去了，浑身上下都没有破绽。

过去，我在北戴河跟人学过太极拳，在九华山也学过，基本属于闭关状态地学。我学得不是很好，但状态很好，一学就进去了，但动作不一定标准。当然，我肯定在那种状态里面，就算不打拳也在那种状态里。所谓的那种状态，就是没有杂念的破执状态。太极拳不强调呼吸，要求你把注意力放在动作上。但这个阶段也是“一呼一吸头三悬呀”。修道中真气上下周转时，也相当于太极中的一些动作。如果喜欢动、不喜欢静、一静下来就杂念纷飞，你可以从形体入手，慢慢地进入筑基阶段，在体会动作的过程中，慢慢地修进去。

修其他的一些功法，比如念阿弥陀佛、数息观等佛教训练，也都属于这个阶段。这个阶段至关重要，它专门修你的专注力。

事实上，在日常生活中专注地工作、学习、做事，也可以做到修道的第一个阶段，也是在虚其心、实其腹、弱其志、强其骨，但不是哲学意义上的虚其心、实其腹。希望大家能把《道德经》中的哲学用到生活之中，让它变成你生命的程序。学习的目的不是卖弄，而是用它。在日常生活中，如果你能做到虚其心、实其腹、弱其志、强其骨，就是对《道德经》最好的学。如果你能做到无欲观妙、有欲观窍，那就更好了。

道家非常有意思，修道侧重于身体本身的多，很多人修道都是从身体入手。由身体入手，最后得到智慧、明白自性，叫先命后性；由自性入手、智慧入手，最后实现性命双修，叫先性后命，道理一样。

这首道歌就是先命后性。从“一呼一吸头三悬呀”的小周天开始，就是将身体作为入道的关键口，这就是先命。这个过程比较艰难也比较孤独，因为杂念纷飞。你得耐得住寂寞。

再次强调一下，要想修出高功夫，需要闭关修行，子午卯酉四个时辰要禅修，最少八个小时，而且这还不是真正的、专门的、闭关式的修道。真正的、专门的、闭关式的修道是整天都要修。早年，我闭关时，每天要修二十个小时。

王重阳的弟子之中，很多人都是闭关地苦修，王重阳有个弟子被称为“铁脚仙”，他用金鸡独立的形式来消除睡眠。在那种状态中，他始终在修。但很多人不一定能做得到，做不到、放不下的时候，就修不成。所以，过去有一种“修道者如牛毛，得道者如晨星”的说法。

伍 时时提正念，赶退诸魔军

筑基阶段完成，修道的基础就打好了，就进入修道的第二个阶段。第二个阶段，就是《五更词》里的第二更：

> 二更里打坐好逍遥，魔王儿盗宝，
> 六贼绑定了闹嘈嘈，如何儿是好。
> 五音寺里碰金钟，响亮儿一声，
> 忽然间惊醒了主人公，赶退了魔军。

这时，修行就有了乐的感觉，觉得快乐、喜悦、愉悦，尝到了一点禅乐的滋味。但这不是智慧，而是身体的觉受，属于轻安，但也得到了一点清净。

紧接着，因为气脉发生了变化，新的问题就出现了。

有句话叫“道高一尺魔高一丈”，当你完成了一更的修行时，你的道就高了一尺，扰乱你的心魔也就出来了，“魔王儿盗宝”。

我们过去修行的时候，上师会告诉我们，你的觉受不要让别人知道啊，如果让别人知道了，魔王也会知道，它就会来干扰你。当时，我们不太相信这种说法，觉得魔王不一定存在，但民间传说认为魔王是真的。

佛经中也有魔王波旬的说法，佛陀所有的境界波旬都知道，所以，波旬是佛陀真正的知音。这一点很有意思。西方也有类似的说法，但西方不叫波旬，叫撒旦。撒旦也是恶魔、魔王的意思。它其实是对人类欲望的人格化的表述。那么，到底有没有魔王？老祖宗说真有。但是，按照大手印的说法，外魔还是心魔引起的，所以，内因与外因相合，才会产生魔王，外魔也不离自性。

魔王会盗走什么宝贝呢？这也有几种说法。

香巴噶举有一种长寿法，里面提到，如果你遭遇了命难，生命中的精华被盗走了，那么你要把它再摄取回来。这个细节很有意思。

有个叫平江不肖生的作家，他写了《江湖奇侠传》。我对这本书的印象很深，里面有个蓝法师，他的法术非常高，但是他修不成仙道，只能做人间的法师。为什么？因为，据说他很小的时候遇过魔女，那个魔女把他生命的精华给盗走了。道教中有很多这样的传说，我们小的时候也有这种传说，比如，人的魂魄如果掉了，人的精气就被盗走了，精气就是宝。

但这个地方的宝不是精气，而是觉悟。二更修行的时候，魔王会来盗走你的觉悟、你的智慧、你的定力，干扰你的修道，其表现是“六贼绑定了闹嘈嘈”。六贼是什么？是眼耳鼻舌身意。六种干扰你心的东西，就叫“六贼”。

当你修道境界高了一点的时候，六贼就出现了，它们有很多种方式干扰你的清净。最基本的方式，就是让你的欲望增加，眼睛喜欢美色，耳朵喜欢美声，鼻子、舌头喜欢美味，身体喜欢妙触，心也贪恋喜悦的觉受，出现了贪欲。这都是表层的六贼。

六贼或魔王出现时，你就会非常反感戒律，不想守戒，只想放纵自己。所以，当你反感戒、不想守戒时，那便是魔王在盗宝。

六贼出现时，你的杂念就变得很多，你会很难定下来。这时，你会觉得非常奇怪，不是完成了筑基阶段吗？为什么越修杂念越多了？其实，这是因为你看到光明了，也就看到了满地的垃圾。换句话说，这些杂念其实过去也有，只是你自己没有发现而已。现在修得好了一些，你才终于发现了。这时，你只要把它们打扫出去就对了。但魔王盗宝最可怕的还不是杂念，而是恶缘。

恶缘是什么？就是让你丧失信心的信息。

道家、道教都有专门的戒律，比如全真教的三坛大戒，它特别注重这方面的要求，要求你远离恶友。佛教更是这样。如果一些不好的东西通过眼耳鼻舌身意进了你的心，干扰了你的信心，你的修道就会出现危机。所有修道之中，这是最可怕的，叫“坏了信根”。一旦你坏了信根，后面所有的修道、炼丹，都会失败。所以，魔王盗宝最可怕的，就是盗走信心之宝。

二十多年前，跟我一块儿进入香巴噶举，一起修道的人很多，但直到今天，能坚持下来的没有几个。他们大多是在这个阶段丢失了信心之宝，于是就再也生不起信心了。所以，在整个修道过程之中，这是非常关键的一个阶段，尤其是那些到处拜师求法的人，一般都会在这个时候丢失信心。

特别要注意，见地不一样，哲学就不一样，方法也不一样。所以，不同教派的世界观和方法论是不一样的。八万四千法门有时甚至是互相冲突的。有些偏空，有些偏有；有些要求你执著，有些要求你破执。你稍微不注意，它们就会变成影响你信心的东西。那么恶缘就出现了，魔军就来了，魔王就来盗宝了。如果你不及时地提起正念、找到真心，赶退魔军，它就会完全摧垮你的信心。信心丢失之后，你所有的觉受都会丢失，这就叫重宝被魔王盗走了。这是很可怕的。你还要注意，赶退魔军一次，它还有可能来第二次、第三次，你不能放松警惕，必须时时警觉。所以，我就要求学生们一起做事，互相鼓励，借事调心，有个良好的环境，大家就能远离恶缘了。

儒家还有一种说法，是“非礼勿视，非礼勿听，非礼勿言”，就是说不要看不该看的，不要听不该听的，不要说不该说的。一旦违反了这些，毁坏了信根，你的信心就很容易受到污染，你的修道也会受到巨大的干扰。坏了信根，就会产生退转心。这是最危险、最可怕的。

所以，这是非常重要的一关。最好能清静无为、少欲知足、远离欲望，躲进静室。

如果躲不开，受到了干扰该怎么办呢？那么就“五音寺里碰金钟，响亮儿一声，忽然间惊醒了主人公，赶退了魔军”，这五音，代表佛的五种智慧，也代表你智慧的觉醒、正念的提起、觉性的出现。当你提起正念、生起觉性的时候，就会找到本元心、找到真心。本元心出现，就会帮你赶退魔军。

除了杂念和恶缘两种魔之外，还有一种睡魔也很厉害。如果你炼丹、修行的时候老是昏昏欲睡，还养成了睡觉的习惯，那么你几乎没有可能修道成功，因为睡着之后是结不了丹的。

睡魔很难降伏，除非你到了一定的时候，比如到了一定的年纪，那么你想睡也睡不着了，就算睡着了，自己也会醒来，这时候就很容易修。年轻的时候，人容易昏沉，容易昏昏欲睡。这时要时时地撞响金钟，提起警觉，把魔军赶走。

当你养成提起警觉的习惯时，你就会慢慢过了这一关。

过去，老是有人告诉我，他又过了一关。我问他为什么，他说，他以前老是退失信心，现在不会了，把凡心扭过来了。

所以，时时提起警觉，就能圆满过关。

陆 用破执的智慧窥破幻相

完成了二更的修道，就进入了三更。

三更里打坐月儿高，好一个逍遥，
海底龟蛇自缠搅，肾水儿上朝。
三昧真火要提防，曹溪水儿用上，
一点儿圣水落中央，自在而安康。

这是修道的第三个阶段，“月儿高”就是智慧又高了一些。这时候，你已经能感觉到逍遥、喜悦、禅乐了，身体的觉受非常好，很舒服。但这时仍然会出现新的问题。

什么问题呢？“海底龟蛇自缠搅，肾水儿上朝。”海底龟蛇代表密轮和海底轮，也代表了一种生命能量。如果你修拙火，这儿就会生起拙火；如果你修丹道，这儿就会阳气发动。这时，你要心肾相交，也就是心火下降，肾水上升，就是水火既济的意思。这里的火和水其实更多的还是一种象征。

此时如果处理不好，就容易走火入魔，比如出现幻觉。我的家乡有个老人，修到六十岁时，就出现了幻觉。他看到了观音菩萨，观音菩萨叫他到某座山上去，然后从某个悬崖上跳下去，结果他真的到了那个山崖上，但他最后没有跳下去。如果跳下去就坏了，因为他见到的只是幻觉，不是真的菩萨。但从此之后，他就退失了道心，再也生不起信心了。藏地也有很多这样的事情，我的小说《西夏咒》中的阿甲就属于这一种。当时，有个寺院里的僧人老是自杀，后来才知道，原来他们都看到了佛，拿着念珠叫他们戴，或者叫他们从悬崖上往下跳，等等。有人还会觉得自己有了神通。

实际上，这是因为生命本有的性能力发动了，在中脉或丹田中，会出现一些喜悦的东西。但这时出现的所谓神通只是幻觉，是假的，它不是真正的神通。如果你追逐这个神通、幻觉，就会走火入魔，出现精神病。很多人都会这样。哪怕他真的出现了神通，不是幻觉，一旦执著，也会走火入魔。如果走火入魔的话，你是很难往下修的。

在藏传佛教之中，这相当于生起次第修得很好，但还没有破执的时候。一些所谓的大成就师就是在这个时候出现神通的，但他其实并没有得到真正的大成就。藏地的历史上，有很多大成就师神通很大，但死后都没有解脱。为什么？因为，他们执著神通，容易走偏。这就叫执幻为实。你破不了这一关，就很难修下去，很难进步，很难进入自性，丹道也练不成。

那该怎么办呢？“三昧真火要提防”。

这个三昧真火不是佛教的三昧真火，也不是《西游记》里红孩儿在鼻子上打上两三拳，喷出的三昧真火。后者也是道教的说法，但不是这里的三昧真火。我小的时候看过道教的经典，上面说，这里的三昧真火是上昧心火、中昧肾火、下昧膀胱火。这也是一种方便说法，不究竟。究竟的三昧真火不是这个东西。真正的、究竟的三昧真火是智慧，是定中生起的究竟智慧，究竟的拙火智慧也叫三昧真火。这才是佛教的三昧真火。三昧是专注力的意思。

“三昧真火要提防”的意思是，当你的专注力达到一定程度、过于专注的时候，就容易偏执，一旦偏执，修道就会出现偏差。你也许会由于过于执著显现一些东西，比如神通、觉受等，于是就会产生幻觉，出现一些神奇的现象。这时的对策是“曹溪水儿用上”。

“曹溪水”是什么？是六祖慧能的“曹溪一滴水”，也就是禅宗的破执智慧。这时，你一定用上破执智慧。“一点圣水落中央，自在而安康”，幻觉出现也不要管它，只管用禅宗的破执之水——水代表破执智慧——熄灭妄心之火，窥破虚幻，不要把假的当成真的，不要执著，就不会走火入魔，就能实现水火既济，自在又安康。

柒 在积极地贡献中成就道业

能够窥破虚幻，就进入了第四个阶段：

> 四更里打坐月儿西，好一个消息，
> 世上的能为几个人知，万法却归一。
> 诵经堂里去听经，历历又明明，
> 三玄路上仁义行，三千个功行。

不执著幻觉，不走火入魔，不执幻为实之后，真正的修行就出现了。“好一个消息”，这时，你进入了无欲观妙的阶段——前面还是有欲观窍的阶段——在修道之中，这是很好的消息。

“世上的能为几个人知，万法却归一”，到了这个时候，就很少有人能看出你的境界了，因为你已经在离戏瑜伽和一味瑜伽之间，非常接近一味瑜伽的境界了。当你进入一味瑜伽时，就是“万法却归一”，浑然一体。这时，要多言数穷不如守中。然后你会发现，世间一切都不离道，万法都不离道。

紧接着，你“诵经堂里去听经”，诵经堂代表自己的心，听经是聆听自己真心的声音。“历历又明明”，佛教中称之为登地，也就是破除执著、明心见性，修成登地菩萨了，心中一片光明历历。

这时，你的心已经定住了，于是就要“三玄路上仁义行，三千个功行”，也就是大量地积累功德，积累资粮之柴。我经常说，一个人点亮油灯之后，如果不时时添加灯油，油灯就会很快熄灭。灯油是什么？就是功德资粮。积累功德太重要了。所以，我也要求学生在这时多做一些能利益社会的事。

佛教道教都是这样，佛教登地之后，就要大量地布施、贡献社会，财布施、法布施、无畏布施都行，都会让你积累大量的功德。道教甚至有数量上的要求，要求你完成三千件功德之事。

过去，我们经常听说一些奇怪的故事。有些法师咒杀别人的时候，福薄的人容易被咒死，功德大的人就咒不死。所以道家提倡厚德载物。有足够的功德，才能配得上这个东西，不然就会德不配位。修道也需要功德。《江湖奇侠传》里也有这样的故事，有个人悄悄地做了很多很多的功德之事，积累了大量阴德，法师都不敢咒他。

什么叫阴德？别人不知道的功德就是阴德。做了好事宣传出去，得到的就不是阴德了。所以，那些老是悄悄地帮助别人的人，一般会积累很大的阴德。阴德比功德更大，因为功德人们都知道，你得到了世间法的名声，有时还得到了社会的回报；但阴德人们都不知道。道教特别积强调阴德。佛教也强调积阴德，但佛教不叫阴德，叫没有目的的、无偿的、不求回报的、三轮体空的布施和奉献。佛教认为，这才是真正的、究竟的布施。

过去的修道强调法财侣地。

法就是修道之法，传承中的法脉，方法。

财就是基本的生存保障，有人供养你，你不用打工，这就是财。如果你没有财的话，你就必须去打工，打工就修不了道了。

侣，无论在道教之中，还是在佛教之中，侣都非常重要。在密乘的说法中，一个金刚坛城的金刚师兄弟就是侣，是绝对不能闹矛盾、搞分裂的。一闹矛盾，就会影响成就。密乘的戒律之一，就是金刚兄弟要团结。这是很重要的。

为什么不团结会影响成就？因为正负两种能量会相抵。国家也是这样，也需要正能量，如果声音太多太杂、负面的东西太多，就会影响国家的安定。所以，有的时候，主旋律是特别有必要的。如果我们老是谈一些负面的话题，人心就会被搞乱。

地就是修道之地和得道之地，也就是适合你修行的地方。这个地也包括修行的环境。比如，孙不二在家里就修不成，她必须到外面去，总之离家很远。《佛子行三十七颂》也有这样的要求，专门谈到要离家修行。过去要求离家多远呢？要有步行一个月的距离，意思是，不能随随便便就回家，不要在家门口修。我过去也是这样，一旦回家，状态就不对了，整个人舒舒服服的，懒洋洋的，什么都不想干。我们的很多志愿者也是这样，大家集体做事的时候很好，一回家，早上就起不来。修行需要好环境。

满足法财侣地之后，就要积累功德，如果德不配位，你得到什么就会失去什么。还要特别防漏。漏有很多种：第一就是杂念，杂念纷飞，就漏失了真心和智慧；第二是不懂惜福，也就是不懂珍惜生命中的那些善缘，要珍惜生命给你的福分，不要浪费它。

这些都圆满之后，就会进入修道的最后一个阶段。

五更里打坐月儿落，拍手儿呵呵，
我今天躲过了十阎罗，谁人能比我。
昆仑顶上放毫光，亮亮又堂堂，
金龙玉龙照十方，万道儿霞光。

这就是得道的境界了。

“月儿落”既是时间，又代表他的智慧达到了和光同尘的境界。于是就“拍手儿呵呵”，超脱了，能自主生死了，当然开心啊。不过，这只是道教的成仙。

“我今天躲过了十阎罗，谁人能比我”，十阎罗代表死亡，也代表轮回。比如《西游记》中的孙悟空，他修到一定的程度，就把阎罗殿里自己的名字给勾掉了，跳出三界外，不在五行中。道家认为，如果能躲过死亡，就是非常好的境界了。这时，修道者就会说：“我命在我不在天。”他丹成了。

一般情况下，这个时候就会修成阳神。经过一定的训练之后，阳神就可以畅游三山五岳。

“昆仑顶上放毫光，亮亮又堂堂，金龙玉龙照十方，万道儿霞光”，中八仙就是这个境界。万道霞光照亮了整个历史，照亮了整个人间。直到今天，我们还记得他们的故事。

修到这里，就是修道成功。

当然，我们讲这些修道要领，并不是期望大家都能修道成功——如果大家能修，当然最好——我们是想把传统文化中优秀的东西留下来，也想给大家提供一点帮助。

其实，世间法跟修道是一样的。第一个阶段相当于你发心做一件事；第二个阶段相当于你遇到了阻碍和干扰；第三个阶段相当于出现了诱惑；第四个阶段是贡献社会；第五个阶段就是真正地得到成就。

希望我们这一系列的解读，能给大家带来一些启迪，让大家的生命、生活中出现一些积极的东西。

后记——最美的人生答卷——雪漠

《道德经》还没讲完，书已经出版了第一辑。对我来说，这还是第一次。该说的话还有很多，我会一点点写在接下来的书里。其中有一句话，我在这本书中说过，但下本书我也许仍然会说，下下本书或许还是会说。为什么？因为，这句话太重要了，却往往被人遗忘。

那么，我要说的到底是哪句话呢？

“研究文化最大的意义，在于学以致用。如果不能学以致用的话，文化的意义就很有限。”

“很有限”的意思是，它毕竟还是有意义的，我们不能忽略有些学者和文化爱好者付出的努力，也不能忽略文化给人心带来的美好感受。在这个欲望泛滥的社会里，这种感受就像一桌肉菜旁边的好茶——你吃了过多的肉，正嫌油腻，别人突然给你倒了一杯好茶，你品了一口，隽永的茶香弥漫开来，化解了生命中所有的重浊。老子的智慧就是这样，它没有慷慨激昂、让你热血沸腾的味道，总是淡淡的，你心中的世界就像淹没在雾里，有一种朦朦胧胧的美，你的生命也变得轻灵飘逸了。因为，有一种让你沉重的东西消失了，你的愁绪变轻了。这一点，跟佛教文化很像。

但是，这种感觉不管多么美好，多么清新，它也仅仅是感觉而已，是会消失的。你接触它时，会觉得世界变得很美，你发现了一种你经常忽略的美。但是，当你回到红尘生活，回到纷繁的世相之中，经历各种各样的事情，与各种各样的人相遇，发生各种各样的故事时，你就会丢掉那种感觉。你会忘记你曾经发现的美好。这时，眼前的人不美了，眼前的世界也不美了，一切又变成了你过去所认为的样子。

为什么会这样？

因为你没有学以致用。你把文化当成一朵美丽的花，品味它的清香，欣赏它的美丽时，你有了一份好心情，觉得云淡风轻，但是，当你转身离去时，这朵花——也就是这种文化——就从你的世界里消失了，跟你再也没有关系。这时，多好的智慧，多美的觉悟，都对你的生命起不了作用。它只是一朵盛开在你心外的“花”。

现在，很多人接触传统文化都像走马观花，他们不会把这朵花种在心里，不会把这种美变成自己的东西，让自己的心里也盛开一朵花。所以，他们永远只是“路过”而已，包括很多学者和文化爱好者，他们不管使出多大的力气研究那朵花，对它有多么熟悉，他们自己都不可能散发出花的芬芳。

所以，我每次展示东方哲学、展示传统文化的精髓时，都会强调，它们只对真正实践的人有用。这种用，也许不会在短时间内体现，但它会像一个小小的种子，在你的生命中生根发芽，总有一天，它会完全地绽放，让你的生命散发出一种独有的香气。

我希望，读到这本书的朋友也能这样。

不要走马观花地了解老子智慧，要把它用在你的生命里，让它解决你人生的难题，让你的心变得豁达一些，广阔一些，在充满欲望的世界里，发现一种不一样的东西。在这个充满喧嚣、繁忙的社会里，拥有一个属于你自己的、自由的、安宁的心灵空间，永远做自己的主人，拥有自己的灵魂，并且永远忠于自己的灵魂。

我讲《道德经》，最重要的目的就在于此。

文天祥从容殉国时，留下了一篇赞文，赞文上写道，孔子说成仁，孟子说取义，只要忠义至尽，仁也就做到了。读圣贤之书，所学的究竟是什么呢？自今以后，可算是问心无愧了。

读好书，读圣贤之书，所学的正是圣贤的活法，让这种活法指导自己的生命，让自己对一种信念贯彻一生，让自己的灵魂有支点，让这个支点决定整个生命，让自己的生命有所守候。文天祥因此而问心无愧。这就是古代哲人的气度。在名利诱惑和苟且偷生面前，他们可以坦然地选择死亡、接受死亡、面对死亡。在他们心里，能够真正将一种精神守候一生，也就如愿以偿了。在今天这个时代，还有多少人有这样的气度呢？

有些人觉得，传播这种美好是一种幸福，但事实上，承载这种美好才是最大的幸福。这时，你不但是美好的享用者，还是美好的创造者。

面对生命的叩问，文天祥最好的答卷是他自己，老子、庄子最好的答卷也是他们自己。在未来的某一天，我最好的答卷肯定也是自己。

那么，你有这样的追问吗？你会用这样的眼光观照自己的一生吗？如果会的话，你就能看到另一种风景，你对生命也会有另一种看法。

我所说的“另一种”，就是跟主流不一样的意思，它是你的世界观，是你的思维模式，是一种深深植入你生命的程序。当你的生命发生了脱胎换骨的变化，将智慧融入你的血液，变成你生命的本能时，你才有可能妙用它。

我写过一本书，叫《深夜的蚕豆声》，其中有一段对话是这样的：“西部人的独特之处，是表现在他们的起心动念之间的。比如，老顺很穷，但他知道了巴基斯坦人向他买鹰，是为了让鹰去运毒的时候，就毅然决然地把钱退还给人家，还协助公安粉碎了毒贩的阴谋。他认为这是理所当然的，自己就该这么做，他没有什么理念，也没有什么主张，也没啥贯彻一生的信念。但他的生命里，有属于自己的一种程序，这就是文化。这文化，已成为老顺的生命本能。”

面对老子的智慧时，也是如此。

我之所以讲《道德经》，就是想保存一种属于我自己的解读。

我希望更多的朋友能用自己的方式解读老子，真正学会妙用老子的智慧。同时，也希望更多的朋友能改善自己的人生，在生命落幕的那一刻，能够交出一份相对完美的人生答卷。

其余的话，我会在后面的《老子的心事——雪煮〈道德经〉》之二、之三、之四中贡献给读者。

——2016年11月5日定稿于沂山书院